高等学校测绘工程系列教材

工业测量技术与数据处理

（第二版）

徐进军　邢诚　刘冠兰　徐亚明　编

U0163453

WUHAN UNIVERSITY PRESS
武汉大学出版社

图书在版编目(CIP)数据

工业测量技术与数据处理/徐进军等编.—2版.—武汉:武汉大学出版社,2024.3
高等学校测绘工程系列教材
I SBN 978-7-307-24245-6

Ⅰ.工… Ⅱ.徐… Ⅲ.工程测量—数据处理—高等学校—教材
Ⅳ.TB22-39

中国国家版本馆 CIP 数据核字(2024)第 028022 号

责任编辑:鲍　玲　　　责任校对:李孟潇　　　版式设计:马　佳

出版发行:**武汉大学出版社**　　(430072　武昌　珞珈山)
　　　　(电子邮箱:cbs22@whu.edu.cn 网址:www.wdp.com.cn)
印刷:武汉图物印刷有限公司
开本:787×1092　1/16　印张:19.75　字数:441 千字
版次:2014 年 2 月第 1 版　　2024 年 3 月第 2 版
　　2024 年 3 月第 2 版第 1 次印刷
ISBN 978-7-307-24245-6　　　定价:56.00 元

前　　言

实体制造是国家经济发展,在国际经济竞争中赢得主动的根基。在制造业,尤其是象征国家综合实力的大型设备和大型科学装置(大型天线、水轮发电机组、核电站设施、粒子加速器、大型飞机等)的制造、安装和检测等,对测量技术有超高精度和效率的要求。因此,在有限空间下,测量技术要为超常规形状装置在制造控制、安装、放样、检测及其变形监测等的自动化和实时性提供技术保障。可以说,现代制造业在精度要求、测量难度、数据处理和测量效率等多个方面都给工业测量人员提出了巨大的挑战。

激光技术、精密制造技术、通信技术和计算机技术的飞速发展以及大量各种大型特种工程的建设需求,催生了一系列精密测量手段(系统)的研发和数据处理方法的创新,极大地促进了工业测量的发展。

在现有形势下,为了尽快满足工业测量方面人才培养的需求,我们在参考了国内外相关教材和专著的基础上,同时收集了大量相关文献的研究成果,编写了《工业测量技术》讲义,并于 2008 年开始对本科生开设"工业测量"课程。在 6 年的试用过程中,又进行了大量的修改、补充和完善,于 2014 年出版了《工业测量技术与数据处理》。而今再次对其中的内容进行完善补充和扩展,形成第二版《工业测量技术与数据处理》。

本书较全面和系统地介绍了工业测量中多种测量技术与方法的特点、数据处理与工程应用的内容。全书共分为 5 章:第 1 章阐述了工业测量的任务、内容和发展。第 2 章介绍了工业测量的一维测量技术与方法,包括长度及其变化测量、准直测量、角度测量、倾斜测量和高差测量等。第 3 章介绍了工业测量的三维测量技术与方法,包含经纬仪测量系统、全站仪测量系统、工业摄影测量系统、结构光三维测量系统、激光跟踪测量系统、激光扫描测量系统、关节臂式坐标测量机、室内 GPS 测量系统和三坐标测量机等三维测量系统的组成、测量原理、方法特点、精度影响因素分析及其应用领域。第 4 章介绍了工业测量的数据处理方法,包括误差理论、工业测量控制网建立、坐标转换、曲面曲线拟合和形位误差评定。第 5 章结合实例介绍了工业测量技术与方法的实际工程应用。

特别感谢战略支援部队信息工程大学李宗春教授对本教材进行评审,并给出极具价值的建议。

由于编者知识和水平的限制,书中内容不免会有不妥之处,欢迎大家提出宝贵意见和建议。另外由于参阅文献很多,参阅文献并没有一一列入参考文献,特此说明。

武汉大学测绘学院"工业测量"课程组

2023 年 8 月

目 录

第1章　工业测量概述

1.1　工业测量任务与内容

1.1.1　测量的概念与方法

1. 测量的概念

测量是人们认识客观事物并用数量概念描述客观事物,进而达到逐步掌握事物本质和揭示发展规律的一种重要手段。测量包括三个重要因素:测量对象、测量方法和测量仪器。

测量过程一般包含三个阶段:

(1)准备阶段:认真分析测量对象的性质、特点、测量条件和测量结果所要求的准确度,然后选定适当的测量方法,选择相应的测量仪器,拟定测量过程和测量步骤。测量方法选择的正确与否,直接关系到测量结果的可信度,也关系到测量方案的经济性和可行性。

(2)测量阶段:必须了解测量设备的特性、使用方法,建立测量仪器所需要的测量条件,按照拟定的测量过程和步骤谨慎操作,记录数据。

(3)数据处理阶段:根据测量数据,考虑测量条件的时间情况,按照选定的测量理论与方法计算出被测量的测量结果,并根据测量条件进行修正,根据误差传播定律计算测量误差。

2. 测量方法分类

测量方法由被测量的参数类别、量值大小、所要求的准确度、测量速度的快慢、进行测量所需要的条件等因素确定。每个被测量都可以用具有不同特点的多种测量方法进行,找到切实可行的测量方法对测量工作至关重要。随着科学技术的发展,新的测量方法还会不断出现。

测量方法按照不同角度有不同分类方法,具体见表1.1.1。

表 1.1.1　测量方法分类

分类方式	分类结果
测量结果的获取方式	直接测量,间接测量
测量随时间的变化	静态测量,动态测量

1

分类方式	分类结果
测量时是否接触物体	接触测量,非接触测量
测量条件变化	等精度测量,不等精度测量

1.1.2 工业测量任务与要求

工业测量是将各种测量理论、方法和技术应用于精密制造工业、精密机械安装工业及其变形监测等一门综合测量技术。通过对部件、产品及构筑物的形体进行精密的一维到三维坐标测量、数据处理与分析,解决设计、制造、安装、仿制、仿真、检测、放样、质量控制、运动轨迹(含流水线和机器人运动轨迹测定)中静态目标和动态目标的形状、位置、尺寸及运动状态等有关问题。它是工程测量学的一个重要分支。

在机械制造中,各种生产出来的机械零部件的几何形状误差必须满足设计尺寸要求才能被使用。一个系统的功能需要大量不同形状和大小的合格部件共同实现。例如,一架飞机有成千上万个部件,它们在不同的地方由不同的厂家生产出来,最后在总装车间进行装配。出厂时单个部件的表面都作了封装。装配时,单个部件是不能重新加工的。如果这些部件的实际形状和尺寸与其设计值偏差过大,就会使系统功能打折扣,甚至使系统无法工作;如果过分追求无偏差,又会造成时间和财力的浪费。因此,只有所有加工部件的形状和尺寸严格遵守设计要求,才能保证各个部件的顺利装配。为此需要获取这些部件制造偏差,评判制造质量,实现质量控制。

将这些制造的部件组成一个系统时,还需要对其精确定位,如导轨的直线度、部件的水平度、垂直度以及部件之间的相对几何关系(平行、垂直等)。在安装期间及其后续的运营过程中,由于外部温度变化、静动载作用等,都会产生变形。变形会使部件之间的相对关系和受力发生变化。如果变形过大,也会严重影响系统的正常运转。因此,还需要精密测量微小变形,便于及时检修与校准。

工业测量的核心问题是精度和效率。工业零部件在设计阶段就确定了几何特征的公差,公差大小决定了工业测量精度的下限,也是保证不同零部件之间可以装配成功的最低要求。在规定的测量精度范围内,尽可能地提高测量效率,是工业用户的目标。

从使用观点出发,精度就是质量的要求。以零件的制造工艺为例,根据设计工艺,将不同材质的原材料加工成具有一定结构形状的机械零件,如轴承、齿轮、螺杆等。只有零件的质量满足设计要求,它才能在系统中起到规定的作用。零件质量主要是由几何参数(形状、尺寸、表面粗糙度)、物理—机械参数(强度、硬度、磁性等)和其他参数(防腐、平衡性、密封性等)来决定。其中,选择合适的精度和检测技术获取零件的几何参数是需要工业测量来解决的问题。

从经济观点出发,就是效率的要求,即要求生产时消耗的物质最少和劳动量最小,生产效率最高。费用问题既包含了纯测量费用,也包含了为保障测量致使机器运行中断或者生产过程中断所产生的费用,即测量前的准备时间、测量时的操作时间、测量后的处理时间。从技术角度而言,高效表现为实时性强(时间短)、便捷性好(易操作)、自动化程度高(省人工)以及智能化程度高(少干预)。

因此,工业对测量技术提出的要求主要分为精度和经济性。因此,在针对一项工业任务进行测量时,需要进行可行性论证,即技术报告。技术报告要对选定的方法回答三个问题:该方法能做什么? 采用该方法的费用是多少? 相对于其他方法可以节约多少成本? 因此,技术报告内容应包含以下内容:

1) 测量任务分析

在分析测量任务时,既要了解测量方法和仪器的性能特点。同时也需要考虑周围环境:机器和交通引起的抖动、仪器的稳定性、高温、强电磁、放射性、空气紊流、反射、蒸汽、现场空间和测量对象状态等。表 1.1.2 中列出的系列问题可供方案设计时参考。

表 1.1.2 测量任务分析

问题	可能的情形
测量对象归结于哪类基本测量任务?	一维、二维还是三维?
测量对象的尺寸?	大型、中型还是小型?
精度要求?	根据限差取多大比例系数?
测量对象是否可以搬移?	是/否?
测量频次有多高?	经常? 很少?
如何测量对象上的特征点?	接触式/非接触式?
测量需要的时间?	长/短?
提交什么样的测量成果?	表格/图形/提供决策?
成果实时性要求?	高/低?
周围环境(温度、震动等)对精度的影响?	大/小/无影响?

2) 方法选择

选择方法前必须先确定测量精度。工程中的测量精度指标一般都遵循"必要精度",而不是"最高精度"。必要精度不应低于产品规定限差的 $1/10 \sim 1/3$。在确定了精度以后,通过分析测量任务,选择合适的测量方法、实施步骤与进度安排等。

3) 计算测量费用

对一种测量方法可能产生的费用进行估算,包括工作时间、设备成本、人员成本以及隐形成本。从不同方法的估算成本中,确定费用最少的 $1 \sim 2$ 种测量方法。

1.1.3 工业测量内容与特点

1. 工业测量内容与特点

工程测量分为普通工程测量和精密工程测量,服务领域有土木工程、特种精密工程和

3

工业制造。普通工程测量主要以土木工程等露天目标的空间坐标和其他几何尺寸为主要测量目的,以经纬仪、测距仪、全站仪、水准仪和全球导航卫星系统(GNSS)为主要技术和设备,点位绝对精度较低和测量频率不高,测量对象的尺寸大,作业范围也大。

精密工程测量是普通工程测量的现代发展和延伸,它是指绝对精度达到毫米或亚毫米级、相对精度达到 10^{-6} 及以上,以先进的测量方法、仪器和设备,在特殊条件下进行的测量工作。工业测量则主要以车间或实验室内的模型、工业产品、零部件以及大型设备安装的几何量或物理量(如色彩等)及其之间的关系为测量目的,采用多种多样的测量理论、方法和设备,精度要求高、作业距离较短,目标几何尺寸各异,测量对象复杂,测量频率较高。换而言之,工业测量具有工作空间小、精度要求高、尺寸差别大、技术手段多,数据处理复杂,成果输出丰富等特点。工业测量除了提供坐标外,还有产品的几何特征,如长度、直线度、垂直度、相邻精度等。

工业测量目标繁多,其应用领域也相当广泛。主要有航空、航天、汽车、飞机、船舶、粒子加速器、大型天线、轨道交通等设备的高精度检测、安装、定位和变形监测等。测量精度要求在毫米级、亚毫米级,或者更高。

主要对象包括:

(1) 飞机、汽车、船体以及工程管道等零部件外形检测及其拼装后的位置检测。

(2) 水轮发电机组、粒子加速器、大型天线等大型设备的放样、安装和变形测量。

(3) 风洞试验室、汽车碰撞试验、各种工程模型的动态环境等的动力学参数测定。

(4) 油船舱体容量的测定。

(5) 大量人工构筑物内结构测量,如铁路公路隧道、城市地下铁道、海底或水下隧道、矿山大型巷道和采空区、各类地下军事工程、地下防空工程、舰艇洞库、飞机洞库、油库与弹药库、水电站的排水泄水洞、排沙洞、机组叶片和坝内结构、各类运输车船的内结构等。

(6) 文物测量,如窟室、雕塑及亭台楼阁等内外结构测量。

(7) 流水线机器人运动状态的检查、机器人行踪中的位姿检测,实现质量的自动和智能控制。

2. 工业测量与邻近学科的关系

作为工程测量学的一个重要分支,工业测量不仅与工程测量的理论与方法紧密联系,而且大量应用了大地测量、摄影测量、计算机控制与通信、图像处理、物理学、数学分析、工程数学和测量平差等学科的理论与方法。

工业测量中的一维、二维、三维坐标采集原理与方法直接来自工程测量学、大地测量学、摄影测量学以及计量学等的相关理论与方法。工业测量系统本身也是精密光学、精密机械、电子、图像分析、计算机处理、数据通信等技术的集成。工业测量的数据处理中则用到大量的工程数学方法。同时,采用工业测量设备进行数据采集和随后的数据处理与分析过程中,还必须了解和掌握仪器本身的结构特点、周围环境、测量对象的物理特征、工程背景等与测量结果之间的关系。因此,对于工业测量工作者而言,广泛的知识和紧密的协作是非常重要和必需的。

工业测量既是一门应用技术,又有自己的独特理论与方法。只有在充分掌握了以上学科知识的基础上,结合实际工程的特点,加以灵活运用,才能高效完成实际工业测量任务。

1.2 工业测量的技术与方法

工业测量就是在一个受限空间范围内,对多种复杂对象,采用光学技术、光电技术、激光技术、计算机控制技术和测绘技术等多种技术手段来高精度地获取目标对象的一维、二维和三维的几何尺寸、变化及其衍生结果的过程。

一维测量主要是通过相关技术手段和方法对目标对象的长度及其变化、高差及其变化以及角度及其变化(准直和倾斜)等进行测量。这里用到的传感器有测距仪、位移计、准直仪、倾斜仪、全站仪、水准仪、液体静力水准等。

二维测量主要是通过相关技术与方法对目标对象的平面及其变化进行测量。常用的传感器有影像技术、二维激光扫描仪、全站仪等。它可以通过一维测量技术的组合获得,也可以将三维测量技术通过降维获得。

三维测量主要是采用相关三维测量技术获取目标对象表面点的三维坐标。这些三维测量技术组成的系统由硬件和软件组成。根据其测量原理和硬件构成的不同,三维测量系统分为经纬仪前方交会测量系统、全站仪测量系统、工业摄影测量系统、结构光测量系统、激光扫描测量系统、激光跟踪测量系统、三坐标测量机、关节臂式坐标测量机和室内GPS测量系统等。在这些测量系统中,三坐标测量机是以机械或者光电的方式直接获取触头在三个相互垂直的轴上移动距离得到空间点的三维坐标,不便携带,所以也被称为硬性三维坐标测量系统或固定式坐标测量系统。其他测量方式则是通过角度和/或距离等观测值经数学模型转换成空间三维坐标,方便携带,所以也被称为柔性三维坐标测量系统或便携式坐标测量系统。表1.2.1给出了上面提及的三维坐标测量系统的简单对比。

表 1.2.1 三维坐标测量系统比较

三维测量系统	典型测量范围/m	单点测量原理	技术特点	典型点位精度	适用场合
经纬仪测量系统	≤20	角度交会测量	价格低,自动化程度低,测量速度慢,需要标志点,精度不均匀	0.1mm@10m	小空间,少量点人工逐个测量
全站仪测量系统	≤120	球坐标测量	灵活,测量速度较快,需要靶标,精度较低但均匀	0.5mm@30m	大空间,少量点逐个自动测量
摄影测量系统	≤10	角度交会测量	便携,灵活,测量速度快,效率高,需要标志点,易受环境影响,精度高且均匀	1/1000000	小空间,大批点同时测量;多点动态测量

续表

三维测量系统	典型测量范围/m	单点测量原理	技术特点	典型点位精度	适用场合
结构光测量系统	≤10	角度交会测量	便携,灵活,测量速度快,效率高,非接触,高密度	0.1mm	小空间,小物件复杂形状测量
激光跟踪测量系统	≤40	球坐标测量	价格高,灵活,测量速度快,需要靶标,易受环境影响,精度高	$15\mu m + 6\mu m/m$	大空间,大批点逐个测量
激光扫描测量系统	≤24	球坐标测量	测量速度快,非接触,高密度,数据处理较复杂	0.24mm@24m	大空间,大物件复杂形状测量
关节臂式测量机	≤5	空间支导线	便携,测量灵活,无通视要求	0.1mm	小空间,隐蔽点的逐点测量
三坐标测量机	≤1	直线测长	非便携、测量灵活,精度极高	$2\sim3\mu m$	小空间、逐点测量
室内 GPS 测量系统	≤40	角度交会测量	价格高、灵活、测量速度快,无测量标志	0.12mm@10m	大范围、多目标同时独立测量

1.3　中国大科学装置与大型设备制造

新中国成立 70 多年来,各项基础建设成就显著,一个个超级工程傲然屹立。近十几年来,随着现代科学的不断进步和我国综合国力的不断提升,我国的大型设备安装和大科学工程也得到蓬勃发展。这些工程的设计、加工、安装、调试和运营等各个阶段对精密测量提出了多样化需求,包含有高精度测量设备、控制网建立技术、单元部件检测、安装测量、静态和动态变形监测、元件标定测量和数据处理理论等。我国测绘科技人员坚持面向世界科技前沿,面向经济主战场,面向国家重大需求,加快实现高水平科技自立自强。通过艰辛而持续的探索与创新,研发了大量精密测量设备、新技术和新方法,为重大科学装置和重大设备的制造和安装提供了有力保障。

1.500 米口径球面射电望远镜

500 米口径球面射电望远镜(Five-hundred-meter Aperture Spherical radio Telescope,FAST)位于贵州黔南布依族苗族自治州平塘县大窝凼,由中科院国家天文台南仁东先生于 1994 年提出构想,历经 22 年,2016 年 9 月 25 日建成使用。FAST 被誉为"中国天眼",是具有自主知识产权、世界上最大单口径的射电望远镜,是中国重大基础设施,如图 1.3.1 所示。它与世界现有最大口径 100 米望远镜相比,其观测能力提高了 10 倍,并且将在未来 20~30 年保持世界领先地位。FAST 最主要的两大科学目标是巡视宇宙中的中性氢和观测脉冲星。前者是研究宇宙大尺度物理学,以探索宇宙起源和演化;后者是研究极端状态下的物质结构与物理规律。

　　FAST 天线空间面积大,所处地理环境复杂,测量技术涉及大地测量和精密工程测量,并与天线设计、制造、结构和工艺紧密结合。通过技术攻关,完成了高精度三维控制网建立、天线主动反射面快速高精度测量和馈源舱实时动态测量等。

图 1.3.1　FSAT 工程

2. 探月工程测控天线

　　大型射电望远镜是一个国家的综合创新能力的体现。2008 年,中科院、上海市和探月工程联合出资,由上海天文台负责开始研制世界级大型射电望远镜系统——上海 65 米射电望远镜系统,后冠名为"天马望远镜"。2009 年 12 月 29 日,天马望远镜奠基,2010 年 3 月 19 日开始现场建设,2012 年 10 月 28 日落成。天马望远镜体重达 2700 吨,高 70 米,占地面积相当于 8 个篮球场,如图 1.3.2 所示。

　　天马大型射电望远镜攻克了高精度指向、高接收效率、低温宽频带接收、复杂灵活控制、综合性能测试和模型建立等一系列技术难题,实现了 40 多项关键技术和集成创新,成为我国第一台性能先进、功能齐全的全可动大型射电望远镜系统,实现了我国建设世界级大型射电望远镜的目标。该系统综合性能指标在同类型望远镜中位列世界前三,极大地提升了我国探月卫星和深空探测器测定轨能力、国际甚长基线干涉测量(VLBI)和射电天文观测能力。2019 年 1 月 24 日,天马望远镜与 FAST 首次成功实现联合观测,获得 VLBI 干涉条纹。我国嫦娥二号、嫦娥三号、探月三期飞行试验器 VLBI 测定轨任务、嫦娥四号的 VLBI 测定轨及中继星天线在轨标定任务,天马望远镜均参与其中。

3. 中国散列中子源

　　中国散裂中子源(China Spallation Neutron Source,CSNS)位于中国广东省东莞市大朗镇,总占地面积 400 亩。其主装置区建在 13 米到 18 米深的地下。建设内容包括一台 8 千万电子伏特的直线加速器、一台 16 亿电子伏特的快循环同步加速器、一个靶站以

图 1.3.2　天马大型射电望远镜

及三台供科学实验用的中子散射谱仪,其中直线加速器隧道长 240 米,环形加速器周长 228 米,相当于半个足球场大小,如图 1.3.3 所示。

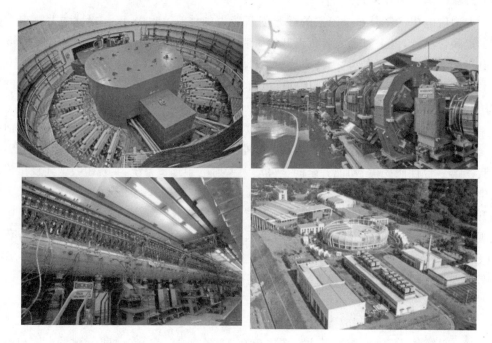

图 1.3.3　中国散列中子源

中国散裂中子源是中国国家"十一五"期间重点建设的十二大科学装置之首,该工程于 2011 年 10 月 20 日举行奠基仪式,2018 年 8 月 23 日通过验收工作,2019 年 2 月 2 日完成首轮开放运行任务。中国散裂中子源的建成,使得我国成为继英国、美国、日本之后,世界上第四个拥有散裂中子源的国家,填补了国内脉冲中子源及应用领域的空白,为我国在物理学、化学、生命科学、材料科学、纳米科学、医药、国防科研和新型核能开发等学科前沿领域的基础研究和高新技术开发研究提供一个功能强大的大科学研究平台,对满足国家重大战略需求、解决前沿科学问题、解决瓶颈问题具有重要意义。

4. 上海光源

上海同步辐射光源,简称上海光源(Shanghai Synchrotron Radiation Facility, SSRF),是中国大陆第一台中能第三代同步辐射光源。工程由一台 20 米长的 150MeV 电子直线加速器、一台周长为 180 米的能在 0.5 秒内把电子束从 100MeV 加速到 3.5GeV 的全能量增强器和注入/引出系统、一台周长 432 米的 3.5GeV 的高性能电子储存环,以及沿环外侧分布的同步辐射光束线站和实验站组成,如图 1.3.4 所示。上海光源位于上海浦东张江高科技园区,于 2004 年 12 月 25 日开工建设,2009 年 4 月 29 日竣工,2009 年 5 月 6 日正式对用户开放,总体性能位居国际先进水平。

同步辐射光源可以产生 X 射线,主要功能是在原子和分子的层次上去研究物质的内部结构,可以做成像,也可以做谱学和大分子结构的研究,用于生命科学、材料科学、环境科学、信息科学、凝聚态物理、原子分子物理、团簇物理、化学、医学、药学、地质学等多学科的前沿基础研究,以及微电子、医药、石油、化工、生物工程、医疗诊断和微加工等高技术的开发应用的实验研究。

图 1.3.4　上海光源

5. 中国大型客机 C919

大型客机是指载客百人以上的干线飞机。大飞机重大专项是党中央、国务院建设创新型国家,提高中国自主创新能力和增强国家核心竞争力的重大战略决策,是《国家中长期科学与技术发展规划纲要(2006—2020)》确定的 16 个重大专项之一。大型客机的研制,以牢牢掌握自主知识产权为立足点,自主研制,突破核心技术和关键技术,同时充分利用国际资源。

首型国产中型客机 C919 属中短途商用机,实际总长 38 米,翼展 35.8 米,高度 12 米,其基本型布局为 168 座。标准航程为 4075 公里,最大航程为 5555 公里,经济寿命达 9 万飞行小时,如图 1.3.5 所示。

图 1.3.5　C919 中型客机

C919C 首字母 C 是指 China,第一个"9"的寓意是天长地久,表明中国飞机制造要跻身国际大型客机市场,要与 Airbus(空中客车公司)和 Boeing(波音)一道在国际大型客机制造业中形成 ABC 并立的格局。"19"代表最大载客量为 190 座,C919 之后未来的型号也可能命名为"C929",代表这一机型的最大载客量为 290 座。

中国商用飞机有限责任公司,简称中国商飞公司(Commercial Aircraft Corporation of China,Ltd,COMAC)于 2008 年成立并开始研制 C919。2017 年 4 月 16 日在上海浦东国际机场 4 号跑道进行了首次高速滑行测试,2017 年 5 月 5 日下午两点在上海浦东国际机场完成首飞,2022 年 9 月 29 日获得中国民用航空局颁发的型号合格证,2022 年 11 月 29 日,中国民航局向中国商飞公司颁发 C919 大型客机生产许可证,2022 年 12 月 9 日全球首架交付中国东方航空。

6. 其他大型机械设备制造

1) 超大直径的盾构机(图 1.3.6(a))

2021 年 12 月,我国超大直径盾构机"聚力一号"在江苏常熟中交天和机械设备制造有限公司下线，最大开挖直径 16.09 米，全长 165 米，重约 4300 吨，拥有多项智能技术。它是目前国产最大直径盾构机，不仅可实现 5000 米超长距离连续掘进不换刀，还能解决超大直径盾构机、高水压下掘进"十隧九漏"的世界性难题，实现隧道掘进施工滴水不漏，是我国高水压、超长距离隧道工程施工的一把利器。

2）"天鲸"号挖泥船（图 1.3.6(b)）

"天鲸"号挖泥船是目前我国先进的挖泥船之一，同时还是全亚洲第一大的绞吸式挖泥船，称为"造岛神器"。"天鲸"号能以每小时 4500 立方米的速度，将海沙以及海泥混合物排放到 6000 米外，在南海永暑礁的造陆过程中，"天鲸"号 2 个月内就吹填出了 1 平方公里陆地。

3）矿用自卸车（图 1.3.6(c)）

徐工 DE400 矿用自卸车，由我国技术人员独立自主研发，并一举成为运输界的"国之重器"。整车空运状态重量高达 400 吨，相当于 30 多辆最高重量中型货车总重。全车长 15.92 米，每个轮胎直径为 4.03 米，单个轮胎重量就高达 5.3 吨，燃油箱容量 4600 升，操控灵活。

4）巨型模锻液压机（图 1.3.6(d)）

巨型模锻液压机，是象征重工业实力的国宝级战略装备，是衡量一个国家工业实力和军工能力的重要标志，世界上能研制的国家屈指可数。目前世界上拥有 4 万吨级以上模锻液压机的国家，只有中国、美国、俄国和法国。

中国第二重型机械集团成功建成 8 万吨级模锻液压机，地上高 27 米、地下 15 米，总高 42 米，设备总重 2.2 万吨，是世界最大模锻液压机，也是中国国产大飞机 C919 试飞成功的重要功臣之一。

(a)   (b)

(c)   (d)

图 1.3.6　大型机械设备制造

1.4　工业测量的发展

三坐标测量机是最早的三维工业测量系统,但其便携性差,采用的是接触式逐点测量。1980 年美国的 Johnson 首次介绍和应用了经纬仪工业测量系统,最先采用 K&E 公司生产的 DT-1 型电子经纬仪,实现了双站系统的工业测量。随后,现代电子经纬仪、全站型电子速测仪及近景摄影测量的发展和应用,改变了以接触方式为主的传统工业三维坐标测量方法,出现了以空间前方交会原理为基础,以电子经纬仪及摄影相机为传感器的光学三维坐标无接触工业测量系统。

高性能电子计算机、电子经纬仪、全站仪、数码相机、激光技术的发展,为以计算机控制为特征的测量、存储、计算一体化的现代测量方法提供了硬件保障。世界上一些测量仪器生产厂家纷纷将电子经纬仪、全站仪、激光扫描仪、激光跟踪仪以及数字摄影测量技术等引入工业测量领域,形成了对工业测量产生深刻影响的“工业测量系统”。很多工业测量软件,如 MetroIn、SA、Axyz 等将多种工业测量系统集成起来,既可对各种系统硬件的数据采集进行统一管理,又可以对采集的数据进行处理、出具质量报告等。软件系统的界面一致,操作灵活方便。

飞机、火箭、航天器、卫星、高铁、粒子加速器等高端装备的大型零部件制造和安装,对形状测量、位置测量、相对位置与姿态测量、法矢量角度测量等提出了很高的要求,代表了现代工业测量的最新和最高要求,其应用与发展逐步呈现出以下特点:

1. 复杂环境下对测量精度和效率提出新要求

如某航天器总装后在竖直状态下的高度达到 10.4m,最大直径 3.35m。FAST 工程的天线的最大口径达到 500m,论证中的环形正负电子对撞机(CEPC)的地下主体为一个周长约 100km、埋深约 100m、直径约 6.5m 的环形隧道及附属隧道。测量范围的大幅度增加,对测量方法、测量技术和数据处理等都提出了新的要求。

由于工业产品的多样性和复杂性,出现了一些极为特殊的工业测量环境。如高温锻件环境下的热态测量。航天器在轨运行时受到太空高低温、失重等环境影响会产生变形,需要在地面装配过程中模拟太空环境监测航天器结构的变化等,这些环境对工业测量系统的自动化、智能化和稳定性提出了新要求。

航天器测量领域和精密加工领域对工业测量的高精度要求很明确。航天器的单向姿态微变形测量误差小于 $\pm 0.5''$,核心部件的位置安装误差小于 ± 0.1mm。精密机械加工领域的平面度要求达到了微米级。一些先进同步辐射光源的磁铁间相邻位置精度为 $0.03 \sim 0.05$mm。在保证高精度的同时,如何提高测量效率也是工业测量面临的难题。

2. 多种传感器协同测量技术

协同测量需要构建基准测量网或基准转换标准器,实现测量基准的统一并降低测量误差。基于测量网的协同测量系统一般根据不同的测量需求进行构建。例如在飞机水平测量过程中,受到部件和装配工装的可通视、尺寸特征、测量精度的限制,单一测量系统难以满足所有测量的需要。基于基准转换标准器的协同测量系统需要现场快速搭建协同测量场合。例如在大型空间站载荷姿态测量中,需要利用经纬仪与激光跟踪仪在同一个坐标系下完成测量任务。

如图 1.4.1(a)所示,为了确定某型航天器星载天线面板、星载敏感器立方镜之间的姿态关系,利用经纬仪准直和激光跟踪仪相联合测量实现了天线面板和立方镜及航天器结构坐标系之间的高精度传递,定位误差小于±0.1mm。如图 1.4.1(b)所示,飞机的装配对接及水平测量采用了激光跟踪仪、激光雷达、室内 GPS 等多种测量系统协同测量完成。

多测量系统协同测量技术的应用面临多测量系统测量数据融合和测量不确定度的处理与评估难题,需进一步研究。

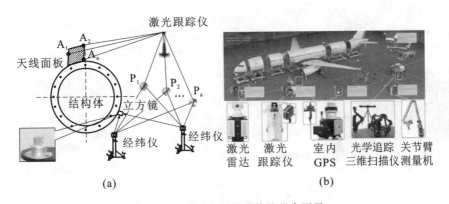

图 1.4.1　多工业测量系统的联合测量

3. 精密位姿的动态测量

姿态测量技术主要用于零部件对接时的姿态及法矢量角度参数的测量。按照测量方式的不同可分为基于坐标计算的姿态测量系统和基于准直法的测量系统。

通过 3 台以上的激光跟踪仪可基于坐标计算实现实时位置姿态测量。激光跟踪仪与 T-MAC 视觉测量组合实现被测目标高精度位置与姿态测量,在机器人的标定过程中得到广泛应用。

基于准直法的测量系统典型代表仪器为经纬仪。不同基准镜的准直需要两台以上仪器进行互瞄、准直两个过程才能完成。目前经纬仪均为人眼瞄准,存在瞄准准直周期长、测角误差受人工操作因素影响大的问题。因此,发展能够自动准直瞄准的仪器,满足高效矢量姿态测量需求是该类仪器的主要发展方向。

动态测量技术主要用于装配对接、试验过程动态轨迹的实时测量。随着航天器交会对接、工业产品振动测试、武器装备动态测试、天线馈源动态运动等领域测量需求的不断增长,工业测量逐步从静态发展到动态,并且对动态测量的采样频率、测量精度等方面都有较高的要求。目前具备动态测量功能的大尺寸测量仪器包括激光跟踪仪、室内 GPS、高速摄影测量系统等。激光跟踪仪的测量频率最高可达 1000Hz;室内 GPS 的测量频率为 20Hz;高速摄影测量系统可实现更高的测量频率。动态测量技术的发展促进了测量效率的提高,但动态校准问题需进一步研究。

4. 新型测量系统研发

随着高端装备的发展,对装配检测技术的测量范围、测量精度、测量效率等都提出了更高的要求,目前市场上已有设备在精度和效率方面无法满足要求时,就需要研究新的测量方法和专用测量传感器,开发更加自动化和高效的测量系统。

基于双目摄影测量和手持扫描仪相结合的视觉追踪 3D 扫描测量系统,克服了手持扫描仪需要贴点的缺点,实现快速扫描与检测(图 1.4.2(a))。针对高分二号卫星的测量需求建立的一套高精度自动化测量系统,能够融合精密导轨、自准直经纬仪、精密转台和 CCD 相机等不同设备数据,实现光学立方镜之间姿态角度矩阵的高精度自动化测量(图 1.4.2(b))。

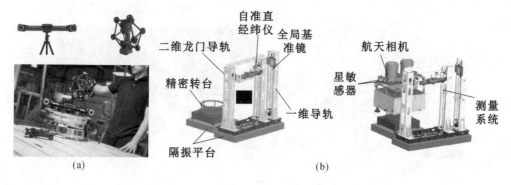

图 1.4.2　基于对象的三维测量系统

图 1.4.3(a)是 2012 年推出了基于相位法测距原理的新一代高精度基线测距仪 μ-base,激光频率为 2.4GHz,带宽 300MHz。它采用了绝对测距(ADM)原理,测距仪标称的最大测程为 160m,当实际气象条件良好时可测量到 200m 左右,配合角隅棱镜其在 160m 的范围内的测距精度优于 $\pm 10\mu m$。

图 1.4.3(b)是 Etalon 公司与英国牛津大学和英国国家物理实验所合作研发出一款多路绝对激光测距仪。该仪器基于动态可调谐激光器扫频干涉(dynamic Frequency Scanning Interferometry,dFSI)测距原理,可以通过最多 124 个激光通道进行多路激光同步直接测量空间两点的距离,测量范围为 0.02~30m,测量不确定度为 $\pm 0.5\mu m/m$,最高可达 $\pm 0.3\mu m/m$。不同于传统的干涉仪,其激光束允许被中断,1 秒以内即可迅速恢复而不损失精度。该仪器为更高精度的控制网建立及更高精度的空间三维坐标测量提供了新途径。

采用多台激光跟踪仪组网,利用激光跟踪仪高精度干涉测距优势,建立激光跟踪干涉柔性坐标测量系统。该系统能自动跟踪目标并以边长交会的方式高精度确定目标点的三维坐标,测量精度数十微米。图 1.4.3(c)为 4 路激光跟踪干涉三维坐标测量系统进行粒子加速器元件标定的场景。

近年来,以飞秒光学频率梳为光源的高精度绝对测距方法得到了迅猛发展,特别是双光梳异步光学采样绝对测距方法,其光路结构如图 1.4.3(d)所示:双光梳异步光学采样绝对距离测量系统包含两个具有微小重复频率差异的光频梳,其中一个为探测光梳,另外一个为本振光梳。本振光梳对探测光梳的参考脉冲和测量脉冲进行时域上的异步光学采样,通过降采样方式得到干涉信号,并利用探测相干图样的时域和频域之间的对应关系解算飞行时间,获取待测距离。该方法具有较高的测量分辨力、更快的测量速度和更大的量程。

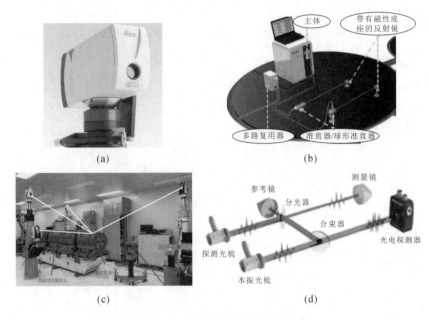

图 1.4.3 基于高精度测距的新设备

由于粒子加速器隧道环境的特殊性:隧道狭长,空间狭小,加速器设备安装紧凑,管线密布,环境复杂,测量要求精度高等,且高密度的摄影测量标志只能在单侧墙体、单侧设备上,因此现有的商业化近景摄影测量系统无法满足粒子加速器隧道准直测量要求。为此,对量测摄像机、摄影标志和编码点等进行了如图 1.4.4 的改造:摄像机配置广角镜头以扩大视场并精密标定,半球状摄影标志与激光跟踪仪通用,五面体标志和立体编码块实现同一点的多角度成像,确保在隧道的各个角度拍摄时能有足够的影像重叠数和良好的交会构型,从而实现多站测量的有效搭接。初步实验表明:小于 5m 的设备测量,其重复性优于 0.03mm,在 70m×4m×2m 的粒子加速器隧道准直中可以达到 0.5mm。这种改造的近景摄影测量系统能显著提高大型粒子加速器准直测量的测量效率。

图 1.4.4 新型摄影系统的硬件组成

随着科学技术的飞速进步和工业建设事业的迅猛发展,各种复杂的工业工程纷纷涌现。这些工程的兴建,对测量手段和数据处理提出了高精度、实时性、自动化甚至智能化的要求。针对不同工业工程的特点和要求,研究新理论、新方法,开发新的多用途或者专用的工业测量系统(硬件和软件)等,是目前工业测量重要发展方向。

思考题

1.工业测量的任务和内容有哪些?

2.相对土木工程测量,工业测量有哪些特点?

3.制定工业测量方案时需要考虑哪些因素?

第 2 章　一维工业测量技术与方法

本章介绍工业测量中一维测量常用的技术和方法。这些测量技术既可在实际工作中独立使用,也是二维测量和三维测量的基础。一维测量包括长度及其变化测量、准直测量、倾斜测量、角度测量和高差测量,这些测量值可根据实际情况采用相应的传感器获取。

2.1　传感器的一般特性

广义的传感器就是一种能把特定的信息(物理、化学、生物)按照一定的规律转换成可用信号输出的器件和装置。本节涉及的传感器可以理解成一种狭义传感器,就是指将外界非电信号转换为电信号的装置。传感器由敏感元件、转换元件、测量电路三部分组成。根据敏感元件的不同,传感器可分为电阻式传感器、电容式传感器、电感式传感器、压电式传感器、数字式传感器、热电式传感器、磁敏传感器、光电传感器等多种类型。

传感器的特性分静态特性和动态特性。只有对传感器特性有正确的了解,才能在工业测量中合理地选择和使用传感器。

2.1.1　传感器的静态特性

传感器的静态特性是指传感器在输入量的各个值处于稳定时,输出与输入的关系,即输入量是常量或者变化极慢时,输出与输入的关系。衡量传感器静态特性的主要技术指标有测量范围与量程、线性度、迟滞、重复性、灵敏度等。

1. 测量范围(Measuring Range)与量程(Span)

在指定的测量特性和精度范围内,传感器能正常测量的最大被测值(即输入量)的数值称为测量上限,最小被测量值则称为测量下限。测量上限和下限表示的测量区间为测量范围,简称范围。测量值的上限与下限的代数差为量程。

2. 线性度(Linearity)

传感器的输入与输出的关系或多或少地存在非线性问题。在不考虑迟滞、蠕变等因素的情况下,其静态特性可以用多项式表示:

$$y = a_0 + a_1 x + a_2 x^2 + \cdots + a_n x^n \tag{2.1.1}$$

式中,y 为输出量,x 为输入量,a_0 为零点输出,a_1 为理论灵敏度,$a_2 \sim a_n$ 为非线性系数。

式(2.1.1)一般是基于静态曲线获得的。静态曲线可以实际测试获得。为了标定和数据处理方便,希望得到线性关系。因此会采用各种方法补偿来实现线性化。由于这些方法都比较复杂,所以在非线性误差不大的情况下,总是采用直线拟合的方法来线性化,这时输入输出之间的校正曲线与其拟合直线之间的最大偏差就称为非线性误差或线性度 γ_L(见图 2.1.1),线性度可以看成是传感器输入输出曲线与理想直线的偏离程度。定义为:

$$\gamma_L = \pm \frac{\Delta L_{\max}}{y_{FS}} \times 100\% \tag{2.1.2}$$

式中,$\Delta L_{\max}$ 为非线性最大偏差,y_{FS} 为满量程 FS(Full Scale)输出值。

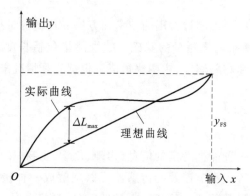

图 2.1.1　传感器的线性度

3. 迟滞(Hysteresis)

在相同测量条件下,传感器在正向量程(输入量由大到小)和反向量程(输入量由小变大)的行程中,输出曲线不重合称为迟滞,它是由实验方法得到的(见图 2.1.2)。迟滞误差一般用正、反行程中输出的最大偏差与满量程输出之比的百分数表示,它也被称为回头误差。

$$\gamma_H = \pm \frac{\Delta H_{\max}}{y_{FS}} \times 100\% \tag{2.1.3}$$

式中,$\Delta H_{\max}$ 为正反行程间输出的最大差值。

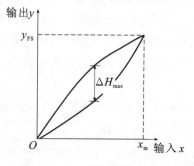

图 2.1.2　传感器的迟滞

产生迟滞误差的主要原因是传感器中的敏感元件材料的物理性质、磁性元件的磁滞特性或者传递机构的摩擦、松动、间隙和积尘等。传感器迟滞现象的存在,使得传感器当前的输出量不仅取决于当前的输入量,而且与过去的输入量有关。在传感器初期设计和后期数据处理均应考虑其迟滞性。

4. 重复性(Repeatability)

重复性是指传感器同一条件下、对同一被测量、按同一方向做全量程多次测量时所得的特征曲线不一致程度。如图 2.1.3 为实际输出的校正曲线的重复特性。正行程的最大重复性偏差为 ΔR_{max1},反行程的最大重复性偏差为 ΔR_{max2}。重复性误差 γ_R 定义为:

$$\gamma_R = \pm \frac{\max(\Delta R_{max1}, \Delta R_{max2})}{y_{FS}} \times 100\% \qquad (2.1.4)$$

或

$$\gamma_R = \pm \frac{(2 \sim 3)\sigma}{y_{FS}} \times 100\% \qquad (2.1.5)$$

式(2.1.5)中,σ 为正、反行程中标准差较大者。

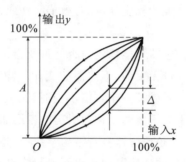

图 2.1.3 传感器的重复性

重复性误差反映的是测量数据的离散程度。重复性越好,则误差越小。重复性好坏产生的原因与迟滞性产生的原因类似。

5. 灵敏度(Sensitivity)

在稳态工作状态下,传感器输出的变化量 Δy 与引起此变化量的输入变化量 Δx 之比即为静态灵敏度 S。其表达式为:

$$S = \frac{\Delta y}{\Delta x} \qquad (2.1.6)$$

显然,传感器校准曲线的斜率 k 就是其灵敏度,是一个常数。

一般希望传感器有较高的灵敏度且在整个测量范围内是不变的。但实际选择时应注意其合理性。如果传感器的灵敏度越高,它就越容易受到外界的干扰,稳定性就越差,检测的范围就越窄。

6. 分辨力(Resolution)与阈值(Threshold value)

分辨力是传感器的最基本指标。分辨力是指传感器在规定的测量范围内所能检测出被测输入量的最小变化值。即输入量从某个任意非零值缓慢增加,直到引起输出量的变化为止,此时的输入量的最小变化量即为分辨力。有时对该值用相对满程量输入值的百分数表示。

分辨率是分辨力与满量程值之比。对于具有数显功能的传感器,分辨力决定了测量结果显示的最小位数。如电子数显卡尺的分辨力为 0.01mm,其示值误差为 ±0.02mm。

分辨力是一个可以反映传感器是否实现精密测量的性能指标。它说明传感器响应与分辨输入量微小变化的能力。灵敏度越高,分辨力越好。

阈值通常称为灵敏度界限或门槛灵敏度、失灵区、死区等。零位附近对输出量的变化往往不敏感,所以阈值实质上是传感器在正行程时的零点或起始点附近引起输出量发生可观测变化的最小输入量。阈值可以用来衡量测量起始点不灵敏的程度。

一般要求传感器灵敏度要大而灵敏度阈值要小,但并不是灵敏度阈值越小越好,因为灵敏度阈值越小,干扰的影响就越显著。一般情况下,灵敏度阈值只要小于允许测量绝对误差的三分之一即可。对数字仪表而言,阈值小于数显仪表最低位的二分之一。

7. 稳定性

稳定性又称为长期稳定性,即传感器在相当长时间内保持其原性能的能力,有时用有效期来表示。为提高传感器性能的稳定性,应对敏感元件或传感器构件进行稳定性处理。

8. 漂移

传感器漂移大小是衡量传感器性能稳定与否的重要指标。漂移就是在一定时间内传感器的输出存在着与被测输入量无关的、不需要的变化。漂移包含零点漂移和灵敏度漂移。零点漂移是指传感器无输入或某一输入值不变时,其输出值偏离原指示值而上下变动的现象。灵敏度漂移是由于灵敏度的变化而引起的校准曲线斜率的变化。

漂移产生的原因有两个:一是传感器自身结构参数;二是周围环境(如温度、湿度等)。最常见的漂移是温度漂移,即周围环境温度变化而引起输出量的变化,温度漂移主要表现为温度零点漂移和温度灵敏度漂移。

9. 精确度

精确度是以测量误差的相对值表示的。在工程应用中,为了简单表示测量结果的可靠程度,应用精确度等级的概念,用 A 表示,以一系列标准百分数 0.1,0.2,0.5,1.0,1.5,2.5 和 5.0 七个等级。这个数字就是传感器在规定条件下,允许的最大绝对值误差相对于满量程的百分数,表示为:

$$A = \frac{\Delta A}{y_{FS}} \times 100\% \qquad (2.1.7)$$

式中,A 为传感器精确度,ΔA 为测量范围内允许的最大绝对值误差。

2.1.2　传感器的动态特性

传感器的动态特性是其对于时间变化的输入量的响应特性,是传感器输出量能够真实再现变化着的输入量能力的反映。通常一个动态特性好的传感器要求输出量不仅可以反映输入信号的幅值大小,而且还能反映输入信号随时间变化的规律。

实际工作中,传感器的动态特性通常从时域和频域两个方面由实验方法得出。最常用的输入信号为阶跃信号和正弦信号,既便于实现,又便于求解。与其对应的方法为频率响应法和阶跃响应法。

1. 频率响应法

衡量传感器频率响应特性的指标有频带、时间函数、固有频率等。采用正弦信号作为输入信号来研究传感器动态特性的方法称为频率响应法。

2. 阶跃响应法

衡量传感器阶跃响应特性的指标有最大超调量、延滞时间、峰值时间、响应时间等。以最易实现的阶跃信号作为标准输入信号,研究传感器动态特性的方法称为阶跃响应法。常用的输入信号有阶跃函数、正弦函数、指数函数等。

2.2 长度及其变化测量

长度是指物体在某一方向上的延伸程度,在物理学中用米(m)表示。长度计量是表征物体的大小、长短、形状和位置的重要几何量,在物理学、数学、计算机科学和工程学有重要意义和广泛应用。

工业测量中,长度及其变化的准确测量是空间点定位、产品质量检验、产品几何特征描述以及变形监测等的重要基础和基本保障。

2.2.1 长度测量

1. 机械法长度测量

1) 游标卡尺/千分尺

游标卡尺和千分尺是测量小尺寸零件长度最常用的工具。如图 2.2.1(a)所示的游标卡尺由主尺和附在主尺上能滑动的游标两部分构成。主尺上以毫米为单位标记。根据分格的不同,游标卡尺可分为十分度游标卡尺、二十分度游标卡尺、五十分度游标卡尺,精度分别为 0.1mm、0.05mm 和 0.02mm。游标卡尺的主尺和游标上有两副活动量爪,分别是内测量爪和外测量爪,内测量爪通常用来测量内径,外测量爪通常用来测量长度和外径。

如图 2.2.1(b)所示的千分尺,也叫螺旋测微器,是比游标卡尺更精密的长度测量仪器,精度有 0.01mm、0.02mm、0.05mm,加上估读的 1 位,可读取到小数点后第 3 位(千分位),故称千分尺。千分尺常用规格有 0~25mm、25~50mm、50~75mm、75~100mm、100~125mm 等若干种。

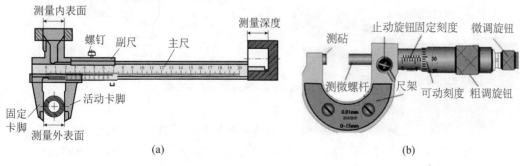

(a)   (b)

图 2.2.1 游标卡尺与千分尺

　　游标卡尺和千分尺主要用于测量零件中孔、轴的内、外直径或者物体的厚度,对于电子读数的分辨率达到几个微米。

　　2) 精密钢卷尺

　　对于较长长度的测量可以采用一级精度的精密型钢卷尺(20m,30m,50m),如图2.2.2所示。它是在优质碳素钢带上经精密刻画加工而成,标称精度达到±0.2mm/5m。测量时要保证规定的拉力,同时要根据其尺长方程式进行尺长改正和温度改正。

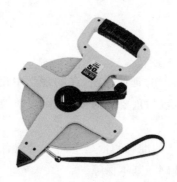

图 2.2.2　精密型钢卷尺

　　3) 因瓦线尺

　　在缺乏高精度激光测距技术时,对于较长长度的高精度测量,欧洲核子中心(CERN)于1962年研制了自动化因瓦测距仪 Distinvar。它由以下三部分构成(见图2.2.3):

　　(1) 直径为1.65mm带尺夹的因瓦线尺,它被引张在两个控制点之间;

　　(2) 带有标准插销的测距仪;

　　(3) 固定插销尾座。

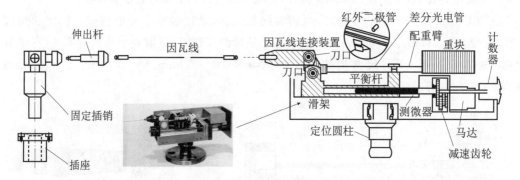

图 2.2.3　Distinvar 组成与工作原理

　　后两者安插于控制点的标准插座内。这些标准插座的几何中心位于控制点中心。

　　测量时,设备的第(2)、第(3)部分安装在控制点上的插座内,并把因瓦丝的夹头塞进尾座和仪器的夹孔中锁定。测距开始后,马达转动带动丝杆转动,同时记数盘开始计数,丝杆的转动带动整个滑架平移,因瓦线逐渐被拉紧。当达到预定拉力时,光电传感器使马达停转,待线尺稳定和计数器读数数字微小波动停止以后,在计数盘读数,可以估读到0.005mm。测量过程中因瓦尺要加入温度改正和尺长改正。

该仪器使用的因瓦线尺的长度在0.4~50m,滑架的总行程是50mm,读数内符合精度为±0.01mm,测量中误差在±0.03~0.05mm。

2. 电磁波长度测量

如图2.2.4所示,电磁波测距仪发射电磁波,经过棱镜返回到测距仪的接收系统。电磁波测距是直接(脉冲测距法)或间接(相位测距法)测得电磁波在待测长度两点间往返一次的传播时间 t。若电磁波速度为 v,可按式(2.2.1)求得长度 D。

$$D = \frac{1}{2}vt = \frac{1}{2}\frac{c}{n}t \qquad (2.2.1)$$

式中,c 为光速,n 为大气折射率。

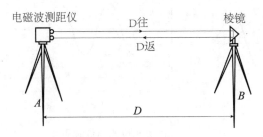

图2.2.4　电磁波测距

1) 脉冲测距法基本原理

如图2.2.5所示,首先瞄准目标,然后接通激光电源,启动激光器,通过发射光学系统,向瞄准的目标发射激光脉冲信号。同时,采样器采集发射信号,作为计数器开门的脉冲信号。启动计数器,钟频振荡器向计数器有效地输入钟频脉冲。由目标反射回来的激光回波经过大气传输,进入接收光学系统,作用在光电探测器上,转变为电脉冲信号,经过放大器放大,进入计数器,作为计算器的关门信号,计数器停止计数。计数器从开门到关门期间,所进入的钟频脉冲个数经过运算转换成时间,再由式(2.2.1)计算长度,在显示器上显示出来。

2) 相位测距法基本原理

如图2.2.4所示测定 A,B 两点的长度 D,将相位式测距仪置于 A 点,反射器置于 B 点。测距仪发射出连续的调制光波,调制波通过测线到达反射器,经反射后被仪器接收器接收(见图2.2.6(a))。调制波在经过往返长度 $2D$ 后,相位延迟了 Φ。将图2.2.6(a)中的往返调制光展开在一条直线上,用波形示意图表示发射波与接收波的相位差,如图2.2.6(b)所示。

设调制波的调制频率为 f,它的周期 $T=1/f$,相应的调制波长 $\lambda=cT=c/f$。由图

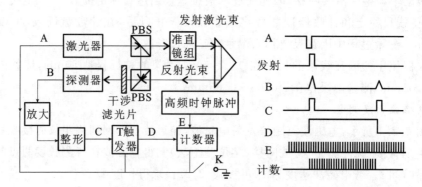

图 2.2.5　脉冲式测量时间

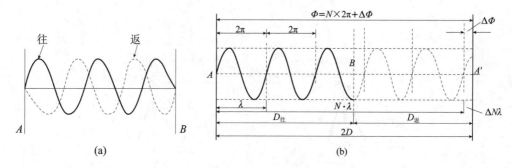

图 2.2.6　相位式测量时间

2.2.6(b)可知,调制波往返于测线传播过程所产生的总相位变化 Φ 中,包括 N 个整周变化 $N\times 2\pi$ 和不足一周的相位尾数 $\Delta\Phi$,即

$$\Phi = N \times 2\pi + \Delta\Phi$$

根据相位 Φ 和时间 t_{2D} 的关系式: $\Phi = \omega t_{2D}$,其中 ω 为角频率,则

$$t_{2D} = \frac{\Phi}{\omega} = \frac{1}{2\pi f}(N \times 2\pi + \Delta\Phi) \tag{2.2.2}$$

将上式代入式(2.2.1)中且不考虑大气折射的影响,得

$$D = \frac{1}{2}\frac{c}{f}(N + \frac{\Delta\Phi}{2\pi}) = \frac{1}{2}\lambda(N + \Delta N) \tag{2.2.3}$$

$$= L(N + \Delta N) = LN + \Delta L$$

式中, $L = c/2f = \lambda/2$,为测尺长度; N 为整周数; $\Delta N = \Delta\Phi/(2\pi)$,为不足一周的尾数。

式(2.2.3)为相位式光电测距的基本公式。由此式可以看出,这种测距方法同钢尺量距类似,即用一把长度为 $\lambda/2$ 的"尺子"来丈量长度, N 为整尺段数, $\Delta L(=\Delta N \cdot L)$ 为不足一个尺段的余长。

由于测相器只能测定 $\Delta\Phi$ 或 ΔN,而不能测出整周数 N,因此使相位式测距公式(2.2.3)产生多值解。为此,需借助于若干个调制波的测量结果(ΔN_1,ΔN_2,… 或 $\Delta\Phi_1$,

$\Delta\Phi_2,\cdots$)推算出 N 值,从而计算出待测长度 D,这种方法也叫多测尺联合测距。

多测尺联合测距需要采用多个调制频率(相当于不同长度的测尺)对目标长度进行分级测量。例如先用长尺确定长度的高位数;再用次长尺得到与长尺测量精度衔接的较低位数;最后用短尺得到与要求的精度相应的尾数。将各级组合得到实际长度。各级尺长 L_{M_i} 应满足:

$$L_{M_i} = 0.5\lambda_{M_i} > R_i \qquad (2.2.4)$$

式中,R_i 为第 i 级测尺预定的最大测程,并由此确定其调制频率。

例如,要求测量范围小于 5km、测距精度要求为 1cm,相位测量精度为 1/1000。先用尺长为 5km 的一级测尺(对应的调制频率为 30kHz,测距误差为 5m)进行测量。假定测量结果为 3865,后面两位不可靠。然后选用长度为 100m 的二级测尺(对应的调制频率为 1.5MHz,测距误差为 0.1m)测量,测量结果为 66.5m,最后一位不可靠。最后采用 10m 的三级测尺(对应的调制频率为 15MHz,测距误差为 1cm)测量,测量结果为 6.43m。这样最终测量结果为 3866.53m,精度为 1cm。

该方法受测量精度和调频上限的限制,测量精度最高在几十微米量级。如徕卡 TDA5005,在 120m 范围内使用精密角隅棱镜的测距精度能达到 ±0.2mm;索佳 NET1200 全站仪,在 100m 范围内对反射片的测量精度达到 ±0.7mm。由于这种全站仪性能高,操作方便,已广泛应用于工业测量。

3)电磁波测长的影响因素

(1)仪器本身的误差(加常数、乘常数、周期误差)

仪器加常数:主要是指测距仪的机械中心与调制波发射接收的等效面不一致、测距仪的机械中心与内光路等效面不一致。同时也存在棱镜加常数:电磁波在棱镜内走的多余长度,如图 2.2.7 所示。两个加常数致使测距产生误差,它是一个与测程无关的常数。仪器加常数和棱镜加常数通过定期的检校得到。

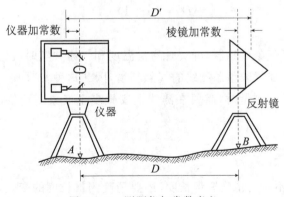

图 2.2.7 测距仪加常数意义

仪器乘常数:主要是调制频率偏离设计值所引起的尺度变化,与测量的长度成正比,通过定期的仪器检校可以得到。

在测距中会同时存在加常数误差和乘常数误差的影响。对于短长度而言,乘常数误差的影响可以忽略不计。但加常数误差的影响必须顾及。

仪器周期误差:周期误差是指以仪器检测尺长为周期重复出现的误差。无论仪器精度如何提高,在仪器发射光中加入调制信号的技术却没变。而调制光波像其他光波一样在传播过程中会受到其他(内部和外部)电磁波的干扰。在不考虑外部影响时,同一台仪器在某一时间段,其调制光波受到的内部干扰具有周期性。当周期误差振幅大于测距中误差绝对值的 2 倍时,应作周期误差改正。周期误差可以通过对测距仪检定得到。

（2）大气折光引起的误差

电磁波测距时,调制波波长采用的是假定大气状态下的大气折射率。而实际测量时,大气温度、湿度、气压的变化,会导致折射率变化,与假定大气状态下的大气折射率不一致。而折射率变化会导致光速变化。因此在测量中,必须采集测距时刻的气象元素,并进行相应的长度改正 ΔD。

大气折射率可按下式计算:

$$n = 1 + \frac{n_g - 1}{1 + \alpha t} \cdot \frac{P}{1013} - \frac{5.5 \times 10^{-8}}{1 + \alpha t} e \tag{2.2.5}$$

式中,t 为温度（℃）,P 为大气压（hPa）,$\alpha = 1/273.16$,为空气膨胀系数,e 为实际水汽压（hPa）。n_g 为光波长为 λ 的调制光在标准大气状态（温度 $t=0$℃,气压 $P=1013$hPa,湿度 $e=0\%$,二氧化碳含量为 0.03%）下的折射率,计算式为:

$$n_g = 1 + \left(2876.04 + \frac{48.864}{\lambda^2} + \frac{0.680}{\lambda^4}\right) \times 10^{-7} \tag{2.2.6}$$

对于短程测距而言,湿度对电磁波测距的影响很小,可以忽略不计。

在计算大气误差改正时,首先根据调制光的波长,按式（2.2.6）计算 n_g,然后根据测距时的气象观测值按式（2.2.5）计算该段距离的折射率,最后按式（2.2.7）对该段测距 D 进行大气折光改正改正 ΔD:

$$\Delta D = (n - 1) \cdot D' \tag{2.2.7}$$

式中,D' 为实测长度。

测距仪都内置了气象传感器,可实时测量温度和气压并实时改正测量的长度。由于仪器处的气象环境不能代表整条测线的气象环境,因此这种实时改正对短距离是可以接受的。但在高精度长度测量时,需要在测线上安置多个气象测量仪,分段进行大气折光改正。

2.2.2　长度变化测量

在工业测量中,不仅要精确测量长度,还要精确测量长度的变化,也称位移测量。位移测量可以利用两次测量的长度之差计算,也可以直接测量长度的变化。位移测量主要用于检测工件中孔和轴的同轴度及跳动度,检测工件的平行度和直线度或用作某些测量装置的长度测量元件以及进行一维变形监测等。这里介绍几种常用的直接测量长度变化的技术和方法。

1. 机械式测量

基于机械式位移测量的仪器是机械式百分表(见图2.2.8)。机械式百分表是一种利用齿条齿轮传动,将测杆的直线位移变为指针的角位移的计量器具。分度值为0.01mm,测量范围为0~3 mm、0~5mm、0~10mm。

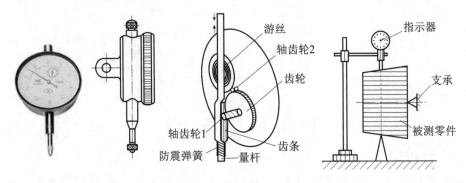

图2.2.8　百分表的结构与应用

百分表的工作原理是:被测尺寸的变化所引起的测杆微小直线移动,经过齿轮传动放大,变为指计在刻度盘上的转动,从而读出被测尺寸的变化大小。百分表的构造主要由3个部件组成:表体部分、传动系统、读数装置。

2. 电感式传感器

电感式位移传感器建立在电磁感应基础上。利用被测量的变化引起线圈的自感系数或互感系数变化,从而引起线圈磁感量的原理来实现位移量电测。当传感器测头检测到被测物体位移时,通过测杆带动铁芯产生移动,从而使线圈的电感或互感系数发生变化,电感或互感信号再通过引线接入测量电路进行测量,将电感或互感信号转换成电压或电流的变化量输出,实现非电量到电量的转换。

1) 自感式位移传感器

图2.2.9所示是自感式位移传感器的原理图。它是由线圈、铁芯、衔铁三部分组成。线圈套在铁芯上,铁芯与衔铁之间有一个厚度为 δ 的空气隙。传感器运动部分与衔铁相连。当外部作用使衔铁发生位移时,就会引起线圈电感的变化。

一般情况下,导磁体的磁阻与空气隙磁阻相比是很小的。线圈的电感值可以近似地表示为:

$$L = \frac{N^2 \cdot A \cdot \mu_0}{2\delta} \qquad (2.2.8)$$

式中,A 为截面积,μ_0 为空气磁导率,δ 为气隙值,N 为感应线圈匝数。

当感应线圈的结构和材料确定以后,电感值 L 就是截面积 A 和气隙值 δ 的函数。基于此,形成了三种不同类型的自感式传感器。

(1) 变间隙型电感传感器(图2.2.9(a)):被测物体位移将引起空气隙的距离发生变化。由于气隙磁阻的变化,导致了线圈电感的变化,对式(2.2.8)求导可得到其近似关系式为:

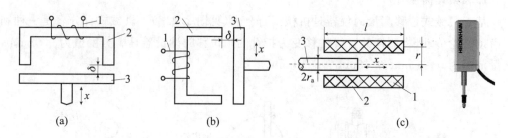

1—线圈；2—铁心；3—衔铁

图 2.2.9　自感式传感器结构

$$\frac{\Delta L}{L_0} = \frac{\Delta \delta}{\delta_0} - \left(\frac{\Delta \delta}{\delta_0}\right)^2 + \left(\frac{\Delta \delta}{\delta_0}\right)^3 \qquad (2.2.9)$$

式中，δ_0 为初始间隙。

由此可以看出，当初始间隙值为 δ_0 时对应的电感值为 L_0。传感器的灵敏度随气隙的增大而减小。为了保持线形，气隙的相对变化要很小，但过小又限制测程，所以在设计和制作时需要兼顾两个方面。

（2）变面积型电感传感器（图 2.2.9(b)）：被测物体位移将引起空气隙的面积发生变化。若保持气隙距离不变，则铁芯与衔铁之间的覆盖面积发生变化，导致线圈的电感发生变化。假定 a、b 为有效覆盖面积的长和宽，$A = ab$。当衔铁在 a 的方向移动时，其关系式为：

$$\frac{\Delta L}{L_0} = \frac{\Delta a}{a_0} \qquad (2.2.10)$$

这类传感器的电感与位移是线性关系。

（3）螺管式电感传感器（图 2.2.9(c)）：螺管式电感传感器的衔铁随被测对象移动，线圈磁力线路径上的磁阻发生变化，线圈的电感量也因此发生变化。电感量的变化与插入的深度有关。设线圈长度为 l，线圈的平均半径为 r，线圈的匝数为 N。衔铁进入线圈的长度为 l_a，衔铁的半径为 r_a，铁芯的有效磁导率为 μ_m，则线圈的电感量变化与衔铁进入线圈的位移有如下关系：

$$\Delta L = \frac{\mu_0 \cdot \pi \cdot N^2}{l^2}(\mu_m - 1) \cdot r_a^2 \cdot \Delta l_a \qquad (2.2.11)$$

这类传感器的电感与衔铁进入线圈的长度变化是线性关系。

2）差动式电感传感器（互感式位移传感器）

自感式传感器中单线圈使用时存在初始电流，因而不适合精密测量，而且部分存在非线性。此外，外界的干扰也会引起传感器输出产生误差。在实际应用中，常采用两个相同传感器线圈共用一个衔铁，构成差动式传感器（图 2.2.10）。差动式传感器可以提高传感器的灵敏度，减少测量误差，补偿温度变化、电源频率变化等外界影响造成的误差影响。

对差动式电感传感器的结构要求为：两个导磁体的几何尺寸完全相同、材料性能完全相同、两个线圈的电气系数（如电感、匝数、铜电阻等）和几何尺寸完全相同。差动式与自

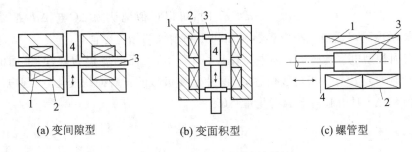

(a) 变间隙型 　　　　(b) 变面积型 　　　　(c) 螺管型

1—线圈;2—铁芯;3—衔铁;4—导杆

图 2.2.10　差动式自感传感器结构

感式相比,具有线性好、灵敏度高一倍、有效抵消外界干扰的特点。

3. 电容式位移传感器

电容式位移传感器利用电容器原理,将非电量转化为电容量,进而转化为便于测量和传输的电压或电流量的器件。电容传感器与其他类型的传感器相比,具有测量范围大、精度高、动态响应时间短、适应性强等优点。

对图 2.2.11(a)中的两块平行的金属板组成的电容器,如果忽略了边缘效应,其电容量为:

$$C_0 = \frac{\varepsilon \cdot S}{d} \tag{2.2.12}$$

式中,S 为两极板有效截面积,d 为极板距离,ε 为极板间物质的介电常数。式右侧的三个参数中,保持其中两个不变而仅仅改变第三个参数电容就会改变。为此,电容式传感器可以分为三种类型:变极板间距、变面积和变介电常数。在位移测量中大多采用的是前两种方式。

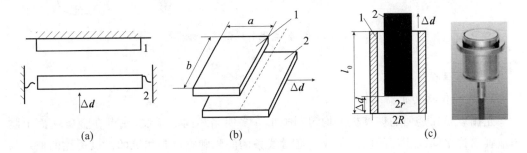

(a) 　　　　　　(b) 　　　　　　(c)

1—固定极板;2—可动极板

图 2.2.11　电容式位移测量类型

(1) 变极板间距型电容传感器:如图 2.2.11(a)所示。当可动极板向上移动 Δd,则电容的增量为:

$$\frac{\Delta C}{C_0} = \frac{\Delta d}{d_0}\left[1 + \frac{\Delta d}{d_0} + \left(\frac{\Delta d}{d_0}\right)^2 + \cdots\right] \tag{2.2.13}$$

式中，C_0 是对应初始极距 d_0 的初始电容值。

从式(2.2.13)中可以看出，当 $\Delta d \ll d_0$ 时，可以近似地认为 ΔC 与 Δd 是线性关系。为了提高灵敏度可以适当减小电容器初始间距和增大初始电容值。

(2) 变面积型电容传感器：如图 2.2.11(b)所示，下面的极板为动片，上面的极板为定片。当动片与定片有一相对线位移时，两片金属极板的正对面积变化，引起电容量的变化。当线位移 Δd 时引起的电容变化量 ΔC

$$\Delta C = - C_0 \frac{\Delta d}{a} \tag{2.2.14}$$

式中，C_0 是对应初始面积 $a \times b$ 的初始电容值。

变面积型电容传感器也可以做成图 2.2.11(c)圆柱体电容器。当动极筒移动 Δd 对应的电容量变化 ΔC 为

$$\Delta C = - C_0 \frac{\Delta d}{l_0} \tag{2.2.15}$$

式中，C_0 是动极筒在定极筒内的初始长度 l_0 时的电容值，且 $C_0 = \frac{2\pi\varepsilon l_0}{\ln(R/r)}$，其符号含义见图 2.2.11(c)。

由此可见，变面积型传感器是线性传感器，增大初始电容可以提高灵敏度。

同电感式传感器一样，为了提高测量灵敏度、线性度和测量精度，减少外界干扰(电源电压、环境温度等)，常采用差动式电容传感器，其结构如图 2.2.12 所示。

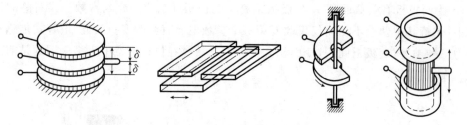

图 2.2.12　差动电容式位移传感器

4. 光栅位移传感器

1) 光栅位移传感器结构

光栅就是在透明的玻璃板上均匀刻画出许多明暗相间的条纹，或者在金属镜面上均匀地画出许多间隔相等的明暗条纹。通常线条的间隔和宽度是相等的。以透光的玻璃为载体的，称为透射光栅，以不透光的金属为载体的，称为反射光栅。根据光栅的外形可分为直线光栅和圆光栅。

光栅位移传感器是根据莫尔条纹原理制成的，是一种将机械移动转换成数字脉冲的测量装置。光栅位移传感器的结构如图 2.2.13 所示，它主要由主光栅、指示光栅、光电元件、透光镜和光源等组成。通常，指示光栅与被测物体相连，被测物体移动时，指示光栅相对于主光栅移动，形成亮暗交替变化的莫尔条纹。利用光电接收元件将明暗变换的莫尔

条纹光信号转换成电脉冲信号,从而测量出指示光栅的移动距离,并用数字显示。

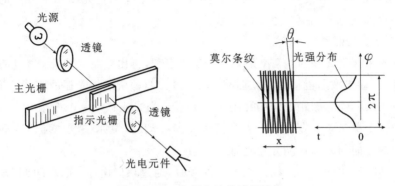

图 2.2.13　光栅位移传感器结构

2）莫尔条纹形成的原理和特点

光栅位移传感器采用的是直线光栅,其线纹相互平行,线纹之间的距离为 W,也称光栅常数或栅距。刻线的密度根据所需精度决定,通常每毫米有 10 条、25 条、50 条、100 和 200 条刻线。

将光栅常数相等的主光栅和指示光栅相对贴合在一起（片间留有很小的间隙）,使两者栅线之间保持很小的夹角 θ,在近乎垂直栅线方向上出现如图 2.2.14(a)所示的明暗相间的条纹。$a\text{-}a$ 线上两光栅的栅线彼此重合,光线从缝隙间通过,形成亮带；在 $b\text{-}b$ 线上,栅线彼此错开形成暗带。这种明暗相间的条纹称为莫尔条纹。莫尔条纹的方向与刻线方向垂直,故又称为横向莫尔条纹。

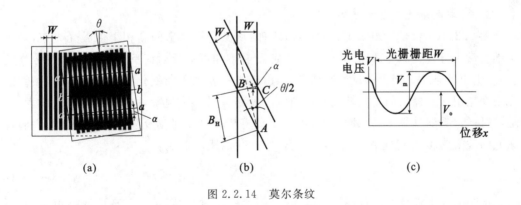

(a)　　　　　　　　(b)　　　　　　　　(c)

图 2.2.14　莫尔条纹

如图 2.2.14(b)所示,当两支栅的栅线夹角为 θ,亮(暗)带的倾斜角为 α,则有 $\theta=2\alpha$。这样,亮带与暗带之间的距离（莫尔条纹之间的距离,也称莫尔条纹节距）为：

$$B_H = AB = \frac{BC/2}{\sin\dfrac{\theta}{2}} = \frac{W/\cos\alpha}{2\sin\dfrac{\theta}{2}} \approx \frac{W}{\theta} \qquad (2.2.16)$$

式中,B_H 为莫尔条纹之间的距离。

由此可见,莫尔条纹节距 B_H 由栅距和光栅夹角决定。当栅距一定时,夹角越小,节距越大,即条纹越稀。因此,莫尔条纹具有放大作用,这样测量光栅水平方向的微小移动就用检测垂直方向宽大的莫尔条纹变化来代替。

3) 莫尔条纹的测量

用平行光束照射光栅时,莫尔条纹由亮带到暗带,再由暗带到亮带,透过的光强分布近似正弦函数,输出波形也接近正弦曲线。图 2.2.14(c)所示为光栅的实际输出波形图。

莫尔条纹的移动与栅距之间的移动一一对应。当光栅移动一个栅距 W 时,莫尔条纹也相应移动一个莫尔条纹宽度 B_H;若光栅作反向移动时,莫尔条纹也随之反向移动。莫尔条纹移动的方向与光栅移动方向垂直。

光栅移动时产生的莫尔条纹由光电元件接收,通过辩向电路,实现正向移动时脉冲数累加,反向移动时,从累加的脉冲数中减去反向移动的脉冲数。再通过细分技术,进一步提高测量精度。最终通过数字显示方式给出光栅的实际位移(见图 2.2.15)。

图 2.2.15　光栅传感器位移测量流程

光栅位移传感器具有测量精度高(1 μm 或者更小)、响应速度块、测量范围大,动态范围宽等优点,易于实现数字化测量和自动控制,广泛应用于线位移和角位移等的测量,也是数控机床和精密测量系统中应用广泛的检测元件。其缺点是对环境要求高,在现场时要求密封,以防止油污、灰尘和铁屑等的污染。

5. 单/双频激光外差干涉测量

图 2.2.16 给出了 Michelson 干涉仪原理:从激光器发出的高相干性激光光束,经扩束准直后由分光镜分为两路,并分别从固定反射镜和可动反射镜反射回来会合在分光镜上,产生干涉条纹。当可动反射镜移动时,由于光程差的不断变化产生干涉,干涉条纹的光强变化由接收器中的光电转换元件和电子线路等转换为电脉冲信号,经整形、放大后,输入可逆计数器计算出总脉冲数,再由电子计算机计算出可动反射镜的位移量 L。假定激光的波长为 λ,并记到 N 个干涉条纹数,则变化的距离 L 为:

$$L = \frac{\lambda}{2} \cdot N \tag{2.2.17}$$

单频激光干涉仪在测量环境恶劣、测量距离较长时,测距精度受环境影响很大,其原因在于它是一种直流测量系统,具有电平零漂等缺点。当反光镜移动时,光电接收器输出信号如果超过了计数器的触发电平就会被记录下来。如果激光束强度发生变化使光电信号低于计数器的触发电平时,使计数器就停止计数。而恶劣测量环境(如空气湍流)等很容易使激光器强度或干涉信号强度发生变化,导致测距误差增大甚至测量错误。

双频激光干涉仪利用光的干涉原理和多普勒效应产生频差的原理来进行位置检测。双频激光干涉测距可以很好地克服单频干涉测距的不足。

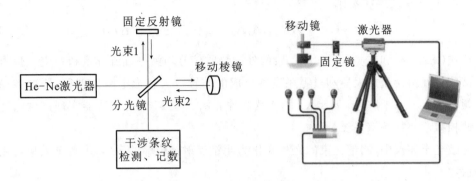

图 2.2.16　Michelson 干涉仪原理

如图 2.2.17 所示,单模激光器 1 置于纵向磁场 2 中,由于塞曼效应使输出激光分裂为具有一定频差(1~2MHz)、旋转方向相反的左右圆偏振光。双频激光干涉仪就是以这两个具有不同频率(f_1、f_2)的圆偏振光作为光源。

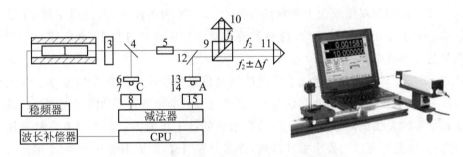

图 2.2.17　双频激光干涉仪测量原理

圆偏振光通过 $\lambda/4$ 玻片 3 后成为相互垂直的线偏振光(f_1 垂直于纸面,f_2 平行于纸面),分光镜 4 将一小部分光反射,经检偏器 6 在 C 处由光电探测器 7 接收,接收信号经前置放大整形电路 8 处理后,作为后续电路处理的基准信号。

通过分光镜 4 的光经扩束器 5 扩束后射向偏振分光镜 9,偏振分光镜按照偏振光方向将 f_1 和 f_2 分离。f_1 经固定镜返回,f_2 透过偏振分光镜到测量反射镜 11。当测量反射镜移动时,产生多普勒效应,返回光频率变为 $f_2 \pm \Delta f$(Δf 为多普勒频移量,它包含了测量反射镜的位移信息)。

返回的 f_1、$f_2 \pm \Delta f$ 光在偏振分光镜 9 再度汇合,经反射镜 12 和检偏器 13 在 A 处由光电探测器 14 接收,接收信号经前置放大整形电路 15 处理后,作为系统的测量信号。

两束光(其波动方程分别为 $E_1 = A_1\cos 2\pi f_1 t$,$E_2 = A_2\cos 2\pi f_2 t$)在 C 处合成后,光电探测器实际接收光强为:

$$I_c = \frac{1}{2}(A_1^2 + A_2^2) + A_1 A_2 \cos 2\pi(f_2 - f_1)t \qquad (2.2.18)$$

同样在 A 处光电探测器实际接收光强为:

$$I_A = \frac{1}{2}(A_1^2 + A_2^2) + A_1 A_2 \cos 2\pi(f_2 - f_1 \pm \Delta f)t \tag{2.2.19}$$

从式(2.2.18)和式 (2.2.19)可见:两处的接收信号均为一直流分量和一交流信号叠加。该信号经由交流放大器和过零触发器组成的前置放大整形电路处理后,两处各输出一组频率为 $f_2 - f_1$ 和 $f_2 - f_1 \pm \Delta f$ 的连续脉冲。图 2.2.17 中的减法器实现这两组连续脉冲的相减而获得频率差 $\pm \Delta f$。

在激光干涉仪中,测量光束的光程变化为测量反射镜位移的 2 倍,多普勒效应可用下式表示:

$$\Delta f = \frac{2V}{C} f_2 \tag{2.2.20}$$

式中,C 为光速,V 为测量反射镜的移动速度。

设测量的长度为 L,则有:

$$L = \int_0^t V \mathrm{d}t = \int_0^t \frac{\Delta f \cdot C}{2f_2} \mathrm{d}t = \frac{\lambda}{2} \int_0^t \Delta f \mathrm{d}t = \frac{\lambda}{2} \cdot N \tag{2.2.21}$$

式(2.2.21)即为双频激光干涉仪的原理公式。N 为条纹数,由仪器中的 CPU 单元完成运算。为了保证 N 的连续性,这就需要在整个位移检测过程中,必须铺设平滑导轨而且测量过程不能中断。

从式(2.2.19)可见,双频激光干涉仪的测量信息叠加在一个固定频差 $f_2 - f_1$ 上,属于交流信号,具有很大的增益和高信噪比,完全克服了单频激光干涉因光强变动造成直流电平漂移使系统无法正常工作的弊端,具有很强的抗干扰能力。由于距离测量采用了干涉条纹进行,因此对环境的要求极其苛刻,许多外界因素,如周围空气流动、车辆运行等都会严重影响测量结果,因而通常作为长度测量基准和检测手段。

6. 激光三角法位移测量

激光三角法位移测量是从光源发射一束激光到被测表面上,在另一个方向通过成像观测反射光斑的位置,利用反射光斑成像位置变化计算出物体的位移。由于入射光和反射光构成了一个三角形,所以称这种方法为激光三角法。按照入射光线到被测物体表面法线的关系,激光三角法分为斜射式和直射式。

1) Scheimplug 条件

如图 2.2.18 所示,物方两处激光点 A 和 B 经过透镜分别在光敏器件上的成像为 A'、B',透镜焦距为 f。由于景深的关系,当 A' 清晰时,B' 可能模糊。为了保证像点在光电位置探测器的任何位置都有清晰的成像,光电探测器安置的位置和方向必须满足 Scheimplug 条件,即如果物点的延长线、凸透镜主平面的延长线、像点的延长线相交于一点 S,则无论入射光斑远近,通过透镜后都可以在光敏器件上得到清晰的实像。

两个不同的物距和像距,按照透镜成像公式:

$$\frac{1}{f} = \frac{1}{L_1'} + \frac{1}{L_1}, \quad \frac{1}{f} = \frac{1}{L_2'} + \frac{1}{L_2} \tag{2.2.22}$$

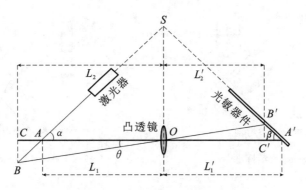

图 2.2.18 Scheimplug 条件关系图

如果初始激光与透镜光轴夹角为 α,光敏器件与光轴夹角为 β,两条反射光线之间夹角为 θ,则根据图 2.2.18 中三角形 ABC 和三角形 OBC 的几何关系如下:

$$L_2 = L_1 + \frac{L_2 \tan\theta}{\tan\alpha} \tag{2.2.23}$$

式(2.2.23)稍作变形,可得到:

$$L_2 = \frac{L_1}{1 - \tan\theta/\tan\alpha} \tag{2.2.24}$$

在三角形 $A'B'C'$ 中,同样的推导可以得到:

$$L_2' = \frac{L_1'}{1 - \tan\theta/\tan\beta} \tag{2.2.25}$$

将式(2.2.24)、式(2.2.25)代入式(2.2.22)联立求解得到:

$$L_1 \tan\alpha = L_1' \tan\beta \tag{2.2.26}$$

式(2.2.26)即为 Scheimplug 条件。

2) 斜射式三角法测量

图 2.2.19(a)所示光路图,激光入射光束与被测物体表面法线不垂直,该入射方式就为斜射式。经过准直透镜准直的激光器光束与法线成一定的角度入射到被测物体表面,用接收透镜接收被测物体的散射光,经滤光片后,由光敏单元采集。

由图 2.2.19(a),在设计时先确定参考面。在该参考面上,激光器发出的光束与法线夹角为 γ,反射光束 AA' 与法线夹角为 α,光敏单元与 AA' 的夹角为 β,入射光点到接收透镜光心的距离 $A0$ 即物距为 l_1,光通过透镜在光敏单元成像距离 OA' 即像距为 l_2,透镜焦距为 f,且相关参数满足 Scheimplug 条件。随参考面移动距离 y,光斑在光敏单元上移动距离为 x。

根据图 2.2.19(a)中的几何关系可以推导出物体表面沿法线方向的移动距离 y 为:

$$y = \frac{x(l_1 - f)\sin\beta\cos\gamma}{f\sin(\alpha + \gamma) \mp x\left(1 - \dfrac{f}{l_1}\right)\sin(\alpha + \beta + \gamma)} \tag{2.2.27}$$

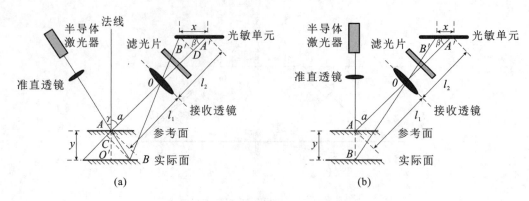

图 2.2.19　斜射式/直射式三角法测量光路图

式中,当实际面在参考面下时取"－",在参考面上时取"＋"。其中 l_1、l_2、α、β、γ 和 f 在系统光路确定后都是已知的。光敏单元上的位移 x 可以自动获得,则物体移动的距离 y 就可以确定。

3) 直射式三角法测量

如图 2.2.19(b)所示的光路系统中,当激光光束垂直入射被测物体表面,即射角 $\gamma=0$ 时,为激光三角法直射式。

将 $\gamma=0$ 代入式(2.2.27)中,即可得到直射式三角法位移测量计算式:

$$y = \frac{x(l_1 - f)\sin\beta}{f\sin(\alpha) \mp x\left(1 - \dfrac{f}{l_1}\right)\sin(\alpha + \beta)} \tag{2.2.28}$$

式中各符号的意义同式(2.2.27)。

4) 两种三角法位移测量的比较

两种类型的激光三角位移传感器都可以对被测表面进行高精度、高速度的非接触测量,但有以下区别:

(1) 斜射光激光三角法光敏器件检测到的是反射光,光强更高,比较适合于表面接近镜面的物体;直射光激光三角法检测到的是散射、漫反射光,适合于散射性能较好的表面,但光强相对较低。所以斜射光激光三角法构成的测距系统对被测物体的材质要求更低。

(2) 被测物发生移动时,斜射光入射的照射点会产生偏移,直射光照射点不偏移。因此,直射光激光三角法构成的测距系统量程更大,光斑更稳定,光路结构更简单。

由于受到光电接收器尺寸的限制,其测量的距离及其变化范围不会很大。通常用超小型、高效率、结构简单、价格便宜的半导体激光器作为激光源。光电探测器可以采用 CCD 探测器或者 PSD 探测器。具体应用应根据实际情况,如被测面粗糙度、工作距离、测量范围、安装位置、测量精度等来选择。表 2.1.1 列出了 KEYENCE 两个类型的激光三角法位移传感器的相关技术参数。图 2.2.20 给出了两类传感器的实物外形及其应用案例。

表 2.1.1 基于激光三角法位移传感器的技术参数

型号	LK-H008	LK-H150
尺寸	73.5×66×27.5mm	82×76.2×33.3mm
反射模式	镜面反射	漫反射
参考距离	8mm	150mm
测量范围	±0.5mm	±40mm
线性度	±0.05% F.S.	±0.02% F.S.
采用频率	2.55/5/10/20/50/100/200/500/1000(单位 μs,可选)	

图 2.2.20 三角法位移测量传感器与应用

2.2.3 长距离精密测量技术

1. ME5000 精密测距仪

原瑞士科恩公司(KERN)生产的 ME5000 精密测距仪(见图 2.2.21),测程为 20~8000m,测量标称精度为±(0.2mm+0.2ppm)。它采用了高功率的 He-Ne 激光器,产生632.8nm 的偏振光作为载波,增加了测程,单棱镜测程可达到 5km。同时采用了变频原理的测距方式,即仪器通过一定步频依次改变调制频率和波长,直至使测距成为半调制波长的整数倍。因此,只要能准确地测出这时的零点频率,就会有很高的分辨率,从而使测距达到高精度。

图 2.2.21 ME5000 测距仪

ME5000 测距原理建立在变频测距原理和方法的基础上：由频率合成器产生 470MHz～500MHz 的调制频率在带宽 15MHz 范围内，由微处理器控制，以确定的固定频率 161.7Hz 依序变化，直至被测距离成为半调制波长整数倍。假定相应的零点频率为 f_1，整波数为 N_1，则被测距离 D 为：

$$D = \frac{1}{2}\lambda_1 N_1 = \frac{1}{2}\frac{C_0}{n_0}\frac{1}{f_1}N_1 \tag{2.2.29}$$

式中，C_0 为真空光速，n_0 为参考气象条件（温度 15℃，大气压 760mmHg，CO_2 含量0.03% 以及干燥大气）下的大气折射率。

再探测一个零点频率 f_i，此时的整波数为 N_i，则被测距离 D 又为：

$$D = \frac{1}{2}\lambda_i N_i = \frac{1}{2}\frac{C_0}{n_0}\frac{1}{f_i}N_i \tag{2.2.30}$$

由式(2.2.29)、式(2.2.30)得到：

$$N_1 = \frac{N_i - N_1}{f_i - f_1}\cdot f_1 \quad N_i = \frac{N_i - N_1}{f_i - f_1}\cdot f_i \tag{2.2.31}$$

$N_i - N_1$ 表示频率由 f_i 变化到 f_1 的过程中所经过的半波长的个数，其值可由频率变化过程中指示器指零的次数得到。f_i、f_1 可由数字频率计读得。N_i，N_1 按式(2.2.31)可算得，距离值 D 就由式(2.2.29)或式(2.2.30)求得。计数与计算均由仪器内部的微机自动完成。

2. 双色测距仪 Terrameter

在长距离大气路程内，折射率是逐点变化的。但大气对不同波长具有不同的色散作用。因此，沿着一条路径用不同频率波同时测量同一段距离，就可以比较准确地根据光程差计算大气改正数，从而较好地消除温度、气压和水汽的一阶影响，显著提高测距精度。双色测距仪 Terrameter 采用红光和蓝光同时测量距离，测距相对精度达 10^{-7}。基本原理如下：

假定 D 为待测距离，用红光和蓝光同时测量距离分别为 D_R 和 D_B。n_R、n_B 分别是红光和蓝光在光路上的平均折射率，显然有：

$$D = D(n_R - (n_R - 1)) = D\left[n_R - \frac{n_R - 1}{n_B - n_R}(n_B - n_R)\right] = Dn_R - \frac{n_R - 1}{n_B - n_R}(Dn_B - Dn_R)$$

因为 $D = \frac{D_R}{n_R} = \frac{D_B}{n_B}$，并令 $A = \frac{n_R - 1}{n_B - n_R}$，一并代入上式得：

$$D = D_R - A(D_B - D_R) \tag{2.2.32}$$

式中，D_R 和 D_B 都是实际测量值。将由式(2.2.5)计算 n_B、n_R 的式子代入 A，可得到 $A = \frac{n_{g_R}}{n_{g_B} - n_{g_R}}\left(1 - \frac{5.5\times 10^{-8}}{n_{g_R}}\cdot\frac{1013}{P}\right)$，它是一个几乎与温度、湿度和气压无关的参数（$n_{g_B}$ 和 n_{g_R} 分别是由式(2.2.6)计算出的蓝光和红光的群折射率）。故双色载波测距可以自动消除温度、气压和湿度的一阶影响，这种影响在测程达到 30 公里时引起二百万分之一的误差。因此，在实际测距过程中，仅用两端的气象元素代替整条测线的气象元素便可把测距精度提高一个数量级。

2.3 准直测量

两个固定点构成一条参考直线（或者基准线），在参考线附近有若干点。很多实际应用中都需要知道这些点偏离基准线的距离，即偏差。测量偏差有很多方法，其中最常用的技术就是准直测量。准直测量的距离范围在几米到百米，精度在亚毫米到几微米。

根据准直测量的设备不同，基准线可以是引张线、光学视线或激光线。准直仪是准直测量采用的设备之一，它是一种精密的小角度测量仪。根据测角方式的不同，可分为光学准直仪、光电准直仪和激光准直仪。它们具有测量分辨率和精度高、使用方便、可靠等优点。通过对测量的小角度的数据处理，转换成测点相对于基准线的距离。

准直测量应用于小角度测量；应用于零件、机床形状和位置误差检测，如机床导轨的平直度/平行度/垂直度测量、表面平面度测量；应用于粒子加速器元件调整以及各类线状物的变形监测等。

2.3.1 平行光管准直测量

1. 平行光管

简单的平行光管就是将十字丝固定在物镜焦平面上的镜管，它能提供一无穷远目标或平行光束。根据几何光学原理，无限远处的物体经过透镜后将成像在焦平面上；反之，从透镜焦平面上发出的光线，经透镜后将成为一束平行光，即透镜焦平面上的物体成像在无限远处。图 2.3.1 为平行光管的结构图。它主要由物镜及置于物镜焦平面上的分划板，光源以及为使分划板被均匀照亮而设置的毛玻璃组成。由于分划板置于物镜的焦平面上，因此，当光源照亮分划板后，分划板上每一点发出的光经过透镜后，都成为一束平行光。分划板上的刻线或图案将成像在无限远处。对观察者来说，分划板相当于一个无限远距离的目标。

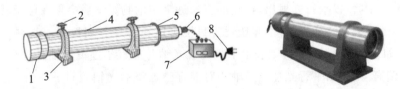

1—物镜组；2—十字旋手；3—底盘；4—镜管；5—分划板调节螺钉；6—照明灯座；7—变压器；8—插头

图 2.3.1 平行光管结构

2. 分划板

分划板上有根据需要刻成的分划线或图案。使用时会根据测试的需要更换不同的分划板。每次更换后都必须对平行光管进行调校。调校包括纵向调校（使分划板刻面位于光管的焦平面上）和横向调校（使分划板中心位于光管的光轴或视准轴上）。

图 2.3.2 是几种常见的分划板图案。图 2.3.2(a)是刻有十字线的分划板，常用于仪

器光轴的校正;图 2.3.2(b)是带角度分划的分划板,常用于角度测量;图 2.3.2(c)是鉴别率板,它用于检验光学系统的成像质量。图 2.3.2(d)是带有几组一定间隔线条的分划板,通常又称它为玻罗板,它用在测量透镜焦距的平行光管上。

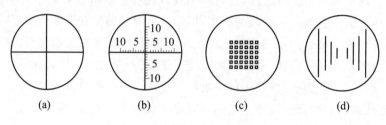

(a)　　　　(b)　　　　(c)　　　　(d)

图 2.3.2　分划板图案

3. 光学准直仪

1) 光学准直仪组成

如图 2.3.3 所示,在平行光管的分划板后配置一个目镜和测微装置,就构成一个准直望远镜。

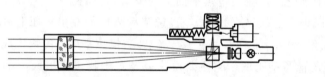

图 2.3.3　准直望远镜

如图 2.3.4 所示,1 个平行光管和 1 个准直望远镜就组成一套光学准直测量系统——光学准直仪。由平行光管光源发出的光照射到十字分划板 1(位于物镜 1 的焦平面上),经物镜 1 后,以平行光射出,再经准直望远镜中的物镜 2 后会聚在位于其焦平面上的十字分划板 2 上。这样,通过准直望远镜目镜可以在十字分划板 2 上看到十字分划板 1 的成像。如果两个十字重合,则表示平行光管光轴与准直望远镜光轴是平行的,夹角为 0。如果有偏离,则表示平行光管的光轴相对准直望远镜的光轴倾斜了一个角度 α。利用准直望远镜测微器测量出偏差值来计算该角度。

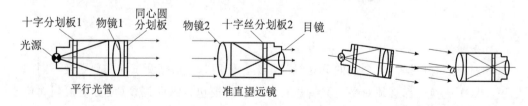

图 2.3.4　光学准直仪工作原理

2) 角度测量原理

光学准直仪用于角度测量时,采用图 2.3.2(b)所示的分划板。利用该分划板可以测量两个相互垂直方向的角度。图 2.3.5 表示了测量其中一个角的基本原理。

一个无穷远处点 A 发出的平行光经过望远镜物镜后,成像在焦平面上的分划板 a 处。像点 a 所在的刻画线到分划板中心的距离为 y。若准直望远镜的焦距为 f,按照三角函数计算原理得到平行光与望远镜光轴之间夹角 α 为:

$$\alpha'' = \arctan\left(\frac{y}{f}\right) \cdot \rho'' \text{ 或 } \alpha'' = \frac{y}{f}\rho'' \quad \text{(当 } \alpha \text{ 为小角度时)} \tag{2.3.1}$$

由于分划板尺寸的限制,准直仪测量角度一般都很小,因此,常用式(2.3.1)中的简化式计算夹角。对式(2.3.1)的分析可知,要获得准确的角度值,准直望远镜焦距应尽量长(焦距一般不小于 300mm)。

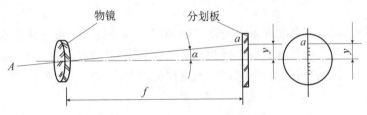

图 2.3.5 光学准直仪测角原理

4. 光学自准直仪

1) 自准直仪测量原理

用一个平面反射镜替代图 2.3.4 中的平行光管,并在准直望远镜装上光源,就构成一台自准直仪系统(图 2.3.6(a))。自准直仪将准直望远镜与平行光管合为一体,有效缩短了测量系统的长度。

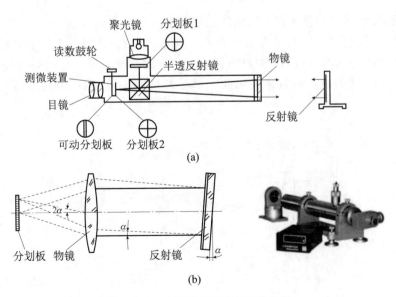

图 2.3.6 自准直仪结构与工作原理

　　自准直仪系统的测角原理如图 2.3.6 所示：由光源发出的光经分划板 1、半透反射镜和物镜后形成平行光，射到反射镜上。反射镜将从望远镜出射的平行光反射进入望远镜。这样从目镜可以看到在分划板 2 上的分划板 1 的原像及其反射后的影像。如果反射镜镜面垂直于出射光，即镜面法线与望远镜光轴平行，则原像与影像的中心重合。如反射镜镜面相对于出射光方向倾斜了一个角度 α，则影像和原像就出现偏移。利用测微装置和可动分划板可测出偏移值，按照式(2.3.1)算出偏角。当望远镜焦距固定后，偏移值与角度是线性关系，可以直接在读数器上显示出角度。由于镜面的反射关系，算出的该偏角值为反射镜倾角的 2 倍。

　　2) 自准直仪光路类型

　　自准直仪的光路类型主要有三种，分别为高斯型、阿贝型和双分划板型。按照自准直仪的光路，可将自准直系统分为高斯型自准直系统、阿贝型自准直系统、双分划板型自准直系统。

　　(1) 高斯型：高斯型自准直系统光路原理如图 2.3.7 所示。由光源发出的光有一部分被折光镜反射，将分划板照亮并经过物镜后平行射出，射向被测件。其缺点是反射回来的光线只有一部分透过折光镜射出，因此光能损失较大，杂光较多，亮度较暗。

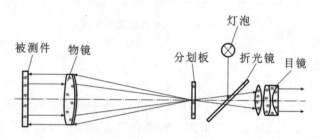

图 2.3.7　高斯型自准直系统光路图

　　(2) 阿贝型：阿贝型自准直系统光路原理如图 2.3.8 所示。这种装置的特点是在分划板上粘有一小块照明棱镜，并在其胶合面上镀银，然后在镀银层上刻上各种透明的刻线，如十字线、字母线等，这样，被自准直仪反射回来的自准直像就会很亮，像就很容易被找到。但这种形式的缺点是目镜视场的一部分被照明棱镜占有，因此不适用于大视场观察。

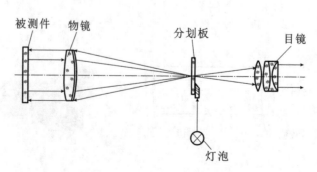

图 2.3.8　阿贝型自准直系统光路图

（3）双分划板型：双分划板型自准直系统光路原理如图2.3.9所示。其特点是在分光棱镜的胶合面上镀上半反半透膜，因此光能损失比较大，亮度降低。为了弥补这一不足，在靠近光源的分划板的镀银面上刻上了透明分划，使其自准直像能有较好的衬度。此外，由于棱镜右侧的分划板与目镜之间没有其他光学元件，采用了短焦距目镜来提高系统的视觉放大率。

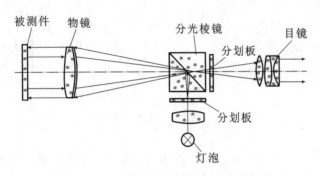

图 2.3.9　双分划板型自准直系统光路图

5.其他类型自准直仪

为了减少人工瞄准和读数的影响，现阶段多采用了光电自准直仪。它通过 LED 发光元件和 CCD 成像技术，由内置的高速数据处理系统对 CCD 信号进行实时采集处理，同时完成两个维度的角度测量，直接显示出来，实现测量的自动化。

自准直仪根据不同的型号和要求，角度测量范围在 $10''\sim900''$，测量精度 $0.1''\sim2.0''$，测量的距离一般在 10m 以内。

2.3.2　激光干涉准直测量

利用激光良好的相干性、单色性和能量密度高的优点，以及双频激光干涉仪精确测距的优势，配合相关光学组件，可以实现高精度的准直测量，量程一般可达 30m，改正后的精度在微米级。

图 2.3.10 所示是一个由双频激光干涉仪、直线度反射镜（双平面反射镜）、渥拉斯顿棱镜（直线度干涉镜）和环境补偿器（通过空气的温度测量、湿度测量和物体表面温度测量对激光和材料进行改正）以及软件组成的准直测量系统。

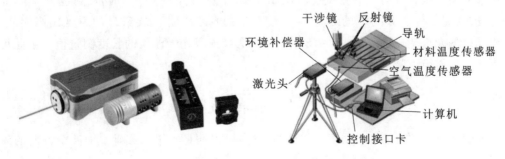

图 2.3.10　双频激光干涉仪直线度检测系统

图 2.3.11 所示是渥拉斯顿棱镜（Wollaston），它是一种由天然方解石晶体制成的双折射偏光器件。一束入射的线偏振光被分成 2 个偏振方向互相垂直且呈现一个夹角的线偏振光束。两束光的分离角相对光轴而言大致是对称的。

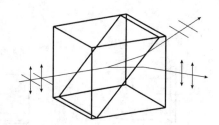

图 2.3.11 渥拉斯顿棱镜及其折射过程

如图 2.3.12 所示，互相垂直的光束 f_1 和 f_2 由激光干涉仪激光头发射出后，经过干涉镜、渥拉斯顿棱镜分射到直线度反射镜上。由于两束光自身带有偏振方向，并且渥拉斯顿棱镜对于两束光的折射率不同，f_1 和 f_2 被分为具有夹角 θ 的两束光束，以小角度发散后射向直线度反射镜。光束从直线度反射镜中反射，沿着新光路返回渥拉斯顿棱镜，两束光在渥拉斯顿棱镜中汇合成一束光返回激光头的入射端口。

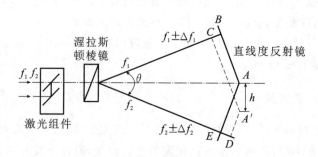

图 2.3.12 直线度镜组测量原理

当直线度反射镜在垂直激光方向上（纵轴方向）无位移时，f_1 和 f_2 两束光的光路距离相等，由此产生的多普勒频差相等，即 $\Delta f_1 = \Delta f_2$，此时激光显示值不发生变化。当直线度反射镜在横轴方向产生位移差 h（图 2.3.12 中从 A 下降到 A' 时），反射镜下降 h，光束 f_1 的光路减少了 B 到 C 的距离 S_{BC}；光束 f_2 的光路增加了 D 到 E 的距离 S_{DE}，因此，两束光束的光路变化总差值为 $L = S_{BC} + S_{DE}$，是双频激光干涉仪的长度测量值。由此可以求解出反射镜下降距离 h 为：

$$h = \frac{L}{2\sin\dfrac{\theta}{2}} \tag{2.3.2}$$

改变渥拉斯顿棱镜和直线度反射镜的方向，可以测量水平面或垂直面两个方向的偏移值。

如果在测量过程中直线度反射镜有摆动,也会产生距离差,从而使测量结果中无法区分偏移值和摆动值。因为渥拉斯顿棱镜可近似看作平行平面板,对偏摆角不敏感,因此,若在被测部件存在偏摆的情况下,将直线度反射镜置于固定件上,渥拉斯顿棱镜安放在移动件上。这样就会保证测量过程中作为基准线的双平面镜分角线不变。

2.3.3　其他准直测量技术

对于长距离的准直测量,如粒子加速器直线段、超长直线轨道等的准直距离,一般几十米到百米以上,而且很多情况下不方便沿轨道滑动,这时需要采用其他准直测量方法。

1. 经纬仪小角度法

如图 2.3.13 所示,AB 两点构成一条基准线,M 为位于基准线附近的一点,它与基准点 A 的水平距离为 S_i。经纬仪小角度法就是通过经纬仪测出的基准线与点 M 之间的小角度 α_i 来计算 M 点偏离基准线的值 Δ_i:

$$\Delta_i = \frac{\alpha_i''}{\rho''} \cdot S_i \tag{2.3.3}$$

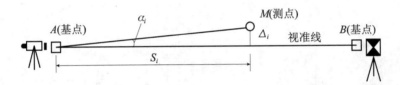

图 2.3.13　小角度法准直测量

这种方法在实施过程中有两个影响因素:通视和距离。如图 2.3.14 所示粒子加速器准直测量。在加速器两端建立基准点 A、B,其上设置照准标志。在其中一端架设全站仪(或者准直望远镜),精确调准仪器位置,使仪器视准线与 A、B 两个中心标志在一条直线上(有些情况下也可以将仪器直接安装在 A 点或 B 点)。由于粒子加速器结构非常复杂,在进行直线型粒子加速器准直测量时,视线阻挡会很严重,为了克服遮挡问题,需要加工配套工件。A、B 间安装元器件时,测量出元器件中心位置与视准线之间的偏差,指挥安装人员调整元器件位置,直至达到安装要求。该准直测量方法的精度与仪器到测点的长度成正比。因此,要尽量缩短准直测量时的长度。

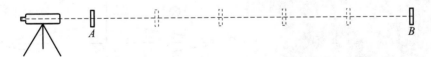

图 2.3.14　粒子加速器准直测量

2. 经纬仪准直与自准直

在许多的工业应用中,如在仪器间建立高精度控制网或者进行短边方位角传递,需要通过准直来精确确定仪器视线的水平方向。特别是航天工业测量,经常需要建立航天器不同部件上安置的立方镜之间的姿态转换关系,就需要通过准直精确确定立方镜面法线水平方向值(方位角)。对于这些任务可充分利用高精度经纬仪的望远镜功能和水平方向测量功能,通过经纬仪准直或者经纬仪自准直完成。经纬仪间的准直可以参照 3.1.3 小节,经纬仪自准直通过观测平面镜实现,由此获得经纬仪视线的水平角和垂直角。

1) 自准直灯(十字丝)法

目前基于经纬仪的自准直方法普遍采用的是自准直灯(十字丝)法准直。该方法所采用的仪器为带有自准直灯的经纬仪,如 Wild T3A 经纬仪,Leica T3000A、TM5100A 电子经纬仪等。准直原理如图 2.3.15 所示。自准直时,将经纬仪望远镜调焦至无穷远。自准直灯发射的光经过聚焦镜和 45°半反射棱镜后,照亮十字丝分划板。由于十字丝分划板位于经纬仪物镜的焦平面上,若经纬仪的视准轴和平面镜的法线方向平行,则分划板上十字丝刻划线的像经过物镜后形成一束平行光。平行光照射到平面镜上,反射回来的像就成像在分划板上,并且与原像重合,从而实现经纬仪自准直测量。此时,经纬仪的水平角和垂直角度值即为平面镜法线的空间方向。

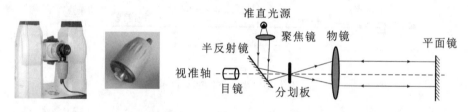

图 2.3.15　自准直灯准直原理

2) 外觇标准直法

如图 2.3.16,在经纬仪的望远镜上安装一个外觇标。准直时,首先将仪器概略安置在平面镜的法线位置,将仪器对准平面镜,盘左盘右双面观测,精确照准外觇标的像,记录下仪器的水平方向值及垂直角,取平均值即为平面镜法线的空间方向。

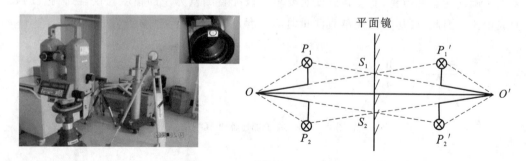

图 2.3.16　外觇标准直原理

3）内觇标准直法

Leica T3000A 和 TM5100A 等电子经纬仪的望远镜内高精度地安装了内觇标（图 3. 1.3（b）），其准直原理同外觇标法，即通过相互瞄准内觇标实现两台经纬仪望远镜光轴的精确重合。

4）自动自准直法

全站仪测距是望远镜对准棱镜的光线按原路返回到全站仪。如果以平面镜或立方镜作为反射镜面时，光线必须沿镜面的法线方向入射才能按原路返回，实现测距。全站仪能测出与平面镜或立方镜的距离时，也就实现了自准直。由于智能全站仪自动识别、照准、跟踪功能，可以利用智能全站仪的特点实现自准直，即智能全站仪可以连续不断地自动盘左、盘右寻找自准直方向并锁定目标进行测量。

3. 波带板激光准直测量

波带板激光准直是利用激光的相干性，采用三点准直方法，激光只作为点光源，而不作为准直线，因此避免了对激光束高稳定性的要求。但波带板激光准直的波带板需按测量距离预先设计制作好，这个条件限制了其在一般场合下的使用。

1）系统组成与测量

波带板激光准直系统主要有三部分组成：

（1）激光器电光源：采用小功率单模 He-Ne 立体激光器，输出高斯光束，并在一般情况下有针孔光阑；

（2）波带板：波带板是一种衍射光栅，也称为菲涅耳透镜，它是在遮光屏上将菲涅耳半周期带交替地做成通光带和遮光带，相当于一块聚焦透镜，如图 2.3.17（a）所示的方形玻带板和圆形玻带板。当它被激光点光源发出的一束可见的单色相干光照射后，在光源和波带板中心延长线上的一定距离处，对应地形成一个中心特别明亮的衍射图像，即图 2.3.17（b）所示的十字光线或圆形光点。

（3）光电接收器：具有很高放大倍率的电子线路，一般采用调制光源以及带有选频放大光电接收装置。

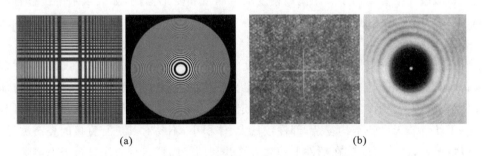

(a)　　　　　　　　　　　　　　　(b)

图 2.3.17　波带板及其成像

波带板激光准直原理如图 2.3.18（a）所示，在准直两端 A、C 分别安置激光器点光源和有坐标轴的接收屏（光电探测器），在中间一准直点 B 上安置相应焦距的波带板。点光

源 A 和接收屏坐标中心 C 两个点固定。当波带板中心 B 相对于光源中心和接收屏坐标中心连线 AC 偏移一段距离 δ 时,则波带板中心 B 在接收屏聚焦所形成的光点会偏向同一方向且偏移值为 Δ。Δ 由接收屏自动探测出。根据图 2.3.18(b) 中的比例关系有:

$$\delta = \frac{L_n}{L_0} \cdot \Delta \qquad (2.3.4)$$

式中,L_n 是波带板中心与激光点源的距离,L_0 为激光点源与接收屏的距离。

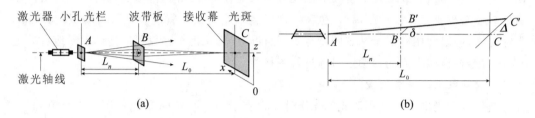

图 2.3.18　波带板激光准直原理

2) 主要误差来源

波带板激光准直系统不但在制造和安装时,不可避免地产生种种误差,而且在实地施测时,还要受到外界条件的影响。影响准直精度的主要误差来源有:

(1) 波带板调零和置中误差:波带板几何中心应位于插杆的中心线上。通过检验校正后的误差优于 ±0.1mm。

(2) 波带板强制对中误差:波带板是利用强制对中杆安置在测点上的。由于加工误差造成波带板中心与测点中心不一致,这种误差一般可限制在 ±0.1～0.2mm。

(3) 大气湍流影响和接收器读数误差:激光在大气中传输,由于受到大气湍流(温度、湿度和气压的变化)的影响,将产生抖动、漂移,给光斑的接收带来困难,引起读数误差。实验表明:在 500m 测线上取十次读数平均值,计算的探测器读数引起的测点中误差为 ±0.1mm。

波带板激光准直多用于长距离高精度准直测量和变形监测,如大坝水平位移自动化监测、直线加速器安装测量等。

4. 立方镜准直

对立方镜进行准直测量可以建立高精度的立方镜坐标系。在航空航天部门,许多大型设备(如卫星、飞船等)的安装、调整必须定义严格的设备坐标系,从而保证设备内部各个部件精确地安装到设定位置,并精确地标定各部件坐标系的关系,即进行姿态测量和传递。由于航空航天设备结构复杂,部件数量大、体积小,不易对其进行直接的姿态测量,因此一般情况下,都是对安装在部件上的立方镜并利用经纬仪自准直来进行姿态测量。

立方镜坐标系由立方镜几何点及表面法线确定,立方镜的尺寸一般为 20mm×20mm×20mm,其表面可以精确地刻出十字刻线标志,各工作面的角度偏差不大于 2″。坐标系原点可以选取立方镜某个面(如正立面)的几何中心点,也可选取立方镜的几何中心作原点。以其中两个相互垂直的表面法线确定某两个坐标轴方向,应用右手规则或者左手规则确定第三轴。图 2.3.19 给出了立方镜的一种坐标系。

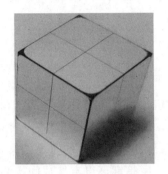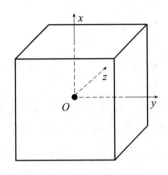

图 2.3.19 立方镜坐标系定义

在装置上固定安置有多个立方镜,立方镜与装置轴线的关系经过严格标定。如果不考虑坐标系的原点和位置关系,仅考虑坐标轴方向,则可以对多个立方镜进行准直测量,建立立方镜纯角度坐标系,得到多个立方镜间的相对姿态。

图 2.3.20 就是利用四台经纬仪分别对两个立方镜通过准直测量建立其姿态关系的示意图。

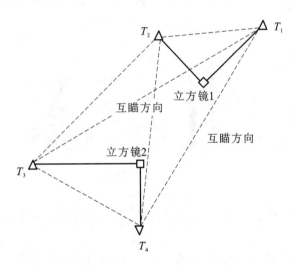

图 2.3.20 立方镜姿态传递

假定以第一台经纬仪的坐标系为测量坐标系,通过四台经纬仪之间的互瞄,可以将其他三台经纬仪坐标轴的方向统一到测量坐标系方向。每台经纬仪与相应的立方镜面自准直后,可以读出水平角观测值 α_i 和垂直角观测值 β_i,则该视准线方向(对应的立方镜面的法方向)为:

$$\boldsymbol{V}_i = (\cos\beta_i\cos\alpha_i, \cos\beta_i\sin\alpha_i, \sin\beta_i)^{\mathrm{T}}, i = 1, 2, 3, 4$$

立方镜 1 的三个坐标轴在测量坐标系中的方向向量依次为 $\boldsymbol{V}_1, \boldsymbol{V}_2, \boldsymbol{V}_1 \times \boldsymbol{V}_2$。立方镜 2

的三个坐标轴在测量坐标系中的方向依次为 $V_3,V_4,V_3\times V_4$。依此方向向量可以分别构建立方镜 1 和立方镜 2 的旋转矩阵(见 4.3.6 小节)。这样就实现了立方镜 1 到立方镜 2 的姿态传递。

2.4　角度测量

角度测量技术广泛应用于精密加工、瞄准与定位以及角度计量等场合,在机械、航空航天、军事等领域都具有极其重要的意义和作用。例如在精密加工与装配中,平面的加工质量以及平面与平面间的相互位置关系是影响零部件工作精度的重要因素,而高精度角度、平面度和直线度和装配过程中的垂直度和平行度等都可以直接或间接测量小角度来实现。振动、变形、加速度等物理量的检测都常常转化为小角度测量。

2.4.1　圆光栅测角

圆光栅测角的出发点利用了莫尔条纹原理:当两光栅常数相等的光栅叠台在一起,且相交一小夹角时,产生亮暗相间的莫尔条纹。利用光栅测长原理(参见 2.2.3 小节)得到当两光栅相对移动距离,再除以旋转半径即可以得到旋转角度。圆光栅编码器的部件组成如图 2.4.1 所示:动光栅、定光栅、扩束激光、光敏三极管、主轴、轴承、接收及放大电路板等元件。

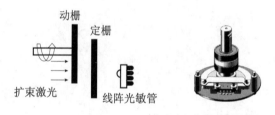

图 2.4.1　圆光栅测角结构

圆光栅按线栅的刻线方式可分为径向光栅、切向光栅和环形光栅。在工作时两两配对使用。

(1) 径向光栅就是所有的栅线(或者其延长线)通过圆心的光栅。当两块栅距角相同的径向圆光栅偏心叠合时,在不同区域栅线的交角不同,出现不同曲率的半径圆弧;条纹宽度不是定值,随位置不同而不同,如图 2.4.2(a)所示。

(2) 切向光栅就是所有的栅线(或者其延长线)跟同心的一小圆(基圆)相切的光栅。当两块切向相同、栅距角相同、基圆半径不同的切向光栅的栅线面相对同心叠合时,产生是以光栅中心为圆心的同心圆簇条纹,条纹宽度也不是定值,随位置不同而不同。如图 2.4.2(b)所示。

(3) 环形光栅就是所有栅线都是同心圆,如图 2.4.2(c)所示。当两块完全相同的环形光栅偏心叠合时,产生近似直线并成辐射方向的辐射形莫尔条纹。

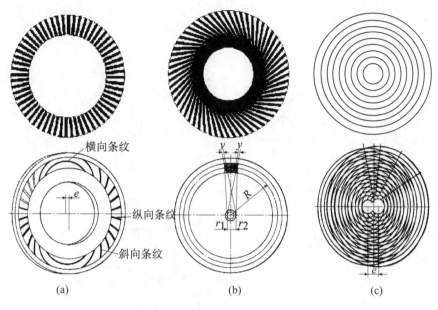

横向条纹

纵向条纹

斜向条纹

(a)　　　　　　　(b)　　　　　　　(c)

图 2.4.2　圆光栅种类及莫尔条纹

圆光栅测角过程如图 2.4.3 所示:光源经过光路系统变为平行光,投射在圆光栅的动栅(指示光栅)和定栅(主光栅)上。测量时,外部运动物体旋转带动动栅一起旋转,而定栅不动,则透过的光线可形成莫尔条纹。光敏管检测到透射过来的光信号,由光敏管输出近似正弦电压信号,该信号经过放大、整形、微分电路后形成脉冲信号。通过计量工作过程中总的脉冲数,获得动栅的移动距离,再除以旋转半径获得转动角度。

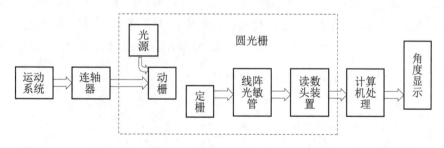

图 2.4.3　圆光栅角度测量过程

2.4.2　激光干涉测角

激光干涉角度测量利用激光干涉原理测量位移,再用三角函数关系计算出角度。如图 2.4.4 所示是激光干涉测量小角度原理图。角隅棱镜放置在转台上,激光器 1 发出激光光束经分光镜 3 分成两路,一路沿光路 a 射向角隅棱镜 2,一路沿光路 b 射向参考棱镜

4。角隅棱镜在位置Ⅰ时,沿光路 a 前进的光束经角隅棱镜反射变向后,沿光路 c 射向反射镜 5,并沿原路返回值分光镜 3,与从 b 路返回的参考光会合而产生干涉。

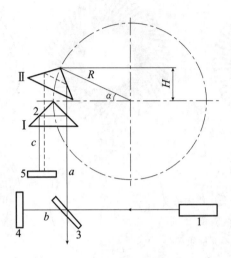

图 2.4.4　激光干涉测角原理

当角隅棱镜移动到位置Ⅱ后,沿光路 a 前进的光束在角隅棱镜和平面镜反射后,仍然沿原路返回,不产生光电的移动,从而干涉图形相对于接收元件保持不变。

根据激光干涉测量位移的原理可以测出角隅棱镜从位置Ⅰ到位置Ⅱ的移动距离 H。若已知角隅棱镜的转动半径为 R,则棱镜转过的角度 α 为:

$$\alpha'' = \arcsin\left(\frac{H}{R}\right) \cdot \rho'' \tag{2.4.1}$$

在实际应用中,为了消除偏心和转台轴系晃动等误差,提高灵敏度,在对称直径位置上各布设一个角隅棱镜,形成差动结构,如图 2.4.5(a)所示。图 2.4.5(b)为角度测量过程:当移动反射镜出现一个倾角 θ 时,移动放射镜中的上下两个反射镜出现光路差 d,由干涉测量获得。上下两个反射镜中心距离为 L,可得到移动反射镜转动角 $\theta'' = \arcsin\left(\frac{d}{L}\right) \cdot \rho''$。该系统的测程为 1°,精度可达 0.05″。

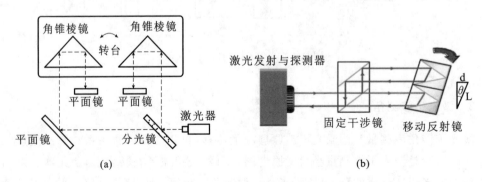

图 2.4.5　差动结构激光干涉测角系统

基于以上测量原理形成的激光干涉测角系统,由双频激光干涉仪、一个角度干涉镜、一个角度反射镜和两个准直调节光靶等组件组成,实现工业中的小角度测量,如图 2.4.6 所示。

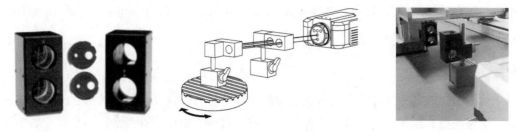

图 2.4.6　双频激光干涉仪角度测量

另外一种类似的精确测角系统如图 2.4.7 所示:激光器发射的相干光经分束器分束后,分别传播到动反射镜和定反射镜,经反射后到达光电探测器。动反射镜安装在滑车上并由直线导轨控制以保证其做直线运动。物体转动的角度通过与转台轮紧密结合的钢带传动系统转换为动棱镜的线位移,由此导致干涉系统两路光程差的变化而产生干涉条纹的移动。光电探测器接收条纹的移动并由后级电路转换为电脉冲,借助可逆计数系统对脉冲计数以达到计量角度的目的。

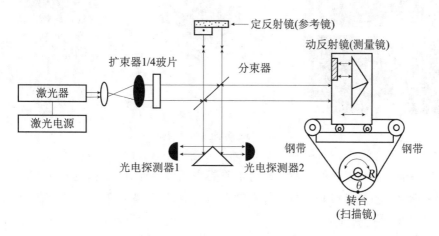

图 2.4.7　激光干涉法测角原理

可逆计数器的方向判别电路可把计数脉冲分成加、减脉冲两种情况。这样,动棱镜正向移动时引起加脉冲,反向移动时引起减脉冲,测量结果就能够准确反映测量镜的实际移动距离。可逆计数器对角度脉冲进行计数,能够很好地克服外界震动、干涉仪的机械传动不平稳等因素的影响以及由此可能产生的随机反向运动。

在图 2.4.7 中,设转台轮的半径为 R,其转角为 θ,滑车移动的距离 L,探测器的干涉条纹数为 N,空气折射率为 n,激光波长为 λ,电路细分数 k,不考虑机械热胀冷缩的影响,

则转台转过的角度可表示为:

$$\theta' = \frac{N \cdot \lambda}{2R \cdot n \cdot k} \cdot \rho''$$ (2.4.2)

由式(2.3.6)可知:在激光波长一定的条件下,测角系统单位脉冲数所代表的转角大小只与转台轮半径有关,转台轮半径越大,角分辨率越高。如 $R = 4\mathrm{cm}, \lambda = 632.8\mathrm{nm}, N = 1, n = 1, k = 20$,则系统的分辨率约为 $0.08''$。

2.4.3　分光计测角

如图 2.4.8 的分光计是利用自准直望远镜和平行光管仪以及内装的精密度盘直接测量平面间夹角和折射角的设备。其主要部件有①自准直望远镜:由物镜、十字丝分划板和目镜组成,分别装在三个套筒中,彼此间可以相对滑动以便调节;②平行光管:由狭缝和透镜组成。狭缝和透镜间的距离可由伸缩狭缝套筒调节;③刻度盘和游标盘:用于读取望远镜位置的角度,可以读到 $1'$;④载物台:一个平台旋转,垂直于分光计主轴并且可绕主轴转动,其上放置被测物体;⑤底座。

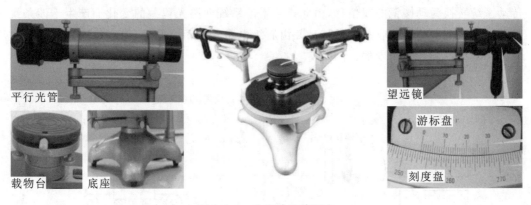

图 2.4.8　分光计及其组成

测量一个三棱镜工件的夹角和折射角前要先调整分光计:望远镜分划板位于焦平面上;能接受平行光;望远镜光轴与平行光管光轴共轴;望远镜的光轴垂直于转台的旋转轴。

1) 三棱镜夹角测量

如图 2.4.9(a)所示,在载物台上放置三棱镜。固定载物台,转动望远镜,从准直望远镜中观察 AB 面的反射像,通过自准直原理使望远镜光轴垂直于 AB 面,记下刻度盘角度值 α_1。转动并通过微调从准直望远镜中观察 AC 面的反射像,通过自准直原理使望远镜光轴垂直于 AC 面,记下刻度盘角度值 α_2。则载物台转过的角度为 $\alpha_2 - \alpha_1$,三棱镜的夹角 $A = 180° + \alpha_1 - \alpha_2$。

也可以按照如图 2.4.9(b)所示的原理测量。旋转载物台使平行光管的光从 A 角射入,望远镜分别在 AB 侧和 BC 侧观测反射光。反射光谱线对准十字丝后,刻度盘上两处的角度值分别为 α_1 和 α_2,则三棱镜的夹角 $A = (180° + \alpha_1 - \alpha_2)/2$。

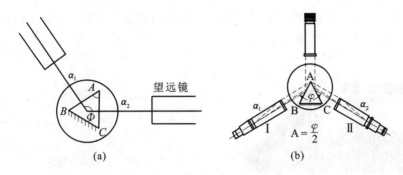

图 2.4.9　分光计测量三棱镜夹角

2) 三棱镜最小偏角测量

如图 2.4.10(a)所示,入射光线从 AB 面的入射角为 i,从 AC 面的出射角为 i'。定义入射光与出射光夹角为偏向角。可以证明:当光线对称通过三棱镜,即入射角等于出射角时,入射光与出射光夹角最小,称之为最小偏向角。

如图 2.4.10(b)所示,调节望远镜光轴与平行光管光轴,使两光轴重合,读取此时角度值 θ_1。放上三棱镜,转动载物台,通过望远镜可以观察到折射谱线。转动载物台,使谱线往偏向角方向移动,望远镜跟踪谱线运动,当谱线逆转时固定载物台,谱线对准分划板,读取角度值 θ_2,则最小偏角 $\delta_{\min} = \theta_2 - \theta_1$。在测量了夹角 A 和最小偏角 $\delta_{\min}$ 后就可以根据光线折射定理计算三棱镜材质的折射率。

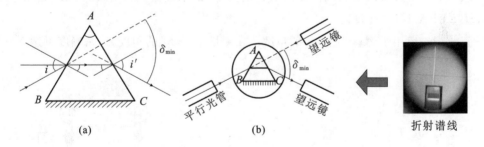

折射谱线

图 2.4.10　分光计测量三棱镜最小偏角

2.4.4　自准直仪测角

如果有与待测角度相匹配的标准角度块(这时两个角度的差别就很小),可采用自准直仪测量待测角度。

如图 2.4.11 所示,将与待测角度块角度设计值相同的标准角度块放置在专用工作台上,标准角度块的一个面紧靠在两个定位销上。调整转台或自准直仪,使自准直仪轴能尽量垂直于准标准角度块的另一面。利用自准直仪测量该面与自准直仪轴之间的夹角 α_1(也可以调整转台或自准直仪,使该面的法线与自准直仪光轴平行,此时 $\alpha_1 = 0$)。保持自准直仪和转台固定,取下标准角度块,换上待测角度块,在自准直仪上读取第 2 个角度值 α_2。若已知标准块角度为 α_0,则工件角度为:$\alpha_0 + (\alpha_2 - \alpha_1)$。

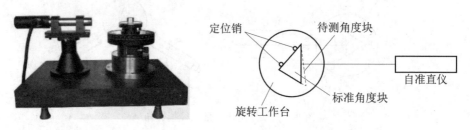

图 2.4.11　自准直仪测量角度

2.4.5　正弦规测角

正弦规是利用正弦定义测量角度和锥度等的量规,也称正弦尺。它主要由一钢制长方体和固定在其两端的两个相同直径的钢圆柱体组成,如图 2.4.12(a)所示。两圆柱的轴心线距离 L 一般为 100mm 或 200mm,通常与量块(图 2.4.12(b))组合使用。

图 2.4.12(c)为利用正弦规测量圆锥角的场景示意图。先粗估待测角度值 α,根据 $\sin\alpha = H/L$ 预估量块的高度 H_0,通过量块组的最佳组合得到最接近 H_0 的高度 H。

在一平面上搭建正弦规和组合量块,将被测工件一面放置在正弦规上,另一面上放置百分表。利用百分表测得到锥体侧面的长度为 L_0 的两端间的高差 ΔH,则圆锥角值为:$\sin(H/L) + \Delta H/L_0$(弧度)。

正弦规一般用于测量小于 45° 的角度。在测量小于 30° 的角度时,精确度可达 3″~5″。

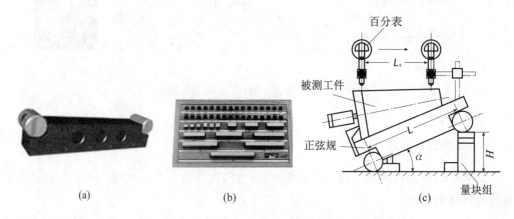

图 2.4.12　正弦规测角原理

2.5　倾斜测量

　　倾斜测量就是测量一个面/线相对于水平面或垂直面的偏离角度。倾斜测量可以分为直接测量和间接测量两种。在一个观测点上测量面/线偏离水平面的角度,称为直接测量,所使用的仪器称为倾角传感器,又称作倾斜仪、测斜仪、倾角仪、水平仪、倾角计。测量两点间的相对高差按照三角函数求解偏离水平面的角度,称为间接测量,所使用的仪器有水准仪、液体静力水准仪和百分表等。本节主要介绍直接测量倾斜角度的倾角传感器。

　　倾角传感器专门用于测量载体倾斜状态,即用于测量待测物体或系统相对于水平面的倾斜角度。测量倾角时按测量平台是否存在运动,可以分为静态倾角测量和动态倾角测量。倾斜传感器因结构不同而其特性各有所长,有很多种类,如电介液式、电位器式、电容式、电感式及陀螺地平仪等复合式倾角传感器,检测精度可达到"角分""角秒"甚至"千分之一角秒"。按其工作原理可分为三大类:利用重力加速度的摆式倾角传感器、利用角速度积分的倾角传感器、复合式倾角传感器。

　　摆式倾角传感器多用于静态倾角测量,具有很高的精度。动态倾角测量主要采用基于角速度积分的陀螺仪或使用复合式倾角传感器。工业测量中多采用静态测量或者准静态测量。

　　摆式倾角传感器都是利用重力加速度来工作的,根据"摆"在重力场内试图保持其铅垂方向的特性来设计。根据摆的不同方式将其分为固体摆、液体摆和气体摆三大类。固体摆和液体摆式倾角传感器技术最为成熟,常应用于测量机床或其他设备导轨的直线度、水平度,测量工件面的平面度和水平度,检验机床安装或其他设备是否水平和垂直以及测量短距离高程变形和挠度变化等。

2.5.1　固体摆式倾角传感器

　　固体摆式倾角传感器用于长时间的静态倾角测量,有很高的精度。但由于有很"重"的质量块,极易受到加速度干扰,并且在承受高强度冲击时易遭损坏。

　　如图 2.5.1 所示的重力摆由摆线、摆锤和支架组成。摆锤受重力 G 和拉力 T 的作用,其外合力

$$F = G\sin\theta \tag{2.5.1}$$

式中,G 为摆锤重量,θ 为摆线与垂直方向的夹角。在小范围内,$\sin\theta \approx \theta$,$F$ 与 θ 是线性关系。利用固体摆原理制造的倾角传感器又可分为:应变式、电位器式、电感式等倾角传感器。

1. 应变式倾角传感器

　　应变式倾角传感器的结构原理如图 2.5.2(a)所示,应变梁下端是摆锤,构成悬挂式摆。应变梁如图 2.5.2(b)所示,其上对称贴有 4 片应变片,构成全桥。应变梁周围灌满硅油,形成阻尼,使摆稳定,电缆引出端充满防水绝缘胶。在铅垂方向时,各应变片阻值相等,电桥平衡。若传感器倾斜 α 角,应变梁受力变形,应变片也随同变形,应变 ε 与倾角 α

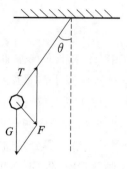

图 2.5.1　重力摆

存在函数关系。

当传感器倾斜时,4 片应变片组成的电桥失去平衡,输出的电压与应变成正比。当 α 较小时,输出电压跟倾角 α 成正比。这样就可以由输出电压计算出倾斜角。图 2.5.2(c) 为传感器实物图。

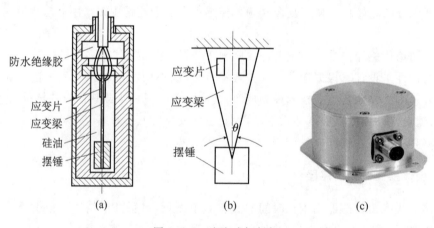

防水绝缘胶

应变片
应变梁
硅油
摆锤

应变片
应变梁
摆锤

(a)　　　　　　(b)　　　　　　(c)

图 2.5.2　应变式倾斜仪

应变式倾角传感器具有结构简单、尺寸小、响应迅速(电阻应变式传感器响应时间为 10^{-7}s,半导体应变式传感器响应时间可达 10^{-11}s),易于实现小型化、固态化及低成本等特点,但也存在一些缺点,如在大应变状态具有明显的非线性,测角范围较小(±10°)、输出信号微弱,故抗干扰能力较差。

2. 电位器式倾角传感器

电位器式倾角传感器的工作原理如图 2.5.3 所示。传感器壳体中悬挂一摆锤,电位器 R 固定在壳体上,电刷跟摆锤相连。当传感器壳体倾斜时,摆锤由于惯性力图保持铅垂方向,相对壳体便有倾角 α,与其相连的电刷把电位器分成不等的两部分。这两部分电阻跟控制盒内的精密电位器 W 构成惠斯登电桥。调整电位器 W 使电桥平衡,与其相连的刻度盘计数正比于倾斜角。

这种传感器中的敏感元件为电位器 R，采用金属膜蒸镀或碳素膜以获得连续变化的电阻值。此外采用电刷直接接触，接触器件由于磨损、腐蚀、灰尘等环境原因，长期使用后，其接触电阻不可避免地会产生变化和不稳定。所以，这种传感器检测精度会随使用时间的增加而降低。通常这类传感器主要用于较大范围角度的测量。倾角传感器中该线位移与倾角的正弦成线性关系，只有当倾角较小时，传感器的输出才与倾角成正比。

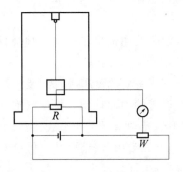

图 2.5.3　电位器式倾斜仪

3. 电感式倾角传感器

图 2.5.4 所示为电感式倾角传感器的结构原理图。一对参数相同的带圆柱形铁芯的螺管电感线圈，对称地悬挂在外框架上作为交流电桥的两臂。当传感器处于水平位置时，摆锤在两线圈之间中心位置，电桥平衡；当传感器壳体倾斜时，由于重力作用摆锤仍保持铅垂方向，引起摆锤与两铁芯间的间隙一增一减，电感变化致使电桥失去平衡，相应的检波电路会输出与倾角大小成正比的信号。

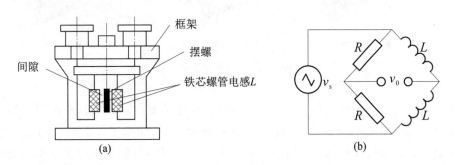

图 2.5.4　电感式倾斜仪

由于电感式倾角传感器的电输出特性呈非线性，其非线性会随着间隙的增大而增大。因此这种传感器只能在很小倾角范围内测量，也只有在很小的测量范围内才能保证输出的线性，即其测量动态范围小。另外，因需采用交流电桥进行测量，难免存在交流零位信号，即零点残余电压。这些弱点使其应用受到限制。

这类传感器具有结构简单、可靠、重复性好、分辨率高，能感受 $0.1''$ 的微小角位移。

2.5.2　液体摆式倾角传感器

密闭腔内盛有液体。当密闭腔体倾斜时,腔内液体在重力场作用下要流动,流动总是力图保持液面垂直于重力方向,这就是液体"摆"的特性。液体摆式倾角传感器是依靠密闭腔体中液体在重力场下产生流动,利用电容、电阻在不同性质的液体流动时会发生变化来检测出倾角。液体摆式倾角传感器主要可以分成三类:气泡式、电介液式和电解液式。

1. 气泡水平仪

带格值的长条形玻璃管气泡是使用最早、最广泛的倾斜度敏感元件,从玻璃管上的刻度读出倾斜的角度。

将玻璃管一侧内壁磨成一定曲率半径的圆弧状,装入黏滞系数小的酒精、乙醚等液体,留有一个气泡,气泡会随玻璃管倾斜而移动。根据气泡在充液管内总要寻求最高位置的原理,可以提供表面是否水平的光学指标。如果放在合适的框架中,还可以提供表面是否垂直的指标值。它结构简单,可靠耐用,但精度和灵敏度都不高。

气泡水平仪又分为条式水平仪、框式水平仪、合像水平仪等(图 2.5.5)。条式水平仪的底面是长条面,它仅能测量被测面相对于水平面的角度偏差,测量的是一条轴线的倾斜值。框式水平仪有两个相互垂直的测量面,可以在水平和垂直两个位置上测量,测量的是一个面的倾斜值。合像水平仪是利用光学双像重合的方法来提高读数精度。

(a) 条式水平仪　　　　　　(b) 框式水平仪　　　　　(c) 合像水平仪

图 2.5.5　气泡式水平仪

一般用分度值表征气泡水平仪的精度指标。分度值是以一米为基长的倾斜值,相当于水平仪气泡移动一个分划格(一个分划格一般是 2mm)时,工作面所倾斜的角度,以 mm/m 表示。例如分度值为 0.01mm/1m 就相当于 2″/格,也称为气泡水平仪的灵敏度。对于一定的倾斜角,而欲使气泡的移动量大(即所谓灵敏度良好),需增大玻璃管内壁圆弧的研磨半径。

在使用水平仪前须对其进行检查于调整:将水平仪放在平板上,读取气泡的刻度大小,然后将水平仪反转 180°置于同一位置,再读取其刻度大小。若读数相同,即表示水平仪底座与气泡管之间的关系是正确的。否则,要调整微调螺丝直至读数完全相同为止。

将调整正确后的水平仪安置到某一个待测平面上,读取气泡的偏格值 i,对应的倾斜角 α 为:

$$\alpha'' = k \cdot i \cdot \rho'' / 1000 \qquad (2.5.2)$$

式中,k 为水平仪的分度值,单位为 mm/m。

若想检查水平仪精度,可用正弦规和量块组成的已知角度进行。若要测量较大倾斜角,可共同使用正弦杆与水平仪组合完成。

2. 电介液式倾角传感器

电介液式倾角传感器的原理是利用倾斜时液面发生移动从而引起静电容量的变化来获取倾斜角,如图 2.5.6 所示。

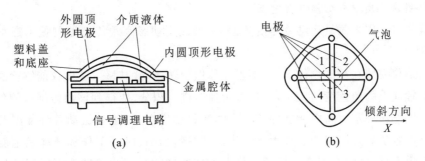

图 2.5.6　电介液式倾角传感器

内置的金属腔体分为内外两层,两层之间注入电介质液体,并在上下层之间制作对称的四对电容极板,构成差动电容,以获得两倍的电容变化。在极板上以聚四氟乙烯薄膜覆盖,用来隔离极板和电介质液体。腔体一般采用铝或铜来屏蔽电极与外电场。

水平时,4 个电极浸入液体的面积相同。当传感器按 X 正方向倾斜时,电极 1、4 浸在电极的面积减小,电极 2、3 的浸入面积增加。由于电介液体的介电常数比气体高,电容变化明显,由电容变化就可测出倾角。当传感器按 X 负方向倾斜时,各极板浸入面积的变化情况则相反。

此类传感器的输出特性是由电容极板的形状决定的。使用合适的极板形状设计可得到线性输出。

3. 电解液式倾角传感器

电解液式倾角传感器通常采用电解质溶液作为工作液。工作时电极浸入液体的深度改变导致电极间电阻的变化,从而测量传感器的倾斜角度。该传感器的结构原理示意图如图 2.5.7 所示。

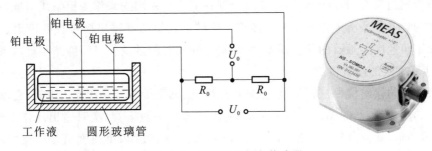

图 2.5.7　电解液式倾角传感器

在圆柱形玻璃容器中装有电解液,三根铂电极浸入其中,引出接成差动电桥的形式。传感器处于水平时,三根电极浸入的深度相同,电桥平衡,输出为零。当传感器倾斜某一角度时,三根电极浸入的深度发生改变,电桥失去平衡,输出一个正比于该倾角的正弦信号。当倾角较小时,输出信号与倾角成正比。

2.5.3　动态测量倾角传感器简介

1. 利用角速度积分的倾角传感器

陀螺仪可以用来测量运动物体的角速度,因此用动态倾角传感器测量动态角度主要依靠陀螺仪。

将陀螺仪安装在被测物体上,在随着物体做旋转运动的时候,陀螺仪能够检测出运动物体各个轴向上的角速度的大小,对这些角速度进行积分,便得到该物体旋转的角度值。

陀螺仪能在一定时间内能够保持较高的测量精度,但是由于振动等外部因素而引起的测量噪声容易对陀螺仪造成较大的干扰,且陀螺仪在长时间工作和环境发生变化的情况下会发生漂移,这两个因素会导致计算误差持续增加。因此陀螺仪不适用于长时间的静态测量,必须限定其角速度的漂移,还要进行初始对准。

2. 复合式倾角传感器

复合式倾角传感器是由多个传感器组合起来的,如陀螺地平仪、沃森(Watson)倾斜仪及捷联方式的倾斜仪等。

1) 陀螺地平仪

陀螺地平仪又称垂直陀螺仪,它通常由一个两自由度陀螺仪和一个修正装置构成,修正装置多采用液体摆。在测量运动体的倾斜角时,必须在运动体上建立一个铅垂线或水平面基准。摆虽然具有铅垂线的方向选择性,但对加速度的抗干扰差;陀螺仪的自转轴具有很高的方位稳定性,但不具有敏感垂线的方向选择性。将两自由度陀螺仪和摆组合在一起,利用摆对陀螺仪的修正原理构成的精密倾斜传感器,其自转轴能够在运动体上精确而稳定地重现铅垂线。

2) 沃森倾斜仪

沃森倾斜仪是由精密摆、沃森角速度传感器和积分电路组成。积分角速度输出即得到角度信号。角速度输出的漂移也被积分,会产生随时间积累的误差。另外,积分角速度得到的角度输出没有铅垂线基准,不能进行惯性测量。采用摆来作为铅垂线基准,补偿角度信号作为参考信号所产生的角速度漂移。这样不仅使角度输出信号长期稳定性好,而且还消除了角速度传感器的偏置误差,实现短时间动态测量及长时间静态测量。

3) 捷联方式的倾斜仪

捷联方式的倾斜仪由三轴陀螺、三轴加速度计、方位传感器及计算机组成,它以陀螺、加速度计、方位传感器的输出信号为基础,利用计算机快速运算,实时输出地球坐标系的方位角、滚动角、俯仰角和运动坐标系 x、y、z 各轴的加速度和角速度信号。捷联式倾斜传感器多用于三维运动体的姿态测量及控制。

2.6　高差测量

工业测量中,很多设备的安装面需要水平面。要判断一个面是否水平,需要通过面上点的高程是否相等来体现。同样,设备在安装和运行过程中,经常会因为地基下沉导致设备在高程方向上发生错位而受到影响。对于小范围的平面,可以采用倾斜仪测量。而对于大范围,则要根据测量对象的要求和环境,分别采用几何水准、三角高程和液体静力水准等高差测量技术。

2.6.1　几何水准高差测量

1. 基本原理

几何水准测量是利用水平视线来测量两点间的高差。几何水准测量采用的设备为精密水准仪和精密水准尺。几何水准测量的精度较高,是高差测量中最主要的方法。

如图 2.6.1 所示,在 A、B 两点直立水准尺,在其中间架设水准仪,整平后分别读取两根水准尺的刻度值 a 和 b。则 A、B 两点之间的高差

$$h_{AB} = \Delta H_{AB} = H_B - H_A = a - b = -\Delta H_{BA} = -h_{BA} \tag{2.6.1}$$

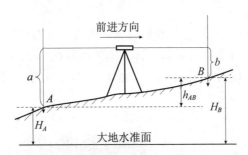

图 2.6.1　几何水准测量原理

高差具有方向性,其值可正可负。一般用已知高程点上尺(后尺)的读数减去待定高程点上尺(前尺)的读数。

在机械制造测量中,高差的标准差为几十微米,因此,水准仪和水准尺都必须是精密的,要严格检验。对于精密水准测量的精度而言,除一些外界因素的影响外,观测仪器结构上的精确性与可靠性是具有重要意义的。为此,对精密水准仪必须具备的一些条件提出下列要求。

1) 高质量的望远镜光学系统

为了在望远镜中能获得水准标尺上分划线的清晰影像,望远镜必须具有足够的放大倍率和较大的物镜孔径。一般精密水准仪的放大倍率应大于 40 倍,物镜的孔径应大于 50mm。

2) 坚固稳定的仪器结构

仪器的结构必须使视准轴与水准轴之间的关系相对稳定,不受或少受外界条件的变

化而改变。一般精密水准仪的主要构件均用特殊的合金钢制成,并在仪器上套有起隔热作用的防护罩。

3) 高精度的测微器装置

精密水准仪必须有光学测微器装置,借以精密测定小于水准标尺最小分划线间隔的尾数,从而提高在水准尺上的读数精度。一般精密水准仪的光学测微器可以读到0.1mm,估读到0.01mm。

4) 高灵敏的管水准器

一般精密水准仪的管水准器的格值为 $10''/2$mm。由于水准器的灵敏度越高,观测时要使水准器气泡迅速置中也就越困难,为此,在精密水准仪上装有倾斜螺旋(又称微倾螺旋),借之可以使视准轴与水准轴同时产生微量变化,从而使水准气泡较为容易地精确置中,以达到视准轴的精确水平。现代精密电子水准仪都有自动安平补偿装置。

2. 几种精密水准仪

1) 微倾式精密水准仪

典型仪器是 Leica N3(图 2.6.2(a)),通过调焦棱镜可以保证视准线的直线度。其光学放大技术可以在短视线达到很高的精度。这种仪器测量速度慢,但不受电磁场影响。即使轻微的地面抖动也能获得很好的结果。

2) 自动安平水准仪

典型仪器是 Zeiss Ni002(图 2.6.2(b)),其主要特点是对热影响的感应较小。因为望远镜、管状水准器和平行玻璃板的倾斜设备等部件都装在一个附有绝热层的金属套筒内,当外界温度变化时,水准轴与视准轴之间的交角 i 的变化很小,保证了水准仪上这些部件的温度迅速达到平衡。

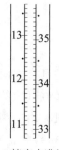

(a) Leica N3　　　　　(b) Zeiss Ni002　　　　(c) 精密水准尺

图 2.6.2　精密光学水准仪与水准尺

3) 数字(电子)水准仪

数字(电子)水准仪是 20 世纪 90 年代初出现的新型几何水准测量仪器,它的出现解决了水准仪数字化读数的难题。数字水准仪克服了传统水准测量的诸多弊端,具有读数客观、精度高、速度快、能够减轻作业强度、测量结果便于输入计算机和容易实现水准测量内外业一体化。图 2.6.3 是目前常用的几款数字水准仪的型号、配套的水准尺以及测量原理。

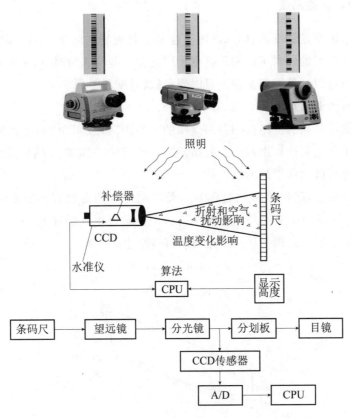

图 2.6.3　数字水准仪及其测量过程

3. 影响水准测量精度的因素

影响几何水准测量精度的因素,主要在于视线的水平度。概括起来,就是两类:一类与仪器自身结构有关;一类与外界环境及其变化有关。

1)仪器本身的误差

(1)水准气泡误差(自动安平不完善)引起的视线不水平;

(2)望远镜放大倍数和标志形状引起的照准误差;

(3)水准标尺误差(刻划误差、零点误差等)。

2)与外界因素的影响

(1)温度变化对仪器 i 角的影响;

(2)温度变化对标尺长度的影响;

(3)温度梯度产生的垂直折光对水平视线的影响;

(4)外界电磁场对水准视线和补偿器的影响;

(5)起潮力对水平视线的影响。

因此,在进行几何水准测量时,要对仪器进行检校,同时在作业过程中,保持前后视距相等,或者将前后视距差限制在合适的范围内,可以很好地减弱多种误差源影响。

2.6.2   三角高程高差测量

虽然几何水准测量精度高,但水准测量容易受到现场空间条件和时间的限制。而全站仪在测量水平位置的同时可以测量高程。因此在一些特殊情况下,采取有效措施后,采用三角高程测量可以显著缩短高程测量时间,提高精度和工作效率。

1. 三角高程测量原理

三角高程测量是利用全站仪测量两点间的水平距离(或斜距)和竖直角(或天顶距),然后利用三角函数关系计算出两点间的高差。一般而言,三角高程测量精度较低,但采取得当的措施后也可以达到很高的精度。

如图 2.6.4 所示,已知 A 点的高程 H_A,要测定 B 点的高程 H_B,安置全站仪于 A 点,量取仪器 i_A;在 B 点安置棱镜,量取棱镜高 v_B;用全站仪中丝瞄准棱镜中心,测定竖直角 α 和 AB 两点间的斜距 S,则 AB 两点间的三角高差计算式为:

$$h_{AB} = S\sin\alpha + i_A - v_B \tag{2.6.2}$$

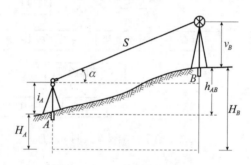

图 2.6.4   三角高程测量原理

式(2.6.2)中假设了大地水准面是平面。但大地水准面是一曲面,因此,由三角高差计算式(2.6.2)计算的高差应进行如图 2.6.5 所示的地球曲率影响的改正,称为球差改正。另外,由于视线受大气垂直折光影响而成为一条向上凸的曲线,使视线的切线方向向上抬高,竖直角偏大。因此,还要进行大气折光影响的改正,称为气差改正。两种改正合称为球气差改正。引入球气差改正的高度计算公式为:

$$h_{AB} = S\sin\alpha + i_A - v_B + (1-k)\frac{D^2}{2R} \tag{2.6.3}$$

式中,k 为大气垂直折光系数,一般取其平均值 0.14,也可以现场测定;R 为地球平均曲率半径;取 6371km;D 为水平距离。

2. 提高三角高程测量精度的措施

从式(2.6.3)中可以看出,提高三角高程测量的精度可以从以下几个方面进行。

1) 减少球气差的影响

由于折光系数的不确定性,使球气差改正含有较大的系统误差。利用球气差在短时

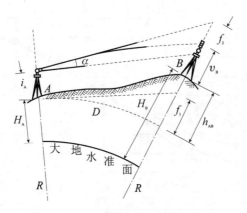

图 2.6.5　地球曲率及大气折光影响

间内基本不会改变的特性和其系统误差的特点,可以在两点间进行同时对向观测,即同时测定 h_{AB} 及 h_{BA} 后取其平均值。因高差 h_{BA} 必须反其符号才能与 h_{AB} 平均,故通过取平均(用两个高差值相减)可以抵消掉球气差项。因此,对于较长距离的三角高程测量或者气象条件变化较大的三角高程测量,同时对向观测能显著提高三角高程测量的精度。

　　2)避免量测仪器高和目标高

　　在精密三角高程测量中,量测仪器高和目标高会带来很大的误差。为此,可以仿照水准测量的方式,将全站仪安置在两高程点中间,避免量测仪器高,同时也可以部分减弱球气差的影响。另外,用同一根固定长度的棱镜杆或者直接将测量标志中心作为高程点可以避免量测目标高。

　　3)缩短距离、减少垂直角和提高垂直角测量精度

　　工业测量中采用三角高程测量时,一般距离较近(小于 50m),而且气象条件比较稳定,因此分析短程三角高程测量的精度更具有实际意义。

　　式(2.6.2)忽略目标高、仪器高误差后,高差中误差计算公式为:

$$m_{h_{AB}} = \pm \sqrt{(\sin\alpha)^2 \cdot m_S^2 + \left(\frac{S}{\rho}\cos\alpha\right)^2 \cdot m_\alpha^2} \tag{2.6.4}$$

　　显然,影响三角高程测量精度的因素主要有:距离及其测量精度、垂直角大小及其测量精度。

　　以目前精密全站仪如 TDM500S 为例,垂直角测量精度为 ±0.5″,100 米内对反射膜片的测距精度为 ±0.5mm。当垂直角为 0°~60°时,距离依次为 10m、30m 和 50m 的高差精度如图 2.6.6 所示。

　　由此可见,当垂直角较小时(<10°),高差测量精度主要与距离有关。当垂直角增加时,测距精度所占的分量越来越大。在短程三角高程测量中,垂直角大小对高差的影响是非常大的,尤其是测距精度较低时更要注意减少垂直角。另外,在高精度高程测量时,球气差的影响是必须考虑的。

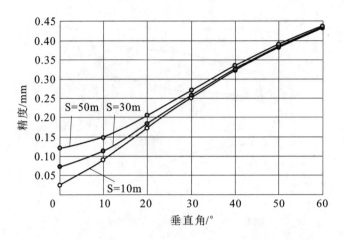

图 2.6.6　三角高程测量精度与垂直角和距离的关系

2.6.3　液体静力水准高差测量

1. 基本原理

一个可以自由流动的静止液面上各个点的重力影响是相同的,或者说液面是等高的。在古代,许多工程的高程测量都应用了这一方法作为高程参考面。

当两个盛有液体的容器用一根橡胶管连接起来后,静止状态下两个容器中液面的高度是相同的,这就是连通管原理,也是液体静力水准测量系统的基础。

液体静力水准测量的物理基础就是液体在静止状态下的伯努利方程,即

$$p + \rho \cdot g \cdot h = \mathrm{const} \qquad (2.6.5)$$

式中,p 是空气压强;ρ 为液体密度,g 为重力加速度;h 为液体最高点相对于液体最低点的高差。

如图 2.6.7(a),一个最基本的液体静力水准测量系统有两个盛有相同液体、规格一致的密封容器,用一根橡胶管连通液体,用一根橡胶管连通空气(使两个容器的空气压相等)。当两容器液体达到平衡时,根据式(2.6.5)有:

$$p_1 + \rho_1 \cdot g_1 \cdot h_1 = p_2 + \rho_2 \cdot g_2 \cdot h_2 \qquad (2.6.6)$$

如果两个容器中液体温度一致(液体密度相等)、相距较近(重力加速度一致)且液面压强一致,则根据式(2.6.6)就有 $h_1 = h_2$,即两容器的液面等高。这样,两个容器放置面之间的高差 ΔH 可以通过直接读取液面高度 a、b 确定,即 $\Delta H = b - a$。最简单的就是读取液面在容器上的毫米分划线位置,相减就能得到高差。实际设计都采用如图 2.6.7(b)所示传感器来自动获取液面高度。

液体静力水准测量系统不仅能测量两个点之间的高差,而且能同时测量多点间的高差。如图 2.6.8 所示的 n 个容器组成的多测点液体静力水准测量系统。1 号点为相对稳定点(基准点),t_0 时刻(初始状态)各测点容器的液面读数分别为 $h_{01}, h_{02}, \cdots, h_{0n}$。$t_j$ 时刻各点高程发生变化,液体进行了重新分配,此时各测点容器的液面读数分别为 h_{j1},

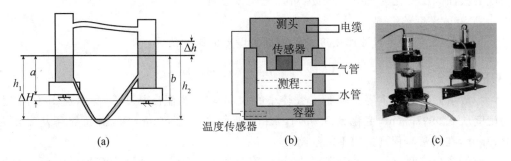

图 2.6.7　液体静力水准系统

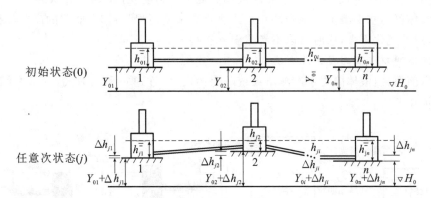

图 2.6.8　液体静力水准多点测量系统

$h_{j2}, \cdots, h_{jn}$。则 t_0 到 t_j 期间容器 i 的高程变化量为:

$$\Delta h_i = (h_{ji} - h_{j1}) - (h_{0i} - h_{01}) = \Delta h_{ji} - \Delta h_{0i} \qquad (2.6.7)$$

即 i 点的高程变化等于该点处容器的液面变化与基准点容器的液面变化之差。

2. 影响因素分析

从式(2.6.6)可以看出,影响液体静力水准测高的因素有空气压力、液体密度和重力加速度。两个容器中不同的压力差、重力差和液体密度差会导致液面高度发生变化,如图2.6.7 中 Δh。

1) 空气压力差影响

在其他条件相同的情况下,0.13hPa 空气压力差会带来 1.36mm 的水面差。因此,精密的连通管容器都是封闭的,且用一根橡胶管连接两容器空气端,以保证两个容器内的空气压力一致。这样空气压力平衡就不会受到外部干扰。

2) 重力差影响

根据式(2.6.6)可得重力差对液面高度差的影响值为:

$$\Delta W = h_1 - h_2 = (g_2 - g_1)\frac{h_2}{g_1} \qquad (2.6.8)$$

在工业测量中,一般测量范围都有限,例如,重力差为 20mGal、液面高度为 50mm 时引起的液面高度变化为 $1\mu m$。因此,可以忽略其影响。

3) 液体密度差影响

根据式(2.6.6)可得液体密度差对液面高度差的影响值为:

$$\Delta W = h_1 - h_2 = (\rho_2 - \rho_1)\frac{h_2}{\rho_1} \tag{2.6.9}$$

一般填充的液体主要是膨胀系数较小的水,$\rho \approx 1$。当温度从 10℃ 变化到 25℃ 时,水的密度从 $0.9997g/cm^3$ 变化到 $0.9971g/cm^3$,液面高度为 50mm 时,引起的高差变化为 0.13mm,在精密高程测量中不能忽略。

为了减少温度变化对水面高程的影响,简单的方法就是保持两个容器的液面高差尽可能小,尽量远离热源,使整个系统处于相同的外部环境。同时降低容器的设计高度,比如液面高度为几厘米,还可以通过测量液体温度进行高度改正(图 2.6.7(b))。

当液体静力水准测量系统安装在室内进行高精度高程测量时,监测的高差都很小,温度不高,温差变化不大,这时可以不考虑温度影响。

3. 液体静力水准测量系统分类

就目前而言,液体静力水准测量系统分为两大类:连通式和压力式,其基本结构如图 2.6.9 所示。

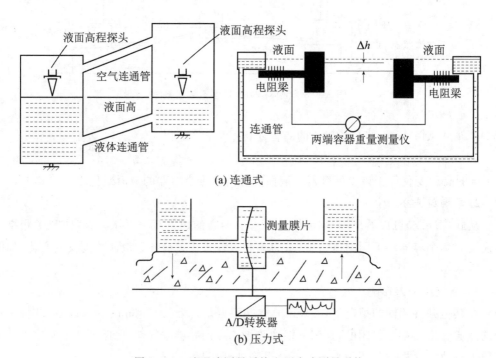

(a) 连通式

(b) 压力式

图 2.6.9　连通式测量系统和压力式测量系统

(1) 连通式测量系统:一个简单的连通式测量系统至少有一根橡胶管和与之相连的两个容器,一个空气平衡管,整平设备和液面高度测量传感器(图 2.6.9(a)左)。各个容器液体是连通的,容器间高差变化时存在液体交换,通过测量两个容器的液面高度就可以直接计算高差。

液面高度测定可以分为"接触式"（如探针、浮筒等）和"非接触式"（如超声波、电容、电感等）。一般而言，非接触式的测量精度要高于接触式。目前此类静力水准仪都采用了非接触式的测量方式。

连通式测量系统还有另外一种类型——称重式液体静力水准系统（图2.6.9(a)右）。它是一种通过测量液体重量变化来获得高差变化的系统。如果测点间高程发生变化，则液体通过连通管会重新分配。测量两端容器中液体重量的变化可获得高差变化。液体重量的变化通过容器下面安装在梁上的电阻应变片的变化来测量。必要时要引入温度传感器改正温度对电阻应变片的影响。

（2）压力式测量系统：如果在连通管中间设置一个测量膜片将液体交换阻断，就构成了压力式测量系统（图2.6.9(b)）。当两端的高度发生变化时，液体因不能相互交换，阻断处两侧就会产生压力差。该压力差会使阻断处的测量膜片产生弯曲，弯曲量可以通过感应式、电容式或光电式等传感器测量，再转化成高差变化。

由于测量膜片阻断了液体交换，膜片复位缩短了液体摇晃时间，更容易实现动态测量，如振动过程测量。另一个优点是温度变化对其影响小，测量精度更高。

4. 液体静力水准测量系统的特点

与其他高差测量方法（几何水准和全站仪三角高程测量）比较，液体静力水准测量系统的优点和缺点如下：

（1）精度高（一般可优于1/100mm，可达微米级），采样频率高，自动化程度高，不需要点间相互通视。适合于多点同时测量；适合狭小空间和有辐射、爆炸、蒸汽、尘埃等危险环境的测量；适用于对变形体的长期自动化连续监测。

（2）测程短（一般能测量的最大高差就几厘米或更小），测量的范围小，受温度影响大。多用于室内的小范围且点间高差及其变化都很小的高精度测量。

利用液体静力水准测量系统进行高差测量时，会受到各种因素的干扰。表2.6.1列出了可能的影响因素、影响方式以及改正方法。

表2.6.1　液体静力水准系统的误差源影响及其改正方法

误差源	连通式测量系统		压力式测量系统	
	影响方式	消除或减弱方法	影响方式	消除或减弱方法
温度	密度改变；体积改变	温度测量与改正；水平放置橡胶管	密度改变/体积改变	影响小
气压	不同压力导致液面高度错误	空气连接管	不同压力导致液面高度错误	空气连接管
重力	距离短，影响不大	不顾及	距离短，影响不大	不顾及
毛细作用	读数出错	传感器置于液面正中	不存在	不顾及
液面震动	围绕真值晃动	长时间测量取平均	围绕真值晃动	适合动态测量

续表

误差源	连通式测量系统		压力式测量系统	
	影响方式	消除或减弱方法	影响方式	消除或减弱方法
零点	零点误差	两个位置测量—交换容器/交换传感器	零点误差	影响小（后检校）
倾斜	精确置平		粗平	
读数误差		重复读数		正一反向测量
液体损失	影响小	不顾及	影响大	重新补充
内部气泡	改变压力体积	避免	改变重量	避免

2.6.4 倾斜仪高差测量

倾斜仪测量的是倾斜仪的底面与水平面之间的夹角，也称倾斜角。如果测得了两点之间的倾斜角，根据两点之间长度即可计算出两点间的高差，如图 2.6.10 所示，要测量 A、B 两点间的高差 h，在 A、B 间放置倾斜仪，测量出倾斜角 θ，已知倾斜仪底边长 S（或者量出 A、B 之间的斜距 S），则

$$h_{AB} = S \cdot \sin\theta \tag{2.6.10}$$

这是一种间接测量高差的方法。如果要测量 A、C 之间的高差，可以进行首尾相接的多段测量，按照式(2.6.10)计算每段的高差，然后将每段高差求代数和即可。

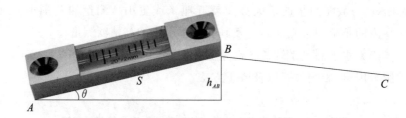

图 2.6.10 倾斜仪高差测量

对于分度值为 0.1mm/m（相当于 $20''$/格）的水平仪，相当于在 1m 范围内的高差精度为 0.1mm。因此，倾斜仪适合于很短距离的、小高差的高差测量，而且两高差点之间有较为平坦的接触面便于放置倾斜仪。

思考题

1. 什么是传感器的精确度？
2. 钢尺测距和电磁波测距各需要进行哪些改正？
3. 通过长度变化测量可以在哪些场合获取哪些几何量？

4.哪些长度变化测量技术的量程较短？哪些长度变化测量技术的量程较长？原理各是什么？

5.什么是 Scheimplug 条件？

6.平行光管的望远镜为什么都较长？

7.自准直仪测量的是什么值？绘图说明其测量原理。在工业测量的哪些场合使用？

8.角度测量技术有哪些？各用于哪些工业场合测量？

9.倾斜仪测量的是什么值？可以应用在哪些工业测量场合？

10.绘图说明液体静力水准测量高差的原理。该测量系统有哪些特点？可以应用于哪些工业测量场合？

第3章 三维工业测量技术与方法

三维坐标是确定物体几何参数(位置、形状、尺寸、变化等)的基础。三维坐标的获取元素部分来自第2章的一维测量技术与方法。目前工业测量中的三维坐标测量系统有很多。本章主要就常见的经纬仪测量系统、全站仪测量系统、工业摄影测量系统、激光扫描测量系统、激光跟踪测量系统、结构光测量系统、关节臂式坐标测量机、室内 GPS 测量系统和三坐标测量机等的系统组成、测量原理、技术特点、误差影响因素及其应用场合等进行介绍。这些技术手段的测量精度、应用场合、数据处理、测量费用、测量速度、系统灵活性等各有特点。在实际应用时,需根据工程所要求的测量限差或测量精度、成果要求以及具体现场情况,单独使用或联合使用。

3.1 经纬仪测量系统

经纬仪测量系统是由两台及以上的高精度经纬仪构成的空间角度前方交会测量系统,在大尺寸测量领域的应用最早。最初采用的是光学经纬仪或电子经纬仪,其不足之处在于采用手动照准目标,逐点测量,测量速度慢、自动化程度不高。但目前已出现了带马达驱动的经纬仪(如 Leica TM5100A),可以实现部分自动化照准与测量。

3.1.1 系统组成

如图 3.1.1 所示,最基本的经纬仪测量系统由两台电子经纬仪、一根检验过的基准尺、与仪器连接的计算机与软件以及附件(高稳定性脚架、照准标志、转角目镜等)组成。

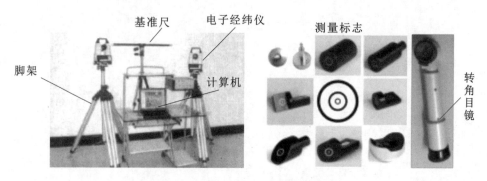

图 3.1.1 经纬仪测量系统基本组成

（1）高精度电子经纬仪：用于获取角度观测数据。经纬仪测量系统三维坐标获取采用了角度前方交会原理。要实时获取被测点三维坐标需要至少两台电子经纬仪同时测量角度。Leica 的 T3000、TM5100A、TM6100A 都是典型的工业经纬仪。

如果同时检测如飞机、汽车等的整体参数，则要先布设一个统一的控制网，然后多台仪器在不同位置进行交会测量。另外，电子经纬仪的望远镜中最好有内觇标，以便快速实现高精度相对定向。

（2）基准尺：由于经纬仪交会是一个角度交会系统，故需要至少一根基准尺作为系统测量的尺度基准。基准尺的长度一般为 1m 或 2m，其精度优于 $\pm 20 \mu m$，通常采用高精度因瓦或碳纤维等膨胀系数极小的材料制成，有时也可采用高精度的因瓦带尺作为基准尺。如 Leiac Axyz 工业测量系统，所配套的基准尺为碳纤维尺，长度为 900.045mm，检测误差为 $\pm 3 \mu m$。

（3）计算机与软件：主要用于控制测量过程，存储并处理观测数据。对于较固定的工业测量系统，一般采用台式微机；对于经常要移动或用于野外的工业测量系统，采用便携式笔记本。

（4）多通道接口器及联机电缆：用于连接计算机与电子经纬仪，实现数据的通信与控制。

（5）高稳定度的脚架：高稳定度脚架可保证仪器的稳定，使整个测量过程中参考系保持不变，提高测量精度和可靠性。

（6）其他附件：除了以上基本硬件配置之外，为提高测量效率，往往还配备激光目镜实现无接触测量，配备转角目镜进行大垂直角度观测，配备特殊的照准标志或工装进行直线度、平面度等检测。

3.1.2 测量原理

经纬仪测量系统根据角度前方交会原理确定空间点的三维坐标。安置好两台电子经纬仪，首先建立系统的坐标系，然后通过前方交会的方式将测量角度在线/离线送入计算机进行解算物方空间三维坐标。

建立经纬仪测量系统时，可以不整平经纬仪。但考虑到经纬仪本身具有高精度整平功能，而且整平后可以大大简化系统建立和数据处理过程。因此，在安置经纬仪时通常都会精确整平。整平后的两台经纬仪通过角度前方交会获取三维坐标的基本原理如图 3.1.2 所示。

在工业测量中，由于只关注被测物体内部各部件的相对关系，不要求与外部基准的坐标和方向相连，因此常采用局部坐标系。为了最大限度地减少起始数据误差对结果的影响，经纬仪交会测量系统的坐标系定义为：仪器 A 的中心（经纬仪横轴、竖轴和视准轴的交点）为系统的坐标原点，A 经纬仪中心指向 B 经纬仪中心的连线的水平投影作为 X 轴，假设该水平长度为 b，经纬仪 A 的竖轴（整平后与铅垂线平行）向上为 Z 轴，构成一右手坐标系。A、B 经纬仪中心之间的高差为 h。该坐标系下经纬仪 A 的坐标为 $(0,0,0)$，经纬仪 B 的坐标为 $(b,0,h)$。

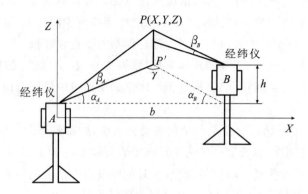

图 3.1.2　角度前方交会

在经纬仪 A 和经纬仪 B 互瞄准后,各自得到一个起始方向值,共同照准一物方空间点 P,得到水平角 α_A,α_B 和垂直角 β_A,β_B。则根据角度前方交会原理可以计算出在定义的坐标系下 P 点的三维坐标 (X,Y,Z) 为:

$$\begin{cases} X = \dfrac{\sin\alpha_B \cos\alpha_A}{\sin(\alpha_A + \alpha_B)} \cdot b \\[3mm] Y = \dfrac{\sin\alpha_B \sin\alpha_A}{\sin(\alpha_A + \alpha_B)} \cdot b \\[3mm] Z = \left[\dfrac{\sin\alpha_B \tan\beta_A + \sin\alpha_A \tan\beta_B}{\sin(\alpha_A + \alpha_B)} \cdot b + h \right] / 2 \end{cases} \tag{3.1.1}$$

3.1.3　相对定向和绝对定向

在式(3.1.1)中,α_A,α_B 和 β_A,β_B 分别为水平角和垂直角观测值。要采用式(3.1.1)计算未知点的三维坐标,首先需要确定:

(1) A、B 两经纬仪之间水平角的起始方向值(相对定向),以确定水平角 α_A,α_B;

(2) A、B 两经纬仪的之间的水平边长 b(绝对定向)。

当完成相对定向和绝对定向后,A、B 两经纬仪之间高差 h 即可通过对同一点测量垂直角获取。

1. 相对定向

在两台经纬仪架设安置完毕后,通过两台经纬仪相互瞄准对方的仪器中心以确定两经纬仪间的相对方位的过程为相对定向。瞄准对方仪器中心后就确定了经纬仪各自的水平角起始方向值。相对定向的目的就是为水平角计算提供起始方向值。相对定向常用的方法有:

(1) 互瞄十字丝法(图 3.1.3(a)):将两仪器的望远镜焦距调至无穷远处,相互瞄准对方望远镜分划板的十字丝。由平行光管原理,此时两望远镜视准轴相互平行,但并不重合,平行线与两仪器中心连线之间相差一个很小角度。这种互瞄方法经多次反复进行,精度在 $2''$ 左右。

(2) 内觇标法(图 3.1.3(b)):新型的工业型电子经纬仪(如 Leica T2002、T3000、

TM5100A 等)望远镜内安装了高精度内觇标,安装精度在±4″内(与视准轴偏差)。通过照准对方内觇标来直接确定起始方向值称为内觇标法。一般用经纬仪的两个度盘位置对内觇标进行观测,取中数,可消除安装偏差的影响。这种方法的相对定向精度可达±0.5″~1″,是精度最高的相对定向方法。

(3) 旋转标志法(图 3.1.3(c)):在两台经纬仪的照准部支架上或者望远镜中间设置一照准标志。大致进行互瞄后,首先用经纬仪 A 瞄准经纬仪 B 上的标志,读取水平方向值;接着将经纬仪 B 旋转180°,用经纬仪 A 再照准标志,读取水平方向值。经纬仪 A 的两次水平读数取平均值即得到 A 的起始方向值。同样过程求得经纬仪 B 照准 A 的起始水平方向值。该过程多次反复进行,最后将两台经纬仪各自的水平方向均值作为起始值,实现相对定向。

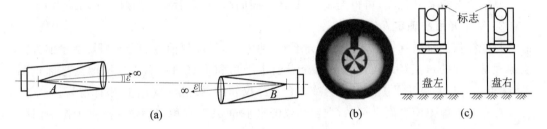

图 3.1.3 相对定向方法

2. 绝对定向

绝对定向就是给出经纬仪交会系统的尺度基准,即确定基线 b 的值。由于工业测量要求精度高(一般要求精度优于±0.1mm),测距仪无法达到如此高的测距精度,而且在装卸仪器照准部时会产生偏心误差。因此,b 的确定采用以下方式实现。

1) 基于前方交会确定 b 值

用两经纬仪分别照准一根基准尺两端的标志,通过角度前方交会计算经纬仪之间的基线长 b。

如图 3.1.4 所示,在仪器前方适当位置水平放置一根长度为 d 基准尺,基本水平且大致平行于 $A—B$ 方向。在 A 站和 B 站的经纬仪完成相对定向后,瞄准基准尺的两端标志1 和 2,测量出水平方向,由此测得测站到基准尺标志1、2的前方交会角。

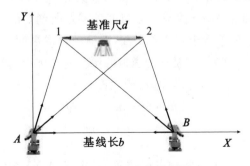

图 3.1.4 绝对定向基本原理

先假定一个单位尺度:A 站的平面坐标为 $(0,0)$,B 站的平面坐标为 $(1,0)$。则按照式 (3.1.1) 可以分别计算出基准尺两端 1 和 2 的平面坐标分别为 (X_1',Y_1') 和 (X_2',Y_2')。根据三角形相似比原理,可以得到 A、B 之间的实际长度为:

$$b = \frac{d}{\sqrt{(X_1'-X_2')^2+(Y_1'-Y_2')^2}} \tag{3.1.2}$$

在获得了 A、B 之间的基线长 b 后,就可以按尺度比重新计算 1 点的平面坐标 (X_1, Y_1),进而计算出水平边长 $S_{A-1}=\sqrt{X_1^2+Y_1^2}$,$S_{B-1}=\sqrt{(X_1-b)^2+Y_1^2}$。利用在 A 和 B 同时测量的 1 点的垂直角 β_{A1}、β_{B1},则按照三角高程测量原理(短距离不考虑球气差),可以计算得到 A 到 B 的高差 h 为:

$$h = S_{A-1} \cdot \tan\beta_{A1} - S_{B-1} \cdot \tan\beta_{B1} \tag{3.1.3}$$

测量点 2 或者其他点,可得到多个 A、B 之间的高差,最后将各高差取平均即为 h。

2) 基于光束法确定 b 值

将经纬仪测量系统模拟成摄影测量系统(事实上,经纬仪前方交会与摄影测量前方交会原理是一样的),把经纬仪测量的每个点的水平角和垂直角换算为虚拟像点坐标观测值,按摄影测量光束法平差进行二台或多台经纬仪间的系统定向和空间坐标解算。

首先建立虚拟像平面坐标系,把经纬仪的水平角 α、垂直角观测值 β 换算为像平面坐标 (x,z),如图 3.1.5 所示。

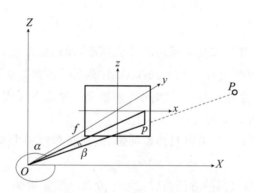

图 3.1.5　经纬仪虚拟像平面坐标系

在经纬仪的三维坐标系(原点 O 为经纬仪三轴交点,Z 轴为经纬仪竖轴,O-XY 平面平行于水平度盘面,X 轴为平行于度盘中心与度盘零方向刻划的连线,右手坐标系)上定义一个虚拟像平面:像平面平行于 O-XZ 平面,Y 轴经过像平面坐标系原点,像平面与原点 O 的距离为 f。这时 O-XYZ 就是一个虚拟的像空间坐标系。经纬仪视线 $OP(\alpha,\beta)$ 与像平面的交点 P 即为"像点",像点坐标 (x,z) 为:

$$\begin{cases} x = f \cdot \tan(\alpha-270°) \\ z = \dfrac{f \cdot \tan\beta}{\cos(\alpha-270°)} \end{cases} \tag{3.1.4}$$

物方空间坐标系用于确定空间物点的位置,可定义 A-XYZ 与左测站经纬仪坐标系重合。A-XYZ 与右测站经纬仪坐标系 B-$X'Y'Z'$ 存在如图 3.1.6 所示的关系,即右测站的坐标系相对于左测站坐标系存在 6 个定向参数:3 个平移参数(X_s,Y_s,Z_s)和 3 个旋转参数(φ,ω,κ)。

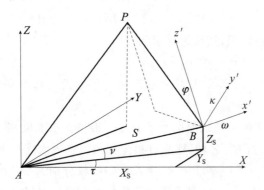

图 3.1.6　两个经纬仪坐标系的关系

A 站经纬仪照准 B 站经纬仪时的水平角、垂直角和斜距分别为 τ、ν、s,则有:

$$\begin{cases} X_s = s \cdot \cos\nu \cdot \cos\tau \\ Y_s = s \cdot \cos\nu \cdot \sin\tau \\ Z_s = s \cdot \sin\nu \end{cases} \tag{3.1.5}$$

式中,$(\varphi,\omega,\kappa,\tau,\nu)$为相对定向参数,$s$ 为绝对定向参数。

设物点 P 在物方空间坐标系中的坐标为(X,Y,Z),对应的左、右虚拟像点坐标为(x_1,z_1)、(x_2,z_2)。设右测站 B 经纬仪坐标系相对于空间测量坐标系的角度旋转元素为(φ,ω,κ)。因而旋转矩阵为:

$$\boldsymbol{R} = \begin{bmatrix} a_1 & a_2 & a_3 \\ b_1 & b_2 & b_3 \\ c_1 & c_2 & c_3 \end{bmatrix}$$

式中,a_i,b_i,c_i 为(φ,ω,κ)的函数(见式(3.3.5))。

右测站经纬仪坐标系的原点在测量坐标系中的坐标为(X_s,Y_s,Z_s),故左、右测站的共线方程为:

$$\begin{cases} x_1 = f \cdot \dfrac{X}{Y} \\[2mm] z_1 = f \cdot \dfrac{Z}{Y} \\[2mm] x_2 = f\dfrac{a_1(X-X_s)+b_1(Y-Y_s)+c_1(Z-Z_s)}{a_2(X-X_s)+b_2(Y-Y_s)+c_2(Z-Z_s)} \\[2mm] z_2 = f\dfrac{a_3(X-X_s)+b_3(Y-Y_s)+c_3(Z-Z_s)}{a_2(X-X_s)+b_2(Y-Y_s)+c_2(Z-Z_s)} \end{cases} \tag{3.1.6}$$

由式(3.1.6)可知:二台经纬仪组成的测量系统每观测一个物点,就可列出 4 个方程,而物点坐标的未知数为 3 个,因此有一个多余观测。若不考虑坐标的尺度参数(任意假定 s 的值),对 5 个相对定向未知数而言,仅需观测 5 个物点就能完成相对定向。多余 5 个物点则按照最小二乘准则处理。

当存在一条已知距离(如基准尺)L_0 时,利用相对定向解算出的该已知距离两端点的坐标,反算出长度 L,可解出尺度比 $K=L_0/L$。用尺度比改正所有与长度量纲有关的参数,即得到绝对定向后的结果,实现绝对定向。

3) 基于后方交会法确定 b 值

利用一根鉴定过的铟钢带尺(如精密水准尺),采用角度后方交会的原理也可以实现经纬仪测量系统的绝对定向。

如图 3.1.7 所示,在两经纬仪前面水平放置一根精密水准尺,以水准尺长度方向作为 Y 轴(或者 X 轴),垂直方向为 Z 轴,建立直角坐标系。选择水准尺上的三根刻画线,就构成三个已知平面坐标的点。整平经纬仪,由两台经纬仪分别测量三个点的水平方向、垂直角。由水平角(α_1,α_2)和(α_3,α_4)分别得到两仪器的平面坐标,反算两仪器间的边长。在获取平面坐标以后,根据两仪器对同一点的垂直角计算两仪器间的高差。

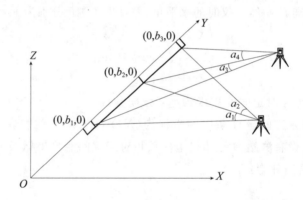

图 3.1.7　后方交会绝对定向

3.1.4　测量精度分析

根据图 3.1.2,测点 P 的坐标由 A、B 经纬仪前方交会获得。P' 为 P 在 XY 平面的投影,P 点高程可由 A 点测量 β_A 确定。S_a、S_b 分别是 AP' 和 BP'(水平边长)。假定水平角观测误差为 m_a,垂直观测误差为 m_β,交会角为 γ,考虑起始值 b 的误差 m_b 的影响,P 的平面点位误差和高程误差分别为:

$$M_{P'}=\pm\sqrt{\frac{m_a^2}{\rho^2}\frac{S_a^2+S_b^2}{\sin^2\gamma}+m_b^2\left(\frac{S_b}{b}\right)^2} \tag{3.1.7}$$

$$M_Z=\sqrt{\tan^2\beta\cdot m_{S_a}^2+\left(\frac{S_a}{\cos^2\beta}\right)^2\left(\frac{m_\beta}{\rho}\right)^2} \tag{3.1.8}$$

由式(3.1.7),P 点的平面点位精度与下面影响因素有关:

（1）水平角测量精度 m_a 和交会边水平长度 S_a、S_b（如图 3.1.8(a)）。

（2）交会角 γ（如图 3.1.8(b)），一般要求 $30°<\gamma<150°$，最好在 $90°$ 附近。

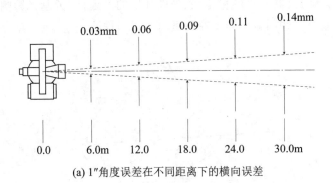

(a) 1″角度误差在不同距离下的横向误差

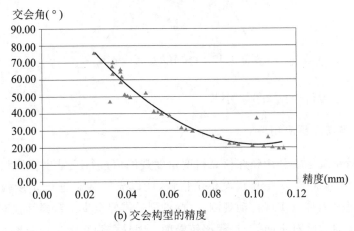

(b) 交会构型的精度

图 3.1.8　前方角度交会误差因素

（3）起算点误差 m_b（与基准尺的位置、长度和测量精度有关）。为了提高绝对定向结果精度，选择合适长度的基准尺和安放位置，使交会角在 $90°$ 附近（如图 3.1.9 所示，A、B 为经纬仪位置）。

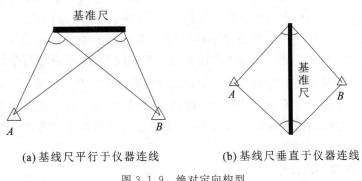

(a) 基线尺平行于仪器连线　　　(b) 基线尺垂直于仪器连线

图 3.1.9　绝对定向构型

　　因此,要保证经纬仪测量系统的精度,除了采用多测回观测提高水平角、垂直角的测量精度外,严格控制测量范围(一般不超过 20m)和采用多站交会(图 3.1.10)是提高精度非常有效的手段。另外,仪器架设的稳定性、周围环境的稳定性、旁遮光影响、照准标志设计以及仪器残余误差等这些因素都需要在测量时予以考虑。

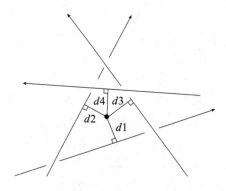

图 3.1.10　4 站前方交会的结果

　　P 点的高程精度讨论见 2.6.2 小节。

3.1.5　系统特点与工程应用

　　经纬仪测量系统主要利用经纬仪高精度角度观测值进行三维坐标测量,在小范围内测量精度高(10m 内优于 0.1mm),设备价格低,能以光学标志进行非接触测量,方便灵活。但整个测量过程难以实现自动观测,目标点测量需要至少两台经纬仪同时照准,系统建立需要相对定向和绝对定向等,过程比较繁琐。因易受到交会角和距离的影响,该系统适合于小范围内少量点的高精度三维坐标测量。

　　其应用主要在以下几个方面:

　　1) 建立三维控制网

　　在工业测量中,通常前方交会采用两个仪器站是不够的,有时候需要 3 个、4 个站,甚至更多。这时候,需要建立一个高精度的控制网。为此,可以采用经纬仪角度前方交会原理与方法建立一个高精度的微型三维控制网,具体方法如图 3.1.11 所示。

　　由 A、B、C 和 D 共 4 个点组成的控制网,在稳定脚架上架设仪器,整平后,先实现各个仪器之间的相对定向。然后将基准尺摆放在多个不同位置(位置数与仪器站的个数有关),每台仪器同时精确地(多测回)测量出每次放置的基准尺两端标志点的水平方向和垂直角。确定某一个仪器中心(如 A)作为坐标原点,纵轴作为 Z 轴。该仪器中心到另一台仪器中心(如 B)连线的水平投影作为 X 轴,通过平差计算可以得到各个经纬仪的三维坐标,建立高精度的三维控制网。

　　2) 建立平面微型检测网

　　建立若干个带强制对中且高度大致相等的观测墩,可采用一台经纬仪、若干基准尺和若干觇牌即可完成平面微型检测网的建立。

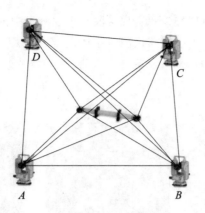

图 3.1.11 高精度工业控制网

在不同位置水平放置基准尺。在一个观测墩上架设经纬仪,整平,在其他观测墩上安置觇牌,整平。经纬仪观测所有觇牌和所有基准尺端点的水平方向(如图 3.1.12 中的 A 点的观测)。然后仪器换到另一观测墩上,同样的操作和观测,直至所有观测墩都观测完毕。然后采用边角秩亏自由网平差方法得到每个点的平面坐标,精度可达亚毫米。

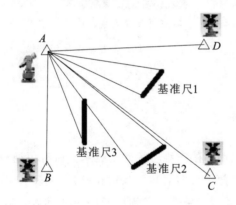

图 3.1.12 微型平面网测量

通过平面坐标反算出的边长值可作为普通全站仪、GNSS 接收机等设备的长度检验基准值。

3) 建立室内三维检定场

对摄像机、激光扫描仪等进行高精度检校时,需要一个高精度三维标定场。标定场是一个在室内安置若干根规则排列的垂直立杆,每个立杆上设置若干涂有反射颗粒的平面标志点。标志点图案为一白色圆面,圆面圆心刻有黑色细十字丝(图 3.3.21)。采用经纬仪交会系统测量十字丝,获取检定场内这些标志点圆心三维坐标。

4）工业检测

由于经纬仪交会系统自身的不足，现阶段在工业测量中的应用场合虽不多见，但仍然不缺乏应用。图 3.1.13 给出了经纬仪测量系统的部分应用场景，如三维控制场的建立、大型抛物面天线几何形状的测量、设备定位检测、航天器总装、大型多波束天线安装与调整等。

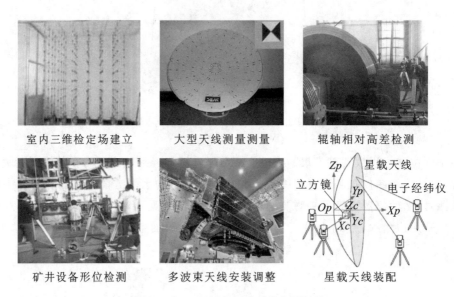

室内三维检定场建立　　大型天线测量测量　　辊轴相对高差检测

矿井设备形位检测　　多波束天线安装调整　　星载天线装配

图 3.1.13　经纬仪测量系统应用场景

3.2　全站仪测量系统

全站仪测量系统是最简单的三维坐标确定技术。所有可通视物方点的三维坐标可以直接由一台全站仪测量的两个方向值和一条边长确定，而不需要复杂的交会计算。由于在工业测量领域，现场空间通视条件是必须顾及的重要问题。因此，在测量现场，全站仪测量在经济性和灵活性方面要明显优于经纬仪测量系统。特别是目前高精度工业全站仪的出现，为全站仪在工业测量中的应用提供了广阔的空间。

3.2.1　系统组成

全站仪测量系统由高精度工业型全站仪、高稳定脚架、笔记本、软件以及合作目标组成，如图 3.2.1 所示。

1. 工业型全站仪

图 3.2.2 所示是几款典型的工业全站仪。

它们基本具备以下特点：

（1）角度测量精度在 ±(0.5″~1″)。

图 3.2.1 全站仪测量系统

| LEICA TDA5005 | SOKKIA NET1200 | Topcon Ms05 | Trimble S8 |

图 3.2.2 工业型全站仪

（2）可以使用反射片和角隅棱镜进行距离测量。百米范围内测距精度可达到亚毫米。

（3）采用全焦距望远镜，当望远镜焦距变短、距离目标更近时，其放大倍率会减小、视野变大，既便于观测目标，又便于短视距精确瞄准。

（4）调焦精度特别高，视准轴稳定。

（5）高精度马达驱动。能自动识别目标，用于目标自动照准与跟踪。

2.合作目标

实现高精度距离测量、自动照准以及目标跟踪而需要合作目标。常用的合作目标为反射片和角隅棱镜。反射片大多与特殊工件相配合，用于特征点的精确测量。角隅棱镜用于目标跟踪测量和零件表面形位误差测量等。角隅棱镜与棱镜座相配合，作为控制点，也用于坐标转换点。

3.笔记本电脑与软件

用于同时控制一台或多台全站仪测量并将全站仪的测量数据进行实时在线处理。

3.2.2 测量原理

用全站仪进行三维坐标测量时,首先需要确定其坐标系。以全站仪中心(全站仪三轴交点)为坐标原点,Z 轴为仪器的纵轴,正向向上。以过原点且平行于水平度盘中心指向度盘 0 读数位置的方向为 X 轴,采用左(右)手原则定义 Y 轴。

用全站仪测量来获取物体形状参数时,由于形状参数值与坐标系无关,这种情况下不需要整平、对中全站仪。关掉全站仪自动补偿功能,同样可以测量目标点的三维坐标。由于全站仪具有精确整平功能,所以,在实际测量中通常还是先整平后测量,可以大大简化测量数据的处理,

要实现不同站间全站仪坐标系的变换,可以采用整平、对中和后视定向的方式完成,也可以直接测量足够多的公共点三维坐标实现转换。在整平前提下,站间坐标系变换就是平面坐标变换,相对于三维坐标变换也简单很多。

与经纬仪相比,全站仪同时提供角度和距离(测角测距原理见 2.2.1 小节和 2.4.1 小节)。如图 3.2.3 所示,架设全站仪后,瞄准目标点 P,全站仪测量其中心到 P 点的空间斜距 S、水平方向(坐标方位角)α 和垂直角 β,则 P 点在全站仪坐标系的三维坐标为:

$$\begin{cases} X = S \cdot \cos\alpha \cdot \cos\beta \\ Y = S \cdot \sin\alpha \cdot \cos\beta \\ Z = S \cdot \sin\beta \end{cases} \tag{3.2.1}$$

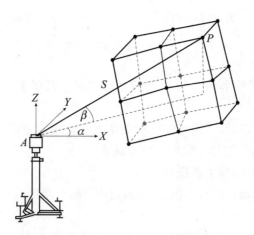

图 3.2.3　全站仪坐标测量原理

3.2.3 目标自动识别与测量

1. 自动目标识别(Automatic Target Recognition, ATR)原理

工业型全站仪望远镜里面安装了 CCD 阵列,结构如图 3.2.4(a)所示。工作时,发射二极管(CCD 光源)发射一束红外激光,通过光学部件被同轴地投影在望远镜轴上,从物镜口发射出去,由测距反射棱镜反射,望远镜里专用分光镜将反射回来的 ATR 光束与测

距光束分离开来,引导 ATR 光束至 CCD 阵列上,形成光点,其位置以 CCD 阵列的中心作为参考点来精确确定。CCD 阵列将接收到的光信号转换成相应的影像,通过图像处理计算出图像的中心。图像的中心就是棱镜的中心。假如 CCD 阵列的中心与望远镜光轴的调整是正确的,ATR 方式测得的水平方向和垂直角可从 CCD 阵列上图像的位置直接计算出来。

2. 测量过程

(1) 搜索:首先手动给出概略位置,启动 ATR 后,全站仪以螺旋扫描的方式搜索目标(图 3.2.4(b))。当发现目标以后,计算出十字丝中心与返回图像中心的偏移值(图 3.2.4(c)),给出改正后的水平、垂直角度读数。偏移值控制全站仪马达又一次驱使望远镜转动,使其更加接近正确的角度值位置。

(2) 照准:当控制系统驱使望远镜去不断地接近棱镜的中心,当偏离值小于允许的限差时,全站仪再次测量图像中心相对十字丝中心的偏离值,然后计算并输出最后的水平和垂直角度测量值,同时能保证最高的测距精度。

(3) 记录与计算:根据最后的角度和距离值,计算三维坐标,并将所有测量数据存储。

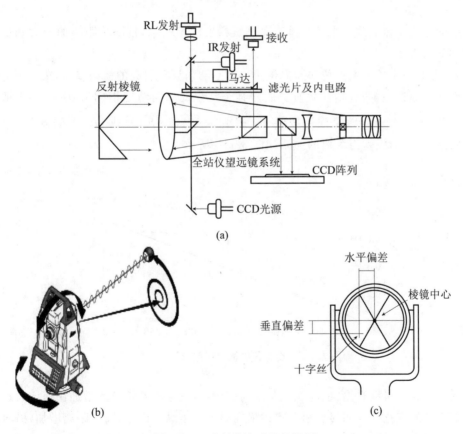

图 3.2.4 全站仪自动目标识别

3.2.4　测量精度分析

全站仪距离测量方式以及相应的误差改正参见 2.2.2 小节。

根据全站仪坐标计算公式(3.2.1)，按照误差传播定律可得到 P 点的平面点点位精度和高程精度分别为：

$$
\begin{cases}
M_{P'} = \pm \sqrt{\left(\dfrac{S \cdot \cos\beta \cdot m_\alpha''}{\rho''}\right)^2 + \cos^2\beta \cdot m_S^2 + \left(\dfrac{S \cdot \sin\beta \cdot m_\beta''}{\rho''}\right)^2} \\[4mm]
M_Z = \pm \sqrt{\left(\dfrac{S \cdot \cos\beta \cdot m_\beta''}{\rho''}\right)^2 + \sin^2\beta \cdot m_S^2}
\end{cases}
\tag{3.2.2}
$$

当 β 较小且边长较短时，式(3.2.2)可简化为

$$
\begin{cases}
M_{P'} = \pm \sqrt{\left(S \cdot \dfrac{m_\alpha'}{\rho''}\right)^2 + m_S^2} \\[4mm]
M_Z = \pm S \cdot \dfrac{m_\beta''}{\rho''}
\end{cases}
\tag{3.2.3}
$$

式中，m_S 为距离测量精度，S 为斜距；β 为垂直角；m_β 为垂直角测量精度，m_α 为水平角测量精度。

平面点位误差受到水平角和垂直角测量精度的影响，而且随着距离的增大和垂直角的增加而增大。

式(3.2.3)中的平面点位误差右侧第一项是测角误差引起的横向误差，第二项为测边误差引起纵向误差，两者相互垂直。假定某全站仪的测角精度指标为 $0.5''$，测距精度指标为 $0.6\mathrm{mm}+1\mathrm{ppm}$。测距误差按照 $m_{S1} = \pm \sqrt{a^2+(b \cdot S_{km})^2}$ 或 $m_{S2} = a + b \cdot S_{km}$ 计算。则横向误差、纵向误差与距离的关系如图 3.2.5 所示。

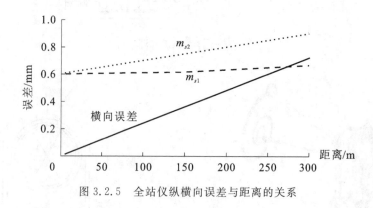

图 3.2.5　全站仪纵横向误差与距离的关系

从图 3.2.5 可以看出：横向误差与距离成正比，它会随着距离的增加快速增大。纵向误差随距离的变化并不明显。短距离内横向误差小于纵向误差，随着距离增加，横向误差会逐渐超过纵向误差。因此，短距离内点位的平面位置精度主要受到测距精度的影响；长距离点位的平面位置精度则主要受测角精度的影响。

点位的高程精度受到距离长度和垂直角大小及其测量精度的影响(参见 2.6.2 小节)。

全站仪极坐标测量系统的精度随距离变化比较缓慢。在百米左右范围内,点位误差基本来源于仪器的测距固定误差,测点精度比较均匀,但精度不及经纬仪测量系统。现场作业的灵活性方面明显要优于经纬仪测量系统。

3.2.5　全站仪自由设站

在工业测量中,一方面,很多场景的工作空间不大,对中误差对短距离测角测距影响很大;另一方面,在现场地面上标记点位,很多情况下不允许,也容易被破坏,且地面控制点间通视也是常常遇到的实际问题。为此,工业测量中常常会将控制点固定在稳定的墙上或者柱子上。这样,不论是进行细部测量还是全站仪转站,都可以采用自由设站的方式完成。

根据现场条件,在容易通视且不受干扰的柱子或者墙面或者地面上布设一定数量的控制点(至少 3 个),固定并安放棱镜,建立工程坐标系,测量其三维坐标。全站仪自由设站就是在地面合适的地方架设全站仪,整平(也可以不整平,但后续数据处理会更复杂),依次观测其中至少 3 个控制点的斜距、水平方向和垂直角,列出水平方向、斜距和垂直角等观测值的误差方程式,通过平差处理获取全站仪中心的三维坐标和水平度盘零方向的坐标方位角(或定向角)这 4 个参数,就确定了全站仪位置和姿态,如图 3.2.6 所示。在获得全站仪位置参数和定向参数后,全站仪可以统一地在工程坐标系下开始新一站的测量工作。

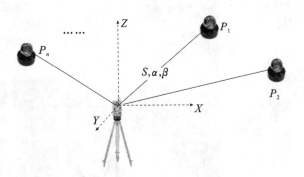

图 3.2.6　全站仪自由设站测量

全站仪自由设站原理也可以从三维坐标系变换解释。控制点在工程坐标系(或者前一个坐标系)下的坐标是已知的。全站仪安置完成后,测量到这些控制点的斜距、水平方向和垂直角,转换成其在全站仪坐标系下的三维坐标。这些控制点有两套空间坐标系的坐标。将之作为公共点即可计算全站仪坐标系到工程坐标系的转换参数,也就是全站仪在工程坐标系下的位置和姿态,具体见 4.3 节。

激光扫描仪测量、激光跟踪仪测量和关节臂式测量机的转站测量和控制网建立等都采用了全站仪自由设站原理,大大地方便了现场测量工作,提高了工作效率。

3.2.6　系统特点与工程应用

全站仪是个单机系统,即架即测,操作简单、灵活、快捷,测量范围大,精度相对均匀,能实现跟踪和自动化测量。但受限于其测距精度,其三维点位精度一般在 0.5mm@50m 左右(对测距固定误差为 0.5mm 的全站仪)。在大范围控制网建立、形状测量、形位检测等方面有大量应用(见图 3.2.7)。

(1) 在线质量控制:大型零件在线检测降低生产成本,有效减少部件的几何检测工作量。

(2) 自动化测量:大批量的生产需要定期对加工设备进行检查。如对造纸业中辊轴和卷轴的直线度的重复自动检查。

(3) 单人远程控制:通过无线电控制和自动照准测量,提高大型钢结构装配的生产效率。

(4) 大型控制网测量:充分利用全站仪高精度的角度测量功能和长距离测距能力,辅助激光跟踪仪建立大型粒子加速器的环形控制网以及其他大范围工程控制网。

(5) 质量检测:利用全站仪的测量高效率特性,检测大型天线和闸门的形状与变形。

图 3.2.7　工业型全站仪应用

3.3　工业摄影测量系统

自从 1839 年摄影术诞生起,就开始了用像片进行各种测量的应用与研究。围绕着提高精度这一测量中的永恒主题,摄影测量学经过模拟摄影测量阶段(1900—1960)、解析摄影测量阶段(1950—1980),现在已进入数字摄影测量阶段(1980—),有非常完备的高精度测量的理论和方法体系。摄影测量按其用途,可分为地形摄影测量(地形图、传统 4G 产品等)和非地形摄影测量(其他用途)。按距离可分为航天摄影测量(>160km)、航空摄影测量(2km~30km)、地面摄影测量(100m~300m)、近景摄影测量(<100m)和显微摄影测量。将近景摄影测量的理论与方法用于工业产品质量检验、过程控制中,就产生了工业摄影测量。因此,工业摄影测量在理论与方法上完全等同于近景摄影测量,只是摄影距离更短,实时性和精度要求更高。

3.3.1 系统组成

工业摄影测量系统主要由如图 3.3.1 所示的摄像机、计算机与软件、标志点以及基准尺组成。

图 3.3.1 工业摄影测量系统组件

1. 摄像机

摄影测量首先需要成像设备——摄像机或相机。按照测量功能可以分为量测相机、半量测相机、非量测相机;按照摄影设备的结构可以分成模拟相机和数码相机;按照摄影作业方法可以分为单个相机和立体相机。

1)模拟相机

模拟相机拍摄的影像在软片或者硬板上。高精度工业测量中采用的模拟量测相机具有像幅大(115mm×115mm 到 230mm×230mm)、镜头畸变小、结构稳定等特点,可以达到 1/200000 的相对精度。图 3.3.2 展示了几款典型的高精度模拟相机。随着现有数字技术的发展,模拟相机已经被淘汰。

Rolleiflex 6006   GSI CRC-2   Zeiss UMK1318   Wild P31   立体模拟相机

图 3.3.2 模拟相机

2）数码摄像机

数码摄像机能通过光电传感器(CCD/CMOS 传感器)获取物体影像。影像通过硬件进行数字化,以数字图像的方式直接传送到计算机。数码相机以其体积小、重量轻、像元几何位置精度高以及便利的数字图像获取、存储、传输等优点,目前已成为工业摄影测量的基本设备。尤其是随着计算机视觉技术的发展,其应用越来越广泛。

现阶段使用的数码摄像机主要是单反相机(非量测相机)和专用的量测相机。量测相机是专门为工业测量研制的,具有高像素分辨率、大像幅、机械结构稳定、畸变小、闪光照明均匀等特点。图 3.3.3 是常见的几款应用于工业测量的数码摄像机(一般高档单反相机是常用的非量测相机。CIM 系列是辰维科技研制的智能工业摄影量测相机,INCA 系列是美国 GSI 公司研制的智能工业摄影量测相机)。

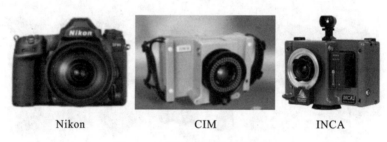

Nikon　　　　CIM　　　　INCA

图 3.3.3　高分辨率数码摄像机

2. 计算机与软件

摄影影像通过在线或者离线的方式传送到计算机,由摄影测量数据处理软件处理,其解算原理几乎采用了共线条件方程式。对于高精度静态测量,采用的是单相机的离线处理。对于动态测量与跟踪,采用的是双目相机的在线处理。其中,在线处理需要控制软件能够对摄像机实现同步控制、快速结果解算和及时输出反馈。

3. 摄影测量标志

摄影测量标志的广泛使用是工业摄影测量的一个特点,它是获取高精度测量结果的基础。为了便于计算机自动识别与处理,摄影测量的标志基本都是高反差的圆形标志。为了方便不同的应用场合,工业摄影测量中常用以下四种标志。

1）普通高反光标志

普通高反光标志是圆形的回光反射标志 RRT(Retro-Reflective Targets),能粘贴在物体表面。其反射原理是:在反射材料中含有一种只有数十微米直径的高折射率玻璃微珠或者微晶体立方体,能将入射光按照原路反射回光源处,形成回光反射现象。因此,回光反射标志在特定位置光源的照射下,其反射强度比漫反射白色标志高出数百倍到数千倍,可以轻松得到被测物体清晰而突出的"准二值影像"。借助于图像处理可快速而准确地测定其几何位置。"准二值影像"大量应用于实时摄影测量和高精度数字摄影测量中,如图 3.3.4 所示。

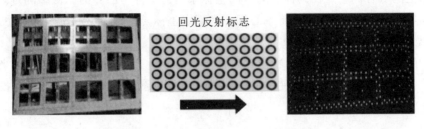

图 3.3.4 回光反射标志与二值影像

2）编码标志

对普通标志进行编码,使其具有唯一的编号信息,方便软件对这些标志实现自动识别和快速匹配。编码标志有很多类,在摄影测量中主要有两类:同心圆环形和点分布型,如图 3.3.5 所示。编码标志可以直接粘贴在物体表面。为了编码标志的重复使用和快速布设,将其贴在薄磁片上,可直接吸附在金属表面。

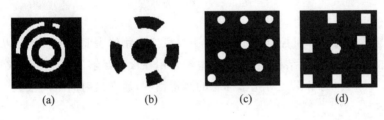

(a)　　　　(b)　　　　(c)　　　　(d)

图 3.3.5 编码标志

3）偏心标志

为了测定某些特殊点或者隐蔽点的空间坐标,可使用能够传递坐标的偏心标志,如图 3.3.6 所示。

图 3.3.6 偏心标志

偏心标志上一般至少有三个标志点,用于定义偏心标志的空间坐标系。标志点可以是被动反光或者主动发光。偏心标志的底部分为针尖状和圆球状,用以测量不同特征点。

偏心标志上的所有标志点在其标志的空间坐标系中的坐标是已知的。摄影测量获取标志点的坐标后,通过坐标变换即可将偏心标志底部点坐标转换到摄影测量坐标系中。

4)光学标志

前文的三种标志的一个重要特点都是需要接触物体,是一种接触式测量。当被测物体不允许有任何接触时,就需要使用另外一种人工摄影测量标志——采用光学投影器投出的光学标志(见图 3.3.7)。

(a)

(b)

图 3.3.7　结构光标志

利用投影器或者计算机控制的 LCD 投影仪可以在物体表面产生任意形状的样本,如圆点、直线、格网等,也称为结构光投影器,也经常用在没有足够的自然表面纹理的测量对象上(详见 3.4 节)。为了保证对光学标志的测量精度,通常投射的距离很近。

4. 基准尺

摄影测量确定点的三维坐标的实质是基于角度测量前方交会(见 3.1.3 小节),需要尺度基准。因此,在拍摄时需要借助基准尺确定摄影测量系统的尺度。基准尺是长约 0.5m 的碳纤维尺,测量时可根据需要由多根基准尺组合成不同的长度。

3.3.2　测量原理

基于摄影测量获取空间点三维坐标最基本原理就是空间前方交会,采用的模型就是共面条件方程和共线条件方程。其他一些解析处理方法基本上都是由这两个模型发展起来的。用于精密坐标计算时采用的都是共线条件方程式。

1. 常用的坐标系

工业摄影测量常用的坐标系有四种(见图 3.3.8):

(1)物方空间坐标系 $D\text{-}XYZ$:主要用于定义被测目标的空间位置、状态等。它是根据工程的具体情况确定的,坐标原点和坐标方向由用户根据需要定义。

(2)像平面坐标系 $o\text{-}xy$:以像主点(一般位于像片中央)为坐标原点,x 轴平行于相框长方向。它用于定义像点在像平面上的位置,其坐标有物理长度单位,一般用 mm。它可以定义在模拟像片上,也可以定义在数码像片上。像平面坐标系与摄像机固连。

如图 3.3.9 所示,通过下面三种方式确定像平面坐标系:

① 框标坐标系(图 3.3.9(a)):框标坐标系由至少 4 个经过检校的理论坐标点确定。这些点是在摄影瞬间投影到像片上的。4 个点的连线组成坐标轴,交点为原点。框标主

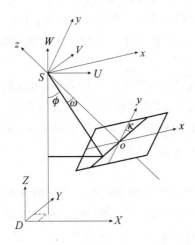

图 3.3.8　摄影测量的坐标系

要在模拟像片中采用。

　　② 格网坐标系(图 3.3.9(b)):格网坐标系是在一块很薄的平面玻璃板上刻画的格网线,格网正中间为原点,坐标轴平行于格网线。每个格网点的坐标已知,在摄影瞬间投影到像片上。像片的偏差或者变形可以通过格网计算加以补偿。主要在模拟像片中采用。

　　③ 像素坐标系(图 3.3.9(c)):像素坐标系的原点位于像片左上角,坐标轴方向平行于像素格。像素在数码像片中矩阵排列,是构成影像的最小单位"像素"(Pixel)。像素坐标只是一个数字,没有物理单位。要把像素坐标系转换成像平面坐标系,需要根据像素的物理尺寸进行平移和缩放。

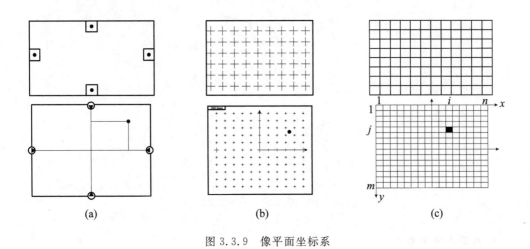

(a)　　　　　　　　　(b)　　　　　　　　　(c)

图 3.3.9　像平面坐标系

　　(3) 像空间坐标系 $S\text{-}xyz$:就是相机自身的三维坐标系:坐标系原点是摄影中心,x 轴

和 y 轴平行于像平面坐标系，z 轴与摄影光轴重合。

（4）像空间辅助坐标系 $S\text{-}UVW$：一种过渡坐标系，用于联系物方空间坐标系和像空间坐标系。原点位于摄影中心，坐标轴平行于物方空间坐标轴方向。

2. 内方位元素和外方位元素

在一个给定的空间直角坐标中，作为中心投影，当摄像机拍摄的瞬间，每个物方点经过镜头投影中心成像在像片上。也就是说，每一条光线都具有确定的空间状态。而确定光线空间状态的参数，可以分为内方位元素和外方位元素，或者叫做内定向参数和外定向参数。

1）内方位元素

一个摄像机的内方位元素描述投影中心在摄像机固有像平面坐标系中的位置和中心透视畸变偏差。因此，摄像机可看作一个空间坐标系，该坐标系由像平面和物镜的投影中心组成。内方位元素的参数包括：

（1）摄影中心在像平面内的投影点——像主点的位置，用 (x_0, y_0) 表示；

（2）摄影中心到像平面的垂直距离——主距 f；

（3）镜头关系不正确导致的光线弯曲——镜头畸变，分为径向畸变和切向畸变。

这些内方位元素参数可通过摄像机检校确定。

2）外方位元素

外方位元素是确定光束在给定的物方空间坐标系 $D\text{-}XYZ$ 中的位置和朝向的参数。光束的位置参数就是摄影中心 S 在 $D\text{-}XYZ$ 中的空间坐标 (Xs, Ys, Zs)；光束的朝向参数则通过像空坐标系与物方空间坐标系之间的三个旋转角 $(\varphi, \omega, \kappa)$ 来描述：将 $S\text{-}xyz$ 依次绕 Sz 轴转 κ、绕 Sx 轴转 ω、绕 Sy 轴转 φ，得到与 $D\text{-}XYZ$ 平行的坐标系。因此，外方位元素有 6 个，如图 3.3.10 所示。

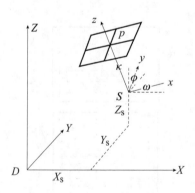

图 3.3.10　外方位元素的几何意义

3. 共面条件方程式

由一台在两个不同的位置或者两台摄像机对物体同一部位进行摄影，获取两张不同角度所拍摄的像片，它们构成了一个立体像对。

如图 3.3.11 所示,物方点 P 在两张像片的成像点分别为 p_1 和 p_2,它们是同名像点。S_1P、S_2P 称为同名光线;物方点 P、两个摄影中心 S_1 和 S_2 三点共面,该平面就是物方点 P 的核面。核面与像平面的交线 l_1、l_2 叫做同名核线。

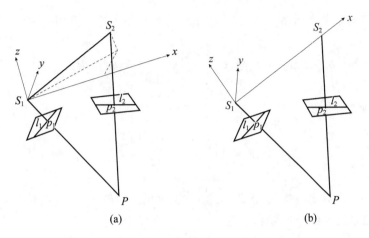

图 3.3.11　像对相对几何关系

显然,摄影基线、同名光线、同名核线等都在一个平面内。利用这个内在的几何关系,可以直接构建被测物体的相似几何模型。

对于给定的一空间直角坐标,要确定一个立体像片对,需要 12 个外方位元素,即左片的 $(X_{S_1},Y_{S_1},Z_{S_1},\varphi_1,\omega_1,\kappa_1)$ 和右片的 $(X_{S_2},Y_{S_2},Z_{S_2},\varphi_2,\omega_2,\kappa_2)$。这些外方位元素包含了相对方位元素和绝对方位元素。这里只需要用相对方位元素用来确定两相邻像片的相对位置。当选取的像空间辅助坐标系不同时,相对方位元素也有所不同。

两张像片的相对关系为:

$$\begin{cases} b_x = X_{S_2} - X_{S_1} \\ b_y = Y_{S_2} - Y_{S_1} \\ b_z = Z_{S_2} - Z_{S_1} \\ \Delta\varphi = \varphi_2 - \varphi_1 \\ \Delta\omega = \omega_2 - \omega_1 \\ \Delta\varphi = \kappa_2 - \kappa_1 \end{cases} \qquad (3.3.1)$$

如果不考虑立体模型的比例尺,因三个线元素是成比例的,通常就不顾及 b_x,认为一个立体模型的相对定向参数有 5 个。式(3.3.1)右边 10 个独立量是相互关联的。

如图 3.3.11(a),选择第一张像片的像空直角坐标 S_1-xyz 作为参考坐标系,则 5 个定向参数是 $b_y,b_z,\varphi_2,\omega_2,\kappa_2$。这相当于像对的右片坐标系相对于左片坐标系做相对运动。这种模式称为连续法相对定向。

如图 3.3.11(b),以 S_1 为原点,以两张像片摄影中心连线作为 x 轴形成的右手直角坐标系作为参考坐标系,则 5 个定向参数是 $\varphi_1,\kappa_1,\varphi_2,\omega_2,\kappa_2$。这时相当于对左、右像片做相对姿态调整。这种模式称为单独法相对定向。

不论哪种模式,只要这 5 个参数正确,则摄影基线和同名光线满足共面条件,即矢量 S_1S_2、S_1p_1、S_2p_2 的混合积为零:

$$S_1S_2 \cdot (S_1p_1 \times S_2p_2) = 0$$

根据选定的参考坐标系不同,三个矢量的分量也不一样。通用公式为:

$$S_1S_2 = \begin{bmatrix} b_x \\ b_y \\ b_z \end{bmatrix}, S_1p_2 = R_{左}\begin{bmatrix} x_1 \\ y_1 \\ -f \end{bmatrix} = \begin{bmatrix} u_1 \\ v_1 \\ w_1 \end{bmatrix}, \quad S_2p_2 = R_{右}\begin{bmatrix} x_2 \\ y_2 \\ -f \end{bmatrix} = \begin{bmatrix} u_2 \\ v_2 \\ w_2 \end{bmatrix}$$

写成行列式就是:

$$\boldsymbol{F} = \begin{vmatrix} b_x & b_y & b_z \\ u_1 & v_1 & w_1 \\ u_2 & v_2 & w_2 \end{vmatrix} = \boldsymbol{0} \tag{3.3.2}$$

根据选定的相对定向参数,将式(3.3.2)线性化。一般来讲,连续法相对定向更加通用。连续法相对定向的条件方程式为:

$$F = F_0 + \Delta F = F_0 + \frac{\partial F}{\partial \varphi}\Delta\varphi + \frac{\partial F}{\partial \omega}\Delta\omega + \frac{\partial F}{\partial \kappa}\Delta\kappa + \frac{\partial F}{\partial b_y}\Delta b_y + \frac{\partial F}{\partial b_z}\Delta b_z = 0 \tag{3.3.3}$$

利用一个像对中至少 5 对同名点,就可以解算像对的 5 个相对定向参数。

对有一定重合度的一组像片完成连续相对定向后,就统一到一个模型坐标系中,所有像片的 6 个外方位元素均已知,同时在已知内方位元素后,就可计算物点的三维坐标。对于一对相邻像片,假设其上有物方点 P,其三维坐标(X_P,Y_P,Z_P)的计算过程为:

(1)量测物点 P 在该相邻两张像片中的像点坐标(x_1,y_1),(x_2,y_2);

(2)根据式(3.3.1)计算相邻像片的基线分量 b_x,b_y,b_z;

(3)根据两张像片的外方位角元素计算两个像点的像空辅助坐标(X_1,Y_1,Z_1),(X_2,Y_2,Z_2);然后计算投影系数 $N_1 = (b_xZ_2 - b_zX_2)/(X_1Z_2 - X_2Z_1)$;

(4)计算 P 点的三维坐标:$X_P = X_{S1} + N_1X_1$,$Y_P = Y_{S1} + N_1Y_1$,$Z_P = Z_{S1} + N_1Z_1$。

基于共面条件方程解算的物方坐标是一个没有实际比例的、以第一张像片的像空坐标系为模型坐标系的坐标。如果需要绝对定向,则可利用至少三个物方空间点,共解算 7 个参数:三个平移、三个旋转和一个比例尺,将模型坐标系转换到物方空间坐标系中。

4. 共线条件方程式

共线条件方程式是针对单张像片而言的,来源于光线直线传播原理。就是说,摄影瞬间的物方点、摄影中心和相应的像点在一条直线上,即三点共线。工业摄影测量的解算均基于共线条件方程式,是摄影测量最重要的解析关系式。

如图 3.3.12 所示,$D\text{-}XYZ$ 为物方空间坐标系,$S\text{-}xyz$ 为像方空间坐标系,两坐标系轴之间存在三个旋转角(φ,ω,κ)和平移量(Xs,Ys,Zs)。物方点 P 的像点 p 在像平面坐标系的坐标为$(\overline{x},\overline{y})$,$f$ 为摄影机主距。根据像空间坐标系的定义,p 在像空间坐标系坐标为$(\overline{x},\overline{y},-f)$。

P 点的像空间坐标系坐标$(\overline{x},\overline{y},-f)$经旋转和平移,转换成在物方空间坐标系下的

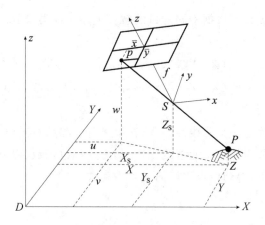

图 3.3.12 三点共线的几何意义

坐标。像点、摄影中心和物方点三点共线,共线条件方程式:

$$\begin{cases} \bar{x} = -f\dfrac{a_1(X-X_s)+b_1(Y-Y_s)+c_1(Z-Z_s)}{a_3(X-X_s)+b_3(Y-Y_s)+c_3(Z-Z_s)} \\[3mm] \bar{y} = -f\dfrac{a_2(X-X_s)+b_2(Y-Y_s)+c_2(Z-Z_s)}{a_3(X-X_s)+b_3(Y-Y_s)+c_3(Z-Z_s)} \end{cases} \tag{3.3.4}$$

式中,(Xs,Ys,Zs) 为摄影中心 S 在物方空间坐标系下的坐标。$(a_i,b_i,c_i),i=1,2,3$ 为像空坐标轴依次绕 Y 轴选择 φ、绕 X 轴选择 ω、绕 Z 轴旋转 κ 后的总旋转矩阵,且

$$\begin{cases} a_1 = \cos\varphi\cos\kappa - \sin\varphi\sin\omega\sin\kappa \\ a_2 = -\cos\varphi\sin\kappa - \sin\varphi\sin\omega\cos\kappa \\ a_3 = -\sin\varphi\cos\omega \\ b_1 = \cos\omega\sin\kappa \\ b_2 = \cos\omega\cos\kappa \\ b_3 = -\sin\omega \\ c_1 = \sin\varphi\cos\kappa + \cos\varphi\sin\omega\sin\kappa \\ c_2 = -\sin\varphi\sin\kappa + \cos\varphi\sin\omega\cos\kappa \\ c_3 = \cos\varphi\cos\omega \end{cases} \tag{3.3.5}$$

事实上,测量像平面坐标的坐标系原点与像主点是不重合的,存在偏差值 (x_0,y_0)。同时,物镜存在畸变以及像点坐标量测仪存在的线形误差等,也会使像点位置产生系统偏差 $(\Delta x,\Delta y)$。它们会使上述三点共线条件不能严格成立。在考虑这些因素后,实际在像点量测仪上量测的像点坐标 (x,y) 应该满足的共线条件方程式为:

$$\begin{cases} x - x_0 + \Delta x = -f\dfrac{a_1(X-X_s)+b_1(Y-Y_s)+c_1(Z-Z_s)}{a_3(X-X_s)+b_3(Y-Y_s)+c_3(Z-Z_s)} \\[3mm] y - y_0 + \Delta y = -f\dfrac{a_2(X-X_s)+b_2(Y-Y_s)+c_2(Z-Z_s)}{a_3(X-X_s)+b_3(Y-Y_s)+c_3(Z-Z_s)} \end{cases} \tag{3.3.6}$$

式中,(x,y) 是像点在像平面坐标系的坐标,(x_0,y_0) 为像主点在像平面坐标系的坐标。

共线条件方程式(3.3.6)表述像片的内方位元素、外方位元素、系统误差改正参数、物

方坐标和像点坐标的关系。根据不同的目的解算上述不同类参数。改写成一般的函数关系式为：

$$\begin{cases} x = F_x(X_S, Y_S, Z_S, \varphi, \omega, \kappa, x_0, y_0, f, X, Y, Z, C) \\ y = F_y(X_S, Y_S, Z_S, \varphi, \omega, \kappa, x_0, y_0, f, X, Y, Z, C) \end{cases} \tag{3.3.7}$$

式中，C 代表系统误差参数。

由于共线条件方程是一个非线性方程，在解算各类参数时需要线性化。将式(3.3.7)线性化并将各类参数分为外方位元素改正数、物方坐标改正数、内方位元素改正数和系统误差系数改正数等四类，得到像点坐标的误差方程式：

$$\begin{bmatrix} v_x \\ v_y \end{bmatrix} = \begin{bmatrix} a_{11} & a_{12} & a_{13} & a_{14} & a_{15} & a_{16} \\ a_{21} & a_{22} & a_{23} & a_{24} & a_{25} & a_{26} \end{bmatrix} \begin{bmatrix} \Delta X_S \\ \Delta Y_S \\ \Delta Z_S \\ \Delta \varphi \\ \Delta \omega \\ \Delta \kappa \end{bmatrix} + \begin{bmatrix} -a_{11} & -a_{12} & -a_{13} \\ -a_{21} & -a_{22} & -a_{23} \end{bmatrix} \begin{bmatrix} \Delta X \\ \Delta Y \\ \Delta Z \end{bmatrix}$$

$$+ \begin{bmatrix} a_{17} & a_{18} & a_{19} \\ a_{27} & a_{28} & a_{29} \end{bmatrix} \begin{bmatrix} \Delta f \\ \Delta x_0 \\ \Delta y_0 \end{bmatrix} + \begin{bmatrix} b_{11} & b_{12} & \cdots \\ b_{21} & b_{22} & \cdots \end{bmatrix} \begin{bmatrix} \Delta C_1 \\ \Delta C_2 \\ \vdots \end{bmatrix} + \begin{bmatrix} x - x^0 \\ y - y^0 \end{bmatrix} \tag{3.3.8}$$

式中，(x^0, y^0) 为根据各参数近似值计算的像点坐标近似值。误差方程式中的各系数需要根据参数的近似值计算得到，其具体表达式如下：

$$a_{11} = \frac{1}{\overline{Z}}[a_1 f + a_3(x - x_0)], a_{12} = \frac{1}{\overline{Z}}[b_1 f + b_3(x - x_0)], a_{13} = \frac{1}{\overline{Z}}[c_1 f + c_3(x - x_0)]$$

$$a_{21} = \frac{1}{\overline{Z}}[a_2 f + a_3(y - y_0)], a_{22} = \frac{1}{\overline{Z}}[b_2 f + b_3(y - y_0)], a_{23} = \frac{1}{\overline{Z}}[c_2 f + c_3(y - y_0)]$$

$$a_{14} = (y - y_0)\sin\omega - \left\{ \frac{x - x_0}{f}[(x - x_0)\cos\kappa - (y - y_0)\sin\kappa] + f\cos\kappa \right\}\cos\omega$$

$$a_{15} = -f\sin\kappa - \frac{x - x_0}{f}[(x - x_0)\sin\kappa + (y - y_0)\cos\kappa]$$

$$a_{16} = y - y_0$$

$$a_{24} = -(x - x_0)\sin\omega - \left\{ \frac{y - y_0}{f}[(x - x_0)\cos\kappa - (y - y_0)\sin\kappa] - f\sin\kappa \right\}\cos\omega$$

$$a_{25} = -f\cos\kappa - \frac{y - y_0}{f}[(x - x_0)\sin\kappa + (y - y_0)\cos\kappa]$$

$$a_{26} = -(x - x_0)$$

$$a_{17} = \frac{x - x_0}{f}, a_{18} = 1, a_{19} = 0$$

$$a_{27} = \frac{y - y_0}{f}, a_{28} = 0, a_{29} = 1$$

$$\overline{Z} = a_3(X - X_S) + b_3(Y - Y_S) + c_3(Z - Z_S)$$

当有足够数量物方控制点的三维坐标(已知值)和影像数量,并量测出控制点和待定点在所有影像上对应的像点坐标(观测值),就可以利用式(3.3.8)求解待定点三维坐标。

3.3.3 共线条件方程的解算模型

式(3.3.8)中有四类参数。在摄影测量中,根据工程目的和已知参数来解算未知参数。为此,产生了多种不同的解算模型。

1.单片空间后方交会

空间后方交会就是根据一张像片上一定数量的控制点的像点坐标(x,y)和对应的控制点物方坐标(X,Y,Z)计算该张像片的外方位元素、内方位元素以及附加参数的过程(图3.3.13)。由于像片间是相互独立的,因此,每张像片的参数可以单独解算。单片后方交会经常用于相机的标定以及为摄影测量前方交会提供已知参数。

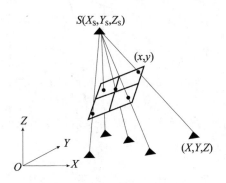

图 3.3.13　单片后方交会

对于某控制点的像点坐标,根据式(3.3.8),将控制点坐标视为真值且忽略待定点坐标项,误差方程式为:

$$\begin{bmatrix} v_x \\ v_y \end{bmatrix} = \begin{bmatrix} a_{11} & a_{12} & a_{13} & a_{14} & a_{15} & a_{16} \\ a_{21} & a_{22} & a_{23} & a_{24} & a_{25} & a_{26} \end{bmatrix} \begin{bmatrix} \Delta X_S \\ \Delta Y_S \\ \Delta Z_S \\ \Delta \varphi \\ \Delta \omega \\ \Delta \kappa \end{bmatrix} + \begin{bmatrix} a_{17} & a_{18} & a_{19} \\ a_{27} & a_{28} & a_{29} \end{bmatrix} \begin{bmatrix} \Delta f \\ \Delta x_0 \\ \Delta y_0 \end{bmatrix}$$

$$+ \begin{bmatrix} b_{11} & b_{12} & \cdots \\ b_{21} & b_{22} & \cdots \end{bmatrix} \begin{bmatrix} \Delta C_1 \\ \Delta C_2 \\ \vdots \end{bmatrix} + \begin{bmatrix} x - x^0 \\ y - y^0 \end{bmatrix} \tag{3.3.9}$$

如果同时解求内外方位元素,则共有9个参数,需要至少5个控制点。如果含系统误差参数,则需要更多的控制点数。实际中视选取的未知数,一般采用15个左右的控制点。

空间后方交会中参数的精度与下列因素有关:

(1) 空间上控制点的数量、质量以及分布;

（2）控制点的成像质量（像点形状、清晰度）、成像数量与分布；

（3）像点的量测精度。

2. 多片空间前方交会

空间前方交会主要是在已知至少两张像片的内、外方位元素和各项系统误差改正系数的前提下，根据物方待定点在这些像片上的像点坐标，解算物方待定点三维坐标的过程（见图 3.3.14）。

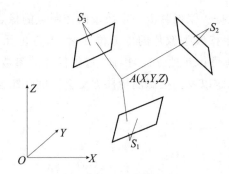

图 3.3.14 多片空间前方交会

根据式（3.3.8），将内外方位元素和系统误差系数视为已知值，可得到一个经系统误差改正后的像点误差方程式：

$$\begin{bmatrix} v_x \\ v_y \end{bmatrix} = \begin{bmatrix} -a_{11} & -a_{12} & -a_{13} \\ -a_{21} & -a_{22} & -a_{23} \end{bmatrix} \begin{bmatrix} \Delta X \\ \Delta Y \\ \Delta Z \end{bmatrix} + \begin{bmatrix} x - x^0 \\ y - y^0 \end{bmatrix} \tag{3.3.10}$$

当有一对（以上）同名像点时，就会有 4 个（以上）误差方程式，可解算 3 个未知数。由于各点是相互独立的，因此，解算时可以采用逐点解算的方式。

影响前方交会结果的精度因素如下：

（1）各个像片之间的几何构型，包括像片数量、摄站空间布局及交会角度；

（2）像点的成像质量（像点形状、清晰度）和像点量测精度；

（3）每张像片内、外方位元素以及附加参数的准确度。

3. 后交-前交坐标解算

将以上两个模型组合起来：先利用已有物方控制点通过后方交会模型解算所有相机的位置、姿态和内方位元素、畸变参数，再利用前方交会模型解算未知点的三维坐标。

这种坐标解算模式多用于双（多）目相机的动态跟踪测量，也用于精度要求不是特别高的静态点坐标解算。

4. 光束法平差

1）光束法平差过程

光束法平差就是一种把控制点的物方空间坐标及其像点坐标、待定点的像点坐标以及其他内外业测量数据一部分或者全部等视为观测值，以整体方式同时解求所有参数最或然值的解算方法。光束法平差的数据处理流程如图 3.3.15 所示。

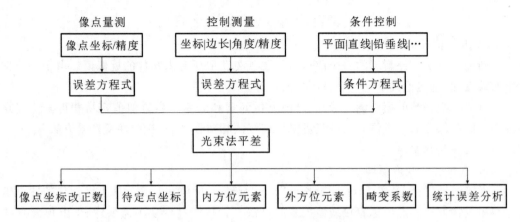

图 3.3.15 光束法平差的数据处理流程

光束法平差数学基础建立在共线条件方程式上。观测值除了像点坐标和控制点坐标外,还可以是边长、角度、平面条件等。在获取所有未知数的近似值基础上,建立所有像点坐标误差方程式(3.3.8),建立直线、平面等条件方程式以及其他观测值(边长、角度、坐标等)的误差方程式及其权阵,迭代计算,直到未知数增量达到规定的限值为止。迭代解算的主要结果有:

(1)每张像片的外方位元素(每片 6 个未知数);

(2)每个待定点的三维坐标(每个点 3 个未知数);

(3)每个相机的内方位元素(含畸变系数)(根据选项,每个相机有 3~9 个未知数)。

(4)精度评定结果。

2)相对控制

在工业摄影测量中,一般通过物方控制点坐标来确定整个摄影测量坐标系统。由于工业测量对象的特殊性,测量对象中会有很多内部相对几何关系,如已知长度、角度、平面、铅直面等。利用这种相对关系可以增加未知数间的约束,提高成果的精度和可靠性。这种控制叫做相对控制。下面给出了几种常见相对控制条件式。平差时需要对其进行线性化。线性化方程可以是条件式,也可以是权非常大的误差方程式。

① 边长相对控制:如已知 i,j 两点的边长 S_{i-j},则条件式为:

$$S_{i-j} = \sqrt{(X_j - X_i)^2 + (Y_j - Y_i)^2 + (Z_j - Z_i)^2}$$

② 直角相对控制:若 3 个点 i,j,k 点构成直角,j 为直角顶点,则条件式:

$$X_j^2 + Y_j^2 + Z_j^2 = X_i X_j + Y_i Y_j + Z_i Z_j + X_j X_k + Y_j Y_k + Z_j Z_k + X_k X_i + Y_k Y_i + Z_k Z_i$$

③ 直线相对控制:若 3 点 i,j,k 位于一条直线上,则条件式:

$$\frac{X_k - X_i}{X_j - X_i} = \frac{Y_k - Y_i}{Y_j - Y_i} = \frac{Z_k - Z_i}{Z_j - Z_i}$$

④ 铅直线相对控制:若点 i,j 位于一条铅直线上,则条件式:

$$X_i = X_j, Y_i = Y_j$$

⑤ 平面相对控制:若 4 个点 i,j,k,m 位于一个平面上,则平面条件式:

$$\begin{vmatrix} X_m - X_i & Y_m - Y_i & Z_m - Z_i \\ X_j - X_i & Y_j - Y_i & Z_j - Z_i \\ X_k - X_i & Y_k - Y_i & Z_j - Z_i \end{vmatrix} = 0$$

3) 近似值计算

利用光束法平差解算的一个前提就是要预先获取所有未知数的近似值。由于手持拍摄的随意性,近似值确定是一个较困难的任务。

对于一组完整的摄影测量像片,其内方位元素和畸变系数近似值容易获得。待定点近似坐标和像片的外方位元素一般可采用连续法相对模型、直接线性变换等方法获取。

5. 直接线性变换

1) 直接线性变换原理

直接线性变换 DLT(Direct Linear Transformation)解法是建立像点坐标仪的像点坐标和相应物方空间点坐标直接线性关系的算法。直接线性变换不需要内、外方位元素的初始值,避免了光束法平差的不足,特别适合于非量测相机的摄影测量数据处理。

从共线条件式(3.3.6)出发,假定式中的 $\Delta x, \Delta y$ 仅包含了像点坐标量测仪上两坐标轴不垂直误差 $d\beta$ 和像片纵横坐标比例尺不一致 ds 而引起的线性系统误差改正。如图 3.3.16 所示:像点坐标量测仪的坐标系 $c\text{-}xy$ 是非直角坐标系,两坐标轴不垂直度误差为 $d\beta$。像主点 O 在 $c\text{-}xy$ 坐标系中的坐标为 (x_0, y_0)。某像点 p 在 $c\text{-}xy$ 中的坐标为 (x, y),该坐标受到像点坐标量测仪的坐标轴不垂直 $d\beta$ 和坐标轴比例尺不一致 ds 的影响,p 在像片坐标系的正确坐标为 $p'(x, y)$,则

$$\begin{cases} \Delta x = (1 + ds)(y - y_0)\sin d\beta \\ \Delta y = [(1 + ds)\cos d\beta - 1](y - y_0) \end{cases} \tag{3.3.11}$$

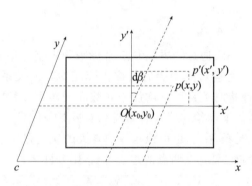

图 3.3.16 像点量测仪线性误差

将式(3.3.11)代入式(3.3.6)中,并用 f_x 替代 f,得到:

$$\begin{cases} x - x_0 + (1 + ds)(y - y_0)\sin d\beta + f_x \dfrac{a_1(X - X_S) + b_1(Y - Y_S) + c_1(Z - Z_S)}{a_3(X - X_S) + b_3(Y - Y_S) + c_3(Z - Z_S)} = 0 \\[3mm] y - y_0 + [(1 + ds)\cos d\beta - 1](y - y_0) + f_x \dfrac{a_2(X - X_S) + b_2(Y - Y_S) + c_2(Z - Z_S)}{a_3(X - X_S) + b_3(Y - Y_S) + c_3(Z - Z_S)} = 0 \end{cases}$$

$$\tag{3.3.12}$$

式中的 11 个独立参数分别是 6 个外方位元素：$X_S,Y_S,Z_S,\varphi,\omega,\kappa$；3 个内方位元素：$x_0$，$y_0,f_x$（摄影像片的 x 向主距）以及两个线性系统误差参数：$\mathrm{d}s,\mathrm{d}\beta$。

通过对式(3.3.12)展开、移项、合并等改化，可推导出像点坐标仪测量的坐标(x,y)与物方空间坐标(X,Y,Z)的关系式：

$$\begin{cases} x + \dfrac{L_1 X + L_2 Y + L_3 Z + L_4}{L_9 X + L_{10} Y + L_{11} Z + 1} = 0 \\[3mm] y + \dfrac{L_5 X + L_6 Y + L_7 Z + L_8}{L_9 X + L_{10} Y + L_{11} Z + 1} = 0 \end{cases} \tag{3.3.13}$$

该式即为直接线性变换。式中，L_1 至 L_{11} 是直接线性变换系数。

为公式表达简便，令：$\gamma_3 = -(a_3 X_S + b_3 Y_S + c_3 Z_S)$，$L_1$ 至 L_{11} 用 11 个摄影测量参数表达的函数关系如下：

$$\begin{cases} L_1 = \dfrac{1}{\gamma_3}(a_1 f_x - a_2 f_x \tan\mathrm{d}\beta - a_3 x_0), \quad L_2 = \dfrac{1}{\gamma_3}(b_1 f_x - b_2 f_x \tan\mathrm{d}\beta - b_3 x_0) \\[3mm] L_3 = \dfrac{1}{\gamma_3}(c_1 f_x - c_2 f_x \tan\mathrm{d}\beta - c_3 x_0), \quad L_4 = -(L_1 X_S + L_2 Y_S + L_3 Z_S) \\[3mm] L_5 = \dfrac{1}{\gamma_3}\left[\dfrac{a_2 f_x}{(1+\mathrm{d}s)\cos\mathrm{d}\beta} - a_3 y_0\right], \quad L_6 = \dfrac{1}{\gamma_3}\left[\dfrac{b_2 f_x}{(1+\mathrm{d}s)\cos\mathrm{d}\beta} - b_3 y_0\right] \\[3mm] L_7 = \dfrac{1}{\gamma_3}\left[\dfrac{c_2 f_x}{(1+\mathrm{d}s)\cos\mathrm{d}\beta} - c_3 y_0\right], \quad L_8 = -(L_5 X_S + L_6 Y_S + L_7 Z_S) \\[3mm] L_9 = \dfrac{a_3}{\gamma_3}, \quad L_{10} = \dfrac{b_3}{\gamma_3}, \quad L_{11} = \dfrac{c_3}{\gamma_3} \end{cases} \tag{3.3.14}$$

根据式(3.3.14)，反推 11 个摄影测量参数用 L 系数表达的函数关系如下：

（1）内方位元素与线性系统误差系数：

$$\begin{cases} x_0 = -\dfrac{L_1 L_9 + L_2 L_{10} + L_3 L_{11}}{L_9^2 + L_{10}^2 + L_{11}^2} \\[3mm] y_0 = -\dfrac{L_5 L_9 + L_6 L_{10} + L_7 L_{11}}{L_9^2 + L_{10}^2 + L_{11}^2} \end{cases} \tag{3.3.15}$$

$$\begin{cases} A = \dfrac{f_x^2}{\cos^2 \mathrm{d}\beta} = \dfrac{L_1^2 + L_2^2 + L_3^2}{L_9^2 + L_{10}^2 + L_{11}^2} - x_0^2 \\[3mm] B = \dfrac{f_x^2}{\cos^2 \mathrm{d}\beta (1+\mathrm{d}s)^2} = \dfrac{L_5^2 + L_6^2 + L_7^2}{L_9^2 + L_{10}^2 + L_{11}^2} - y_0^2 \\[3mm] C = \dfrac{-f_x^2 \sin\mathrm{d}\beta}{\cos^2 \mathrm{d}\beta (1+\mathrm{d}s)} = \dfrac{L_1 L_5 + L_2 L_6 + L_3 L_7}{L_9^2 + L_{10}^2 + L_{11}^2} - x_0 y_0 \\[3mm] \sin\mathrm{d}\beta = -\operatorname{sgn}(C)\sqrt{\dfrac{C^2}{AB}}, \quad \mathrm{d}s = \sqrt{\dfrac{A}{B}} - 1 \\[3mm] f_x = \sqrt{A}\cos\mathrm{d}\beta, \quad f_y = f_x/(1+\mathrm{d}s) \end{cases} \tag{3.3.16}$$

这里需要说明一点：f_x,f_y 不同于相机主距 f，从概念上讲，当坐标量测设备两轴长度单位一致或者像素长宽尺寸相同时，$f_x = f_y = f$。

（2）外方位元素：

$$\begin{bmatrix} X_s \\ Y_s \\ Z_s \end{bmatrix} = -\begin{bmatrix} L_1 & L_2 & L_3 \\ L_5 & L_6 & L_7 \\ L_9 & L_{10} & L_{11} \end{bmatrix}^{-1} \cdot \begin{bmatrix} L_4 \\ L_8 \\ 1 \end{bmatrix} \tag{3.3.17}$$

$$\frac{1}{\gamma_3^2} = L_9^2 + L_{10}^2 + L_{11}^2, \quad a_3 = \gamma_3 L_9 = \frac{L_9}{\sqrt{(L_9^2 + L_{10}^2 + L_{11}^2)}},$$

$$b_3 = \gamma_3 L_{10} = \frac{L_{10}}{\sqrt{(L_9^2 + L_{10}^2 + L_{11}^2)}}, \quad c_3 = \gamma_3 L_{11} = \frac{L_{11}}{\sqrt{(L_9^2 + L_{10}^2 + L_{11}^2)}} \tag{3.3.18}$$

$$b_2 = \frac{L_6 \gamma_3 + b_3 y_0}{f_x}(1 + ds)\cos d\beta, \quad b_1 = \frac{L_2 \gamma_3 + b_2 f_x \tan d\beta + b_3 x_0}{f_x}$$

$$\tan\varphi = -\frac{a_3}{c_3} \quad \sin\omega = -b_3 \quad \tan\kappa = \frac{b_1}{b_2}$$

注：在计算出 X_s、Y_s、Z_s 和 a_3、b_3、c_3 后，可以根据 $-(a_3 X_s + b_3 Y_s + c_3 Z_s)$ 重新计算出 γ_3，然后用该 γ_3 计算式（3.3.18）中的各个参数。

将 DLT 用于处理非量测相机照片时，由于非量测相机必须考虑到镜头畸变。根据实际经验，对于小幅非量测相机，习惯上取一次径向畸变误差 k_1（参见 3.3.5 小节）。顾及畸变改正的 DLT 方程为：

$$\begin{cases} x + k_1 r^2(x - x_0) + \dfrac{L_1 X + L_2 Y + L_3 Z + L_4}{L_9 X + L_{10} Y + L_{11} Z + 1} = 0 \\[3mm] y + k_1 r^2(y - y_0) + \dfrac{L_5 X + L_6 Y + L_7 Z + L_8}{L_9 X + L_{10} Y + L_{11} Z + 1} = 0 \end{cases} \tag{3.3.19}$$

式中，$r^2 = (x - x_0)^2 + (y - y_0)^2$，共有 12 个系数，这就需要不少于 6 个且不在一个平面的控制点才能解算。由于式中含有像主点的像坐标，因此，解算 DLT 系数时，需要迭代计算。

2）DLT 的解算过程

直接线性变换的解分两步完成：第一步就是每片用至少不位于一个平面的 6 个控制点解算该片的 11 个 L 系数和 1 个径向畸变系数，这个过程是逐片求解的。第二步就是用至少两张像片求解物方点空间坐标。因此，它也是另外一种后交—前交模型。式（3.3.19）中系数求解涉及畸变系数 k_1 和内方位元素 (x_0, y_0)，解算时需要进行迭代计算。尽管如此，其线性化过程比共线条件线性化要简单很多。具体步骤如下：

（1）L 系数近似值求解：

每个控制点的像点观测值可以列两个误差方程式。因此，首先选取 6 个控制点，选择其中的 11 个方程，按照下式计算 L 的近似值（为了获得更好的近似值，也可以选用多个控制点）：

$$\begin{bmatrix} X_1 & Y_1 & Z_1 & 1 & 0 & 0 & 0 & 0 & x_1X_1 & x_1Y_1 & x_1Z_1 \\ 0 & 0 & 0 & 0 & X_1 & Y_1 & Z_1 & 1 & y_1X_1 & y_1Y_1 & y_1Z_1 \\ X_2 & Y_2 & Z_2 & 1 & 0 & 0 & 0 & 0 & x_2X_2 & x_2Y_2 & x_2Z_2 \\ 0 & 0 & 0 & 0 & X_2 & Y_2 & Z_2 & 1 & y_2X_2 & y_2Y_2 & y_2Z_2 \\ \vdots & \vdots & \vdots & \vdots & \vdots & \vdots & \vdots & \vdots & \vdots & \vdots & \vdots \\ X_6 & Y_6 & Z_6 & 1 & 0 & 0 & 0 & 0 & x_6X_6 & x_6Y_6 & x_6Z_6 \end{bmatrix} \cdot \begin{bmatrix} L_1 \\ L_2 \\ L_3 \\ L_4 \\ L_5 \\ L_6 \\ L_7 \\ L_8 \\ L_9 \\ L_{10} \\ L_{11} \end{bmatrix} + \begin{bmatrix} x_1 \\ y_1 \\ x_2 \\ y_2 \\ \vdots \\ x_6 \end{bmatrix} = 0$$

（2）引入镜头畸变系数,精确求解 L 系数值:

利用 L 近似值按式(3.3.15)计算主点坐标 (x_0, y_0) ,引入畸变系数 k_1 。

令: $A = XL_9 + YL_{10} + ZL_{11} + 1$,得到每个像点坐标观测值的误差方程式:

$$v_x = \frac{-1}{A}[XL_1 + YL_2 + ZL_3 + L_4 + xXL_9 + xYL_{10} + xZL_{11} + A(x - x_0)r^2 k_1 + x]$$

$$v_y = \frac{-1}{A}[XL_5 + YL_6 + ZL_7 + L_8 + yXL_9 + yYL_{10} + yZL_{11} + A(y - y_0)r^2 k_1 + y]$$

n 个像点误差方程式和未知数的解,用矩阵表示:

$$V = ML + W$$

$$L = -(M^{\mathrm{T}}M)^{-1}M^{\mathrm{T}}W$$

其中, $V = \begin{bmatrix} v_{x_1} \\ v_{y_1} \\ \vdots \\ v_{x_n} \\ v_{y_n} \end{bmatrix}$, $L = \begin{bmatrix} L_1 \\ L_2 \\ \vdots \\ L_{11} \\ k_1 \end{bmatrix}$, $W = -\begin{bmatrix} x_1/A_1 \\ y_1/A_1 \\ \vdots \\ x_n/A_n \\ y_n/A_n \end{bmatrix}$

$$M = \begin{bmatrix} \dfrac{X_1}{A_1} & \dfrac{Y_1}{A_1} & \dfrac{Z_1}{A_1} & \dfrac{1}{A_1} & 0 & 0 & 0 & 0 & \dfrac{x_1X_1}{A_1} & \dfrac{x_1Y_1}{A_1} & \dfrac{x_1Z_1}{A_1} & (x_1-x_0)r_1^2 \\ 0 & 0 & 0 & 0 & \dfrac{X_1}{A_1} & \dfrac{Y_1}{A_1} & \dfrac{Z_1}{A_1} & \dfrac{1}{A_1} & \dfrac{y_1X_1}{A_1} & \dfrac{y_1Y_1}{A_1} & \dfrac{y_1Z_1}{A_1} & (y_1-y_0)r_1^2 \\ \vdots & \vdots & \vdots & \vdots & \vdots & \vdots & \vdots & \vdots & \vdots & \vdots & \vdots & \vdots \\ \dfrac{X_n}{A_n} & \dfrac{Y_n}{A_n} & \dfrac{Z_n}{A_n} & \dfrac{1}{A_n} & 0 & 0 & 0 & 0 & \dfrac{x_nX_n}{A_n} & \dfrac{x_nY_n}{A_n} & \dfrac{x_nZ_n}{A_n} & (x_n-x_0)r_n^2 \\ 0 & 0 & 0 & 0 & \dfrac{X_n}{A_n} & \dfrac{Y_n}{A_n} & \dfrac{Z_n}{A_n} & \dfrac{1}{A_n} & \dfrac{y_nX_n}{A_n} & \dfrac{y_nY_n}{A_n} & \dfrac{y_nZ_n}{A_n} & (y_n-y_0)r_n^2 \end{bmatrix}$$

通过多次迭代得到 L 的平差值。

（3）对待定点坐标进行畸变改正:

利用求得的 L 系数计算出 (x_0, y_0)，再利用畸变系数 k_1 即可对各片所有待定点的像点坐标进行畸变改正：

$$\begin{cases} x' = x + k_1(x - x_0) \cdot r^2 \\ y' = y + k_1(y - y_0) \cdot r^2 \end{cases}$$

（4）求解物方空间坐标：

对于某一个物方空间点，在 n 张像片上成像。第 k 张经畸变改正后的像点坐标为 (x'_k, y'_k) 且第 k 张像片 L 系数为 $L_1^k, L_2^k, \cdots, L_{11}^k$。选择其所有像点，按照下式组成误差方程式计算其物方空间坐标：

$$\begin{bmatrix} L_1^1 + x'_1 L_9^1 & L_2^1 + x'_1 L_{10}^1 & L_3^1 + x'_1 L_{11}^1 \\ L_5^1 + y'_1 L_9^1 & L_6^1 + y'_1 L_{10}^1 & L_7^1 + y'_1 L_{11}^1 \\ L_1^2 + x'_2 L_9^2 & L_2^2 + x'_2 L_{10}^2 & L_3^2 + x'_2 L_{11}^2 \\ L_5^2 + y'_2 L_9^2 & L_6^2 + y'_2 L_{10}^2 & L_7^2 + y'_2 L_{11}^2 \\ \vdots & \vdots & \vdots \\ L_1^n + x'_n L_9^n & L_2^n + x'_n L_{10}^n & L_3^n + x'_n L_{11}^n \\ L_5^n + y'_n L_9^n & L_6^n + y'_n L_{10}^n & L_7^n + y'_n L_{11}^n \end{bmatrix} \begin{bmatrix} X \\ Y \\ Z \end{bmatrix} + \begin{bmatrix} L_4^1 + x'_1 \\ L_8^1 + y'_1 \\ L_4^2 + x'_2 \\ L_8^2 + y'_2 \\ \vdots \\ L_4^n + x'_n \\ L_8^n + y'_n \end{bmatrix} = 0$$

DLT 完整的解算步骤如图 3.3.17 所示。

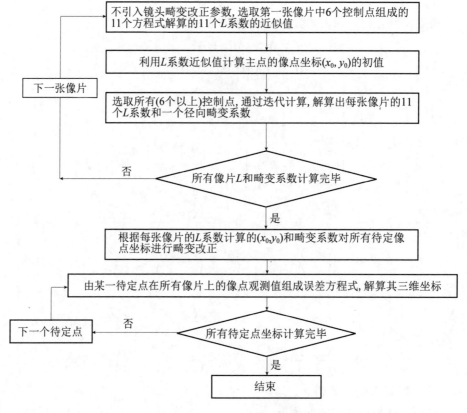

图 3.3.17　DLT 计算流程图

3)直接线性变换有关问题

(1)性质:直接线性变换是基于共线条件的解析处理方法。其解法是一种变通的后方交会(解算 L 系数)—前方交会(解算物方空间坐标)。理论上讲,直接线性解法没有光束法严密。

(2)要求:在使用直接线性变换解算时,所有控制点不能位于或者近似位于一个空间平面上,否则容易引起误差方程式相关。另外,摄影中心不能与物方空间坐标系原点重合,这两种情况都会导致解的不稳定甚至无解。

(3)精度:直接线性变换解法可以提供 1/5000 的摄影距离精度。影响精度的因素有:像点精度、摄影构型、控制点的数量与质量以及 DLT 本身的算法等。

(4)应用:用于中低精度的物方空间坐标解算;可为光束法严密平差提供内外方位元素和物方待定点坐标等的近似值;也可以用于摄像机标定。

6.单片解算模型

一般而言,可以通过单张像片内像点的平面坐标解算其对应的物方平面坐标,实现二维到二维的变换。在一些特殊前提下,通过单张像片也可以得到物方空间三维坐标。

1)二维到二维的变换

(1)投影变换法

对位于一个平面上的物方点进行测量,可以采用该方法。对于平面物体,可以在平面上建立一个伪三维坐标系:假设坐标系的 XY 平面平行于物体面,这样,Z 坐标为常数或 0。根据中心投影关系,平面上任意一点得物方坐标(X,Y)与其像点坐标(x,y)有如下关系式:

$$\begin{cases} x = \dfrac{a_0 + a_1 X + a_2 Y}{1 + c_1 X + c_2 Y} \\ y = \dfrac{b_0 + b_1 X + b_2 Y}{1 + c_1 X + c_2 Y} \end{cases} \tag{3.3.20}$$

式中,$a_0 \sim a_2$、$b_0 \sim b_2$、c_1、c_2 是 8 个待定系数。

使用时,用至少 4 个物方控制点及其像点坐标先解算出 8 个系数,然后,利用待定点的像点坐标(x,y)解算其物方空间坐标(X,Y)。这也等同于二维直接线性变换,即式(3.3.13)中 Z 为常数值的变换结果。

(2)位移视差法

位移视差法是保持相机不动而在不同时间拍摄的两幅单张影像,根据像点在两幅单张影像的变化计算其对应的平面物体上点位移的一种方法,也称为时间基线视差法。

假定被摄物体平面与像平面平行,这时光轴垂直于物体平面。当物平面上一动点 A,在时刻 1 位于 A_1 时拍摄照片,此时的像点为 $a_1(x_1,y_1)$(图 3.3.18(a));在时刻 2 运动到 A_2 时再拍摄照片,此时的像点为 $a_2(x_2,y_2)$(图 3.3.18(b))。将两次照片叠合起来,就呈现图 3.3.18(c)中情形。

假定相机主距为 f,距物平面距离为 Z,根据简单的相似关系可得,两个时刻间的物方点 A 在平面上的变形量为:

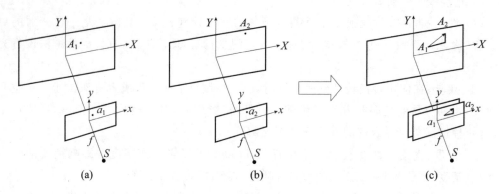

图 3.3.18　时间视差法测量

$$\begin{cases} \Delta X = \dfrac{Z}{f}(x_2 - x_1) \\ \Delta Y = \dfrac{Z}{f}(y_2 - y_1) \end{cases} \tag{3.3.21}$$

在拍摄两张像片时难以保证像片与物平面严格平行。这种情况下,可以利用物方相对控制(如已知长度条件)或者物方绝对控制(控制点坐标)予以纠正。当物点变形不大时,如果采用相同的相机、在相同的外部条件下拍摄,还可以自动消除像片畸变影响,达到很高的精度。

2) 二维到三维的变换——偏心标志变换法

图 3.3.19(a)是一种偏心标志,带有自定义坐标系,其上 7 个标志点在其坐标系下的坐标已知。测量时,保持摄像机固定不动,偏心标志尖端 P 每对准一个目标点,就拍摄一张像片。将偏心标志的标志点作为物方控制场,采用单片后方交会可建立每张像片的像空坐标系和偏心标志坐标系之间的转换关系。由于摄像机固定,像空坐标系保持不变,因此可以将不断变化的偏心标志坐标系转换到像空坐标系,利用这个转换关系将偏心标志尖端的测点统一到像空坐标系中。

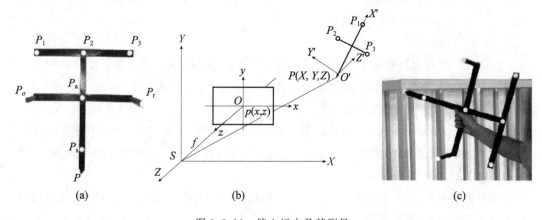

图 3.3.19　偏心标志及其测量

图 3.3.19(b)绘出了像空坐标系为 $S\text{-}XYZ$ 和偏心标志坐标系 $O'\text{-}X'Y'Z'$。测量前预先标定好摄像机的内方位元素和畸变系数对像点坐标进行改正。

如图 3.3.19(c)，用偏心标志尖端对准第一个目标点，拍摄第一张像片，利用偏心标志上的 7 个标志点，采用单片空间后方交会解算出第一张像片的 6 个外方位元素（X_{S_1}，Y_{S_1}，Z_{S_1}，φ_1，ω_1，κ_1）。移动偏心标志测量第 i 个点，拍摄并解算第 i 张像片解得其 6 个外方位元素（X_{S_i}，Y_{S_i}，Z_{S_i}，φ_i，ω_i，κ_i）。此时，第 i 张像片与第一张像片之间的相对关系为：

$$\begin{cases} \Delta X_S = X_{S_i} - X_{S_1} \\ \Delta Y_S = Y_{S_i} - Y_{S_1} \\ \Delta Z_S = Z_{S_i} - Z_{S_1} \\ \Delta\varphi = \varphi_i - \varphi_1 \\ \Delta\omega = \omega_i - \omega_1 \\ \Delta\kappa = \kappa_i - \kappa_1 \end{cases}$$

由于摄像机保持不动，所以这个变化相当于偏心标志第 i 个位置的坐标系相对于偏心标志第一个位置的坐标系之间的变换关系。假定偏心标志尖端 P 在偏心标志坐标系中的坐标为（X'_P，Y'_P，Z'_P），则测量第 i 个目标点时，目标点在像空坐标系的坐标为：

$$\begin{bmatrix} X_i \\ Y_i \\ Z_i \end{bmatrix} = \begin{bmatrix} \Delta X_S \\ \Delta Y_S \\ \Delta Z_S \end{bmatrix} + \begin{bmatrix} a_1 & b_1 & c_1 \\ a_2 & b_2 & c_2 \\ a_3 & b_3 & c_3 \end{bmatrix} \cdot \begin{bmatrix} X'_P \\ Y'_P \\ Z'_P \end{bmatrix} \tag{3.3.22}$$

式中，a_i，b_i，c_i 是 $\Delta\varphi$，$\Delta\omega$，$\Delta\kappa$ 的函数，具体见式(3.3.5)。

7. 双目立体相机解算模型

顾名思义，双目立体相机就是两个工业相机组成的一个三维摄影测量系统。由于只有两部相机的重合区域才能进行三维测量，因此测量视场受限、基线受限，精度没有单目相机高。但工业相机具有高频采样率，因此，双目立体相机非常适合局部运动物体的单点或多点跟踪测量。

双目立体相机的测量与数据处理流程如下：

(1) 对双目相机进行标定，得到两个相机的内外参数和单应矩阵（外方位元素的相对关系）；

(2) 根据标定结果对原始图像校正，校正后的两张图像位于同一平面且互相平行；

(3) 对校正后的两张图像进行像素点匹配；

(4) 根据匹配结果计算每个像素的深度，从而获得深度图，即三维坐标。

采用双目相机计算物方点坐标时，当相机标定后，在能够快速获取同名像点坐标的前提下，采用前方交会的方式获得物方点三维坐标。

3.3.4 影像匹配

由前可知，摄影测量的本质就是通过同名像点坐标和共线条件方程式完成物方三维坐标的解算。对于数字摄影测量的自动化解算而言，最核心的算法是自动获取像点坐标和自动匹配同名像点——影像匹配。

在对贴有摄影测量标志的物体完成拍摄后,为了进行各种解算,首先必须进行影像匹配。影像匹配包含两个内容,一是提取标志中心的像点坐标;二是找到同一个物点在不同影像中的像点(称这些像点为同名点)。完成影像匹配以后,即可将匹配的像点坐标代入共面条件方程或共线条件方程,完成物方坐标的计算。

1. 标志中心提取

摄影测量基本的观测值就是像点坐标。像点坐标的质量对于提高物方坐标的质量意义重大。

一般而言,顾及所有因素而实际达到的像点坐标精度可以通过光束法平差后的中误差进行评判。如果消除了系统误差和粗差,则整体平差的单位权中误差基本上与平均像点测量精度在一个数量级。

为了方便像点中心准确提取,摄影测量标志大部分都设计成圆状。当在不同角度拍摄时,圆形标志会成像为椭圆。对于精度要求不高的场合,可手工用鼠标在图形处理软件上量测,平均精度是 0.3~0.5 像素。

对于高精度像点量测,一般多采用 Canny 算子或者基于数学形态学对标志边缘进行检测,获得标志边缘像素坐标(x_i, y_i)后,再采用以下两种方法提取标志几何中心。

1) 质心法

以像素的灰度值 g_i 为权或者灰度值平方作为权,计算各像素坐标的加权平均值。

质心算子简单易算,对于很小的像点(直径小于 5 个像素)也能计算。因结果与周围灰度分布有关,一方面,对于均匀、对称的像点模式,测量精度可以达到 0.05 像素;另一方面,这种方法很容易受到灰度分布的干扰,导致结果难以控制。

2) 拟合计算法

对标志边缘像素的像素坐标,用一个平面二次多项式进行拟合,然后利用拟合系数计算中心坐标(参见 4.5 节)。拟合中可以采用稳健估计,消除较大的图像噪声。也可以采用两次拟合的方式:先用全部数据进行第一次拟合,然后去掉第一次拟合中改正数较大的点再进行第二次拟合。

2. 像点匹配

像点匹配就是通过一定的匹配算法在两幅或者多幅影像之间识别同名点的过程。像点匹配的算法很多,如基于区域的匹配方法、基于图像特征的匹配方法等,但都遵循有效性、稳定性以及实时性的基本原则。

(1) 基于区域的匹配方法,又称为基于图像灰度的配准方法。通常直接利用整幅图像的灰度信息,建立两幅图像之间的相似性度量。然后采用某种搜索方法,寻找使相似性度量值最大的值。基于图像灰度的配准方法不需要对图像做特征提取,而是直接利用全部可用的图像灰度信息,因此能提高估计的精度和鲁棒性。但是它计算量大,难以达到实时性要求,而且一旦进入信息贫乏的区域会导致误匹配率上升。

(2) 基于图像特征的配准方法。该方法需要对图像进行预处理,然后提取图像中保持不变的特征,如边缘点、闭区域的中心、线特征、面特征、矩特征等,作为两幅图像配准的参考信息。这类方法的主要优点是它提取了图像的显著特征,大大压缩了图像的信息量,使得计算量小,速度较快,而且它对图像灰度的变化不敏感。但是,正是由于其不依赖于图像的灰度信息,这种方法对特征提取和特征匹配的错误十分敏感,匹配性能依赖于特征提取的质量,需要可靠的特征提取和鲁棒特征的一致性。常见的算法有 SIFT 算法、SURF 算法等。

3.3.5 摄像机标定

摄像机标定是工业摄影测量工作的一个重要组成部分。摄像机标定涉及的内容非常广泛,除了最常见的内方位元素和畸变系数的标定外,还有框标坐标标定、摄像机偏心常数的标定、多目立体相机相对位姿关系的标定、主距与调焦变化的标定、调焦与畸变差的关系标定,等等。这里我们仅仅讨论最常用的内方位元素和畸变系数的标定。

1. 镜头光学畸变

一个完全理想的摄像机能够保证物点、摄影中心、像点这三点在一条直线上。但是,实际上无论怎样精确的摄像机都会受到设计、加工、安装等工艺的影响,实际像点都会偏离理想位置。在使用共线条件方程式时必须考虑这项偏差,该偏差属于系统误差。其中镜头的径向畸变(图 3.3.20(a))和切向畸变(图 3.3.20(b))是最重要的一类系统误差。一个像点会同时存在两种畸变(图 3.3.20(c))。

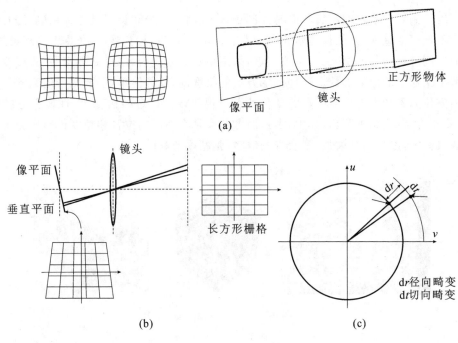

图 3.3.20 镜头畸变

1) 径向畸变

径向畸变使像点沿径向产生偏差。径向畸变是对称的,对称中心和主点并不完全重合,但通常将主点视为对称中心。径向畸变分两种:桶形畸变和枕形畸变。传统上,广角镜头（＜50mm）会产生桶形畸变,鱼眼镜头是利用桶形畸变的例子;长焦（＞150mm）镜头通常产生枕形畸变;标准镜头（＝50mm）、变焦镜头可能两种都有。

根据几何光学,径向畸变的数学表达式为:

$$\Delta r = k_1 r^3 + k_2 r^5 + k_3 r^7 + \cdots$$

分解到像平面坐标系中则为:

$$\begin{cases} \Delta x = k_1(x-x_0)r^2 + k_2(x-x_0)r^4 + k_3(x-x_0)r^6 + \cdots \\ \Delta y = k_1(y-y_0)r^2 + k_2(y-y_0)r^4 + k_3(y-y_0)r^6 + \cdots \end{cases} \tag{3.3.23}$$

式中,$r^2 = (x-x_0)^2 + (y-y_0)^2$,$(x,y)$为像点坐标,$k_i$为径向畸变系数。

2) 切向畸变

当透镜组中心偏离主光轴而产生的偏心形成切向畸变。切向畸变使像点既产生径向偏心,又产生切向偏差。切向偏差表达式为:

$$\begin{cases} \Delta x_p = 2p_1(x-x_0)(y-y_0) + p_2(2(x-x_0)^2 + r^2) \\ \Delta y_p = p_1(2(y-y_0)^2 + r^2) + 2p_2(x-x_0)(y-y_0) \end{cases} \tag{3.3.24}$$

式中,p_1、p_2为切向畸变系数。一般情况下,切向畸变比径向畸变小,很多情况下也可以不予考虑。

2. 摄像机标定方法

1) 三维控制场法

三维控制场分室内控制场和简易控制场,由具有空间分布良好且坐标精确已知的（精度至少不低于亚毫米）人工标志点组成（见图 3.3.21）。被检摄像机拍摄此控制场后,一般选取空间分布均匀的 15～20 个控制点,采用单片后方交会、多片后方交会、直接线性变换等解求摄像机的内部参数。这种标定方法的精度高,计算简单,主要用于研究各种摄像机的内方位元素和系统误差参数的变化特点与规律以及标定结构稳定、性能良好的摄像机（量测相机、定焦相机等）。其中,多片后方交会是在不同的位置和角度拍摄多张像片实现摄像机标定,参数间约束强,多余观测值多,是精度最高的方法。

图 3.3.21　三维控制场

2) Tsai 两步标定法

Tsai 认为,在对摄像机进行标定时,过多考虑非线性畸变就会引入过多的非线性参数,这样往往不仅不能提高标定精度反而会引起解的不稳定。Tsai 两步标定法只考虑径向畸变,也是大多数情况下会存在的畸变类型。

Tsai 两步标定法有以下前提:①主点位置(x_0, y_0)已知;②只考虑二阶径向畸变;③

主点既是图像中心又是径向畸变中心。Tsai 两步标定法标定过程为：

（1）计算旋转矩阵、平移矩阵 t_x,t_y 分量以及图像尺度因子 s_x：

如图 3.3.22 所示，P 为物方点，P_u 为其理想像点；P_d 为其实际像点（含畸变）。(X,Y,Z) 为 P 点在像空坐标系下的坐标，(x_w,y_w,z_w) 为 P 点在工程坐标系下的坐标。两个坐标系转换关系为：

$$\begin{cases} X = a_1 x_w + b_1 x_w + c_1 x_w + t_x \\ Y = a_2 x_w + b_2 x_w + c_2 x_w + t_y \\ Z = a_3 x_w + b_3 x_w + c_3 x_w + t_z \end{cases} \quad (3.3.25)$$

由于径向畸变并不导致方向改变，从而形成径向排列约束（Radial Alignment Constraint，RAC）：

$$\overline{O_1 P_d} /\!/ \overline{O_1 P_u} /\!/ \overline{P_{oz} P}$$

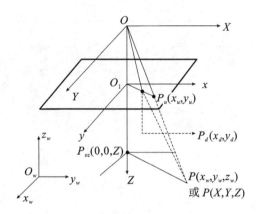

图 3.3.22 Tsai 标定法的径向排列约束

利用多个像点的径向排列约束形成的线性方程式，按照最小二乘原理计算式（3.3.25）中的参数：旋转矩阵的 9 个元素（a_i,b_i,c_i）和 t_x,t_y 以及像尺度因子 s_x（像平面坐标与像素坐标之比）。

（2）获取主距 f、径向畸变系数 k 和平移向量分量 t_z。

将（1）中解算出来的外方位元素带入共线条件方程式。如果摄像机无透镜畸变，可通过一组线性方程组解出；如果存在一个与二次多项式近似的径向畸变，则对非线性方程式线性化后，通过迭代计算求解。

3）张正友标定法

张正友标定法又称张氏标定法，是指张正友教授于 1998 年提出的单平面棋盘格的摄像机标定方法。张正友标定法利用了棋盘格标定板。标定板上每一个格子的长和宽都是已知的，因此，在标定板平面坐标系（物理坐标系）下每个角点的物理坐标是已知的。在拍摄得到一张标定板的图像之后，利用图像检测算法可得到每个角点的像素坐标（像点坐标）。

摄像机在不同的角度对标定板拍摄三幅以上的影像（一般 30 张左右，而且从尽可能多的角度和不同的摄像机姿态拍摄），将标定板上角点的物理坐标与影像中角点的像素坐标进行匹配,利用不同角度的影像之间的约束关系计算摄像机的主距、畸变系数以及摄像机的外方位元素。

　　用张正友标定法标定时,可以让标定板不动,手持摄像机从不同角度拍摄;也可以让摄像机不动,手持标定板移动完成不同角度的拍摄。张正友标定法避免了建立三维控制场带来的不便,其器材简便、过程简单,精度高,在计算机视觉中得到广泛应用。标定过程包括:准备标定板、拍摄标定板、提取角点坐标和计算摄像机参数,如图 3.3.23 所示。

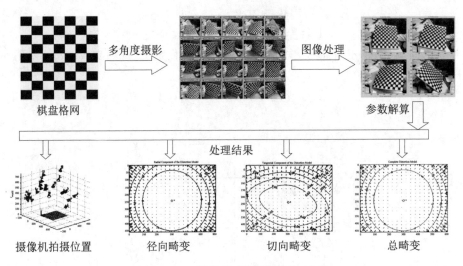

图 3.3.23　棋盘格法摄像机标定过程

3.3.6　精度估算与评定

1. 精度估算

摄影测量的精度估算是以图 3.3.24 所示的正直立体测量精度估算为基础的。

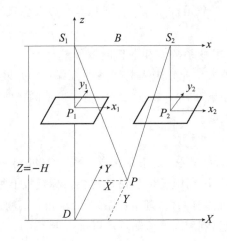

图 3.3.24　正直立体测量

如图 3.3.24 的正直立体像对,假定摄影测测坐标系为 $S_1\text{-}xyz$,而 x 轴与摄影基线重合,且 $S_1\text{-}xyz$ 坐标系平行于物方空间坐标系 $D\text{-}XYZ$。另外假定两张像片的像平面坐标系平行,也平行于 x 轴、y 轴。

某目标点 $P(X,Y,Z)$ 的左右像点坐标分别为 (x_1,y_1) 和 (x_2,y_2)。主距为 f,则有关系式:

$$\begin{bmatrix} X \\ Y \\ Z \end{bmatrix} = \frac{B}{x_1 - x_2} \begin{bmatrix} x_1 \\ y_1 \\ -f \end{bmatrix} \tag{3.3.26}$$

引入两个参数:构型系数 $k_1 = \dfrac{H}{B}$ 和比例尺分母 $k_2 = \dfrac{H}{f}$,顾及式(3.3.26)中 $Z = -H = \dfrac{-Bf}{x_1 - x_2}$。假定像点坐标量测精度为 m,将式(3.3.26)对观测值 x_1、y_1、x_2 求偏微分,转换成误差方程式,得到物方点 P 的空间坐标中误差为:

$$\begin{cases} M_X = m \cdot k_1 \cdot k_2 \cdot \sqrt{\left(\dfrac{1}{k_1} - \dfrac{x_1}{f}\right)^2 + \left(\dfrac{x_1}{f}\right)^2} \\[3mm] M_Y = m \cdot k_1 \cdot k_2 \cdot \sqrt{\left(\dfrac{1}{k_1}\right)^2 + 2 \cdot \left(\dfrac{y_1}{f}\right)^2} \\[3mm] M_Z = m \cdot k_1 \cdot k_2 \cdot \sqrt{2} \end{cases} \tag{3.3.27}$$

分析式(3.3.27),可以看出,正直摄影的摄影轴方向的精度要低于其他两个轴方向的精度。为提高摄影测量精度可采取以下措施:

(1) 尽可能增大比例尺,或者尽可能增大主距或缩小摄影距离(减小 k_2);

(2) 尽可能增大像对的基线长度(减小 k_1);

(3) 尽可能提高像点量测精度(减小 m)。

这里必须注意到:减少 k_1 以及减小 k_2 虽然可以提高精度,但会使一幅像片中所包含的测量面积减少,也就减少了点的重叠率,反过来又降低了精度和可靠性。因此,摄影时应该综合考虑点的重叠率、摄影焦距、摄影距离和基线距离等之间的相互关系。

实际摄影测量时,绝大多数采用交向摄影的方式。为此,在式(3.3.27)中引入摄影构型的权重因子 q,也称为几何构型系数。物方点点位精度可以通过提高每站拍摄的平均像片数 k 加以改善,由此有一个简单的经验估算式:

$$M'_{X,Y,Z} = \frac{q}{\sqrt{k}} \cdot M_{X,Y,Z} \tag{3.3.28}$$

对于权重因子 q,在实际中可以取 $0.4 \sim 0.8$(好的构型网,如 4 站~8 站)到 $1.3 \sim 3.0$(弱的立体像对)。如果采用了人工标志而且围绕四周摄影,则可以取式(3.3.28)中的三个坐标方向的 q 为 0.7 计算。

如果通过某种方法能先验得到物方点和摄影站的近似坐标,则由光束法平差程序能估算出更准确的精度,进而优化出更合理的方案。

总之,摄影测量精度受到摄像机(像幅、分辨率)、物镜(焦距、孔径)、标志(可辨认程度、可量测程度、闪光)、摄影构型(摄影距离、交会角、景深、摄影站位置与数量等)以及像点测量系统(分辨率、测量精度)等众多因素的影响,需根据实际情况合理估计实际精度。

2. 精度评定

一个摄影测量系统能达到的精度可以通过平差后给出 X、Y、Z 等各方向的中误差来评价。这个物方坐标的精度与像点平均精度乘以所有相关像片的平均比例尺的结果相当。但这个内精度对于实际的质量分析是不够的,必要时需要采用其他质量检验方法,如利用方法独立且精度更高的检查点的三维坐标来评价。这些检查点的分布有一定的代表性。通过摄影测量计算的检查点坐标与给定检查点的坐标之差来评价摄影测量系统的测量精度。

摄影测量系统的精度还可以通过比较长度获得,即通过摄影测量获得的坐标来反算长度,与标准长度进行对比评定摄影测量的精度。

3.3.7　系统特点与工程应用

工业摄影测量系统有以下特点:

(1) 可以瞬间获取被测物体大量表面信息,特别适合于大量点同时测量,也适合于动态测量,包括对高速运动目标的测量。

(2) 它既可以是非接触(光斑/光线投影),不干扰物体的自然状态,也可以接触测量(在物体上粘贴标志点)。适合在恶劣环境下(如噪声、放射性、有毒等)测量。

(3) 设备的便携性强,拍摄过程简单、快捷、方便,数据自动化处理程度高。

(4) 单相机从多角度测量,保证了测点有较大的重叠度,相对精度可达到百万分之一。

由于计算机自动匹配算法的改进,使得影像处理的自动化程度和速度有极大程度提高,工业摄影测量广泛应用于工业测量的各个方面,例如:工业产品质量检验、逆向工程、过程控制、动态物体的位姿获取等。对象有:设备、零件,设计模型,大型天线、船舶、汽车、飞机,大型建筑体,汽车碰撞试验,机器人轨迹,风洞试验等(见图 3.3.25)。

图 3.3.25　工业摄影测量的应用

3.4 结构光三维测量系统

基于双目立体视觉的摄影测量系统不对外主动投射光源,完全依靠拍摄的两张影像来获取特征点的三维坐标。该测量系统对环境光照的角度和强度比较敏感,且比较依赖图像本身的特征。在光照不足、缺乏纹理等情况下很难提取到有效鲁棒的特征,从而导致匹配误差增大甚至匹配失败。结构光法工业测量系统也是基于影像进行三维测量,但不依赖于物体本身的颜色和纹理,采用了主动投射已知图案的方法来实现快速鲁棒的特征点匹配,是一种主动式三维测量技术,能够达到高精度。

3.4.1 系统组成

结构光就是已知投射角度或编码某种图案。它们以光的形式投射到物体表面,用摄像机获取结构光影像,对影像进行处理获取高精度三维坐标的测量系统称为结构光测量系统。

结构光测量系统是一种非接触、主动式的三维坐标测量系统。其基本思想是利用照明光源中的几何信息辅助提取景物中的几何信息。系统主要由数字光处理器(DLP)或者光学投影仪或激光器、CCD 摄像机、图像采集卡和计算机软件及用于系统标定的附件组成,如图 3.4.1 所示。

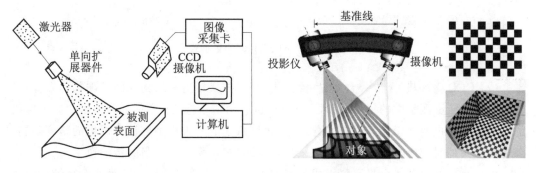

图 3.4.1 结构光测量系统的组成

(1)光学投影仪:用于投射结构光。选用投影仪主要考虑三个方面:投影仪分辨率、投影帧率以及工作距离。结构光模式可分为点结构光、单线结构光、多线结构光和面结构光(见图 3.4.2)。

① 点结构光的光源一般是激光器,将光束投射到被测物表面形成圆光点。

② 线结构光是对点结构光的扩充改进,它将点变成线,激光器发出的光线以一条线的形式扫描被测物表面。多线结构光可以用一个投影器一次投射多条激光线,也可以通过旋转镜对单条激光线反射生成。

③ 面结构光也叫编码结构光,投影仪将编码图案投射到被测物表面。投射的编码图案经过被测物表面调制,此时物体表面的高低信息便储存在调制后的编码图案中。解码即得到物体的表面变化信息。编码结构光的编码图案总体上可分为时域编码、空域编码

和直接编码三大类型。

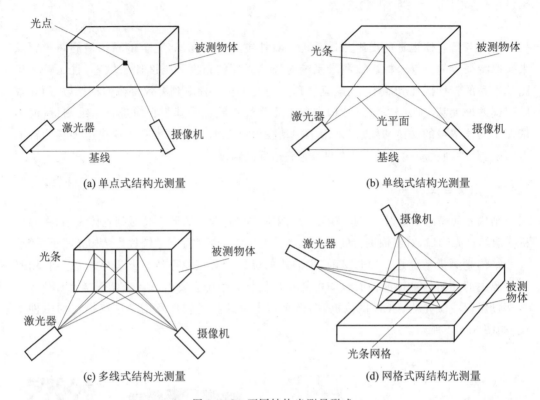

图 3.4.2　不同结构光测量形式

（2）CCD 摄像机：至少一台 CCD 摄像机，用于拍摄覆盖有结构光的被测物体影像，其作用等同于摄影测量中的摄像机。CCD 摄像机有两个指标：分辨率和采集速度。摄像机的分辨率最低也要高于投影设备的分辨率，否则重建的三维模型会被摄像机的精度限制。因要在较短的时间内完成一组图片的采集，必须要求摄像机有较高的传输速率。

由一台摄像机和一台投影仪组成的三维测量系统为单目结构光三维测量系统。由两台摄像机和一台结构光组成的测量系统为双目结构光三维测量系统。

（3）软件：包含控制软件和数据处理软件，安装在笔记本电脑或者 PC 电脑中。通过对软件可视化操作，实现投影控制、图像同步采集、系统标定以及三维坐标计算和点云可视化等。

（4）附件：用于系统标定的各种一维、二维和三维靶标等。

3.4.2　线结构光测量原理

20 世纪 70 年代初，利用单点结构光进行三维测量的方法被提出。这种方法能够精确地获取被测点的三维信息，但是由于每次只是投射一个光点，而测量完一个物体至少需要数千个数据点或者更多，因此该方法测量速度非常慢。之后发展为单线结构光法，通过投射源投射出平面狭缝光,每次投射一条结构光条纹,每幅图像可得到一个截面的深度。为得到整个物体表面的三维形状,需增加一维扫描机构。其测量精度略低于单点法,但在测量速度方面大为改善。

多线式结构光测量和面结构式结构光测量可以通过一幅图像获取整个被测物体表面的三维形状,解决了测量速度更快和精度问题。但其标定更加复杂,还涉及鲁棒匹配,方法较为复杂。

单线式结构光测量方法简单、信息量大、精度高、效率高、稳定性好,广泛应用于实际三维测量中,这里主要介绍单线式的单目结构光三维测量。

如图 3.4.3 所示,线结构光单目测量系统由线激光器和一个 CCD 摄像机构成。激光器发射出的光束形成的光平面与空间被测物体相交,产生一个反映物体轮廓的截面曲线,曲线上的点都是被测点,它们成像于摄像机的像平面上。

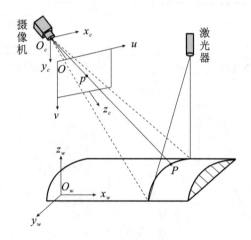

图 3.4.3　线结构光单目测量系统

固定激光器和摄像机的位置后进行标定。标定后其空间相对关系已知并保持固定。摄像机标定后,任何一条通过摄影中心的光线(摄影中心和像点之间的连线),其空间方向是已知的。同样,当激光器标定后,其光平面的空间姿态也是已知的。

两个已知方程式具体表达式为:

$$s \begin{bmatrix} u \\ v \\ 1 \end{bmatrix} = \begin{bmatrix} f_x & k & u_0 \\ 0 & f_y & v_0 \\ 0 & 0 & 1 \end{bmatrix} \cdot \begin{bmatrix} R & T \end{bmatrix} \cdot \begin{bmatrix} x_w \\ y_w \\ z_w \\ 1 \end{bmatrix} \qquad (3.4.1)$$

$$a \cdot x_w + b \cdot y_w + c \cdot z_w + d = 0$$

式中,s 是一个比例修正因子,第一式可以转换成摄影测量共线条件方程式;R 为旋转矩阵;T 为平移矩阵;u_0 为 v_0 为像主点在像素坐标下的坐标;f_x 和 f_y 是像平面横纵坐标轴尺度不一致产生的主距分量;k 是两坐标轴不垂直因子。以上这些参数通过摄像机标定后均为已知值。

u 和 v 为投影器投射面与物体表面交线上的一点并经过畸变改正后的像素坐标,是测量值。a,b,c,d 是已知的投射光平面方程系数。故式(3.4.1)就是一条已知空间直线和已知空间平面的交点,该交点即为物体光截面曲线上一点的坐标。这样,激光器和摄像机的光线就相当于构成了一个空间前方交会系统,依此测量出物体表面特征点的三维坐标。

线结构光测量系统每次可测量一条交线的坐标,即每幅图像可得到一个截面的深度。要得到整个物体表面的三维形状,则还需通过测量系统和被测物体间的相对变化来实现。实现相对变化的方式基于平移或者基于旋转,如图 3.4.4 所示。

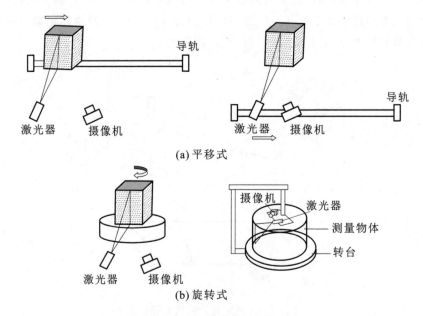

图 3.4.4　三维测量数据获取方式

结构光工业测量系统进行三维测量与重构的流程如图 3.4.5 所示。

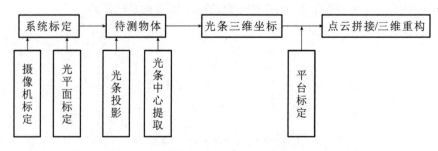

图 3.4.5　线结构光三维测量与重构流程

3.4.3　系统标定

根据结构光测量系统的原理可知,用结构光进行三维测量,首先需要对系统进行标定,建立三维坐标系。标定的内容有三个:先标定摄像机的内外参数,再标定投影仪的光平面参数,最后标定旋转平台或平移平台参数。

1.摄像机内外参数标定

摄像机内外参数的标定在 3.3.5 小节中有较为详细的叙述,这里不再累述。需要说明的是,由于结构光测量的范围较小,比较常用的标定方法是张正友平棋盘格标定法或者 Tschai 氏两步标定法,也可以采用便携式的微型三维控制网。棋盘格或者三维控制网构成了物方坐标系。通过摄像机标定获取摄像机在物方坐标系下的外方位元素(平移参数、旋转矩阵)、内方位元素(主距和主像点坐标)和畸变系数。

2.投影仪光平面标定

投影仪光平面标定就是获取投影仪激光平面在物方坐标系下的平面方程。

1) 一维靶标标定法

做一块可以自由移动的平面板,板上设置彼此距离已知的 3 个点 A、B、C。3 点位于一条直线 l 上。不失一般性,令:$AB=BC=d$。移动平面板,使激光光条纹与直线 l 相交。交点为 P,如图 3.4.6(a)所示。

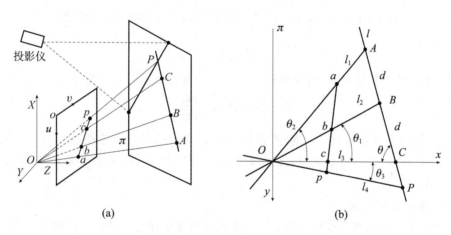

(a)　　　　　　　　　　　　(b)

图 3.4.6　直线标定法原理

平面靶标上共线的 4 点在像平面的成像依次为 a,b,c,p。在摄像机的内、外方位元素以及畸变系数已知后,可以先对测量的像点坐标进行畸变改正,得到理想像点坐标(u_i,v_i),$i=a,b,c,p$,并得到像点在像空间坐标系下的坐标(u_i-u_0,v_i-v_0,f)。假设向量 $\boldsymbol{Ob}$,$\boldsymbol{Oa}$,$\boldsymbol{Op}$ 与 $\boldsymbol{Oc}$ 之间的夹角分别为 θ_1,θ_2,θ_3(图 3.4.6(b)),则根据 4 个点像空坐标的向量内积可以得到这三个角度值。

假设向量 $\boldsymbol{Oa}$,$\boldsymbol{Ob}$,$\boldsymbol{Oc}$,$\boldsymbol{Op}$ 所在的直线分别为 l_1,l_2,l_3,l_4,则这 4 条直线位于同一平面内,记为 π。在平面 π 上建立临时平面坐标系 $O\text{-}xy$:坐标原点与摄像机投影中心重合,x

轴与 l_3 重合，y 轴用右手坐标系确定。坐标系 $O\text{-}xy$ 中，当已知 θ_1，θ_2，θ_3 和 d 后，有两种情况：

(1) 当 $2\tan\theta_1 = \tan\theta_2$ 时，说明直线 l 与 y 轴平行，利用约束长度 d 可以得到 OP 的长度：

$$|OP| = \frac{d}{|\tan\theta_1 \cdot \cos\theta_3|} \tag{3.4.2}$$

(2) 当 $2\tan\theta_1 \neq \tan\theta_2$ 时，直线 l 与 y 轴相交。设直线 l 的方程为 $y = kx + b$，且直线 l 与 Ox 轴夹角为 θ，图 3.4.6(b) 中的几何关系可以推导出：

$$d \cdot \frac{\sin\theta}{\tan\theta_1} - 2d \cdot \frac{\sin\theta}{\tan\theta_2} = \pm d \cdot \cos\theta$$

化简上式得到：

$$k = \tan\theta = \pm \frac{\tan\theta_1 \tan\theta_2}{\tan\theta_2 - 2\tan\theta_1} \tag{3.4.3}$$

式中，$\tan\theta$ 为直线 l 的斜率。符号根据平面板点标记次序和姿态确定。在图 3.4.6(a) 中，从测量系统角度看，AC 线为俯时取正号，为仰时取负号。

在 $\triangle OBC$ 中，根据正弦定理可以求得 OB 长，进而得到 B 在 $O\text{-}xy$ 坐标系下的坐标，代入直线方程可得到截距 $b = \dfrac{dk - dk^2 \cot\theta_1}{\sqrt{1+k^2}}$，$OC = \left| \dfrac{d - dk\cot\theta_1}{\sqrt{1+k^2}} \right|$。

在 $\triangle OPC$ 中，顾及 $\angle OPC = \theta - \theta_3$，利用正弦定理不难得到 OP 的长度：

$$|OP| = \left| \frac{d}{\sin\theta_3 - k\cos\theta_3} \right| \tag{3.4.4}$$

当得到 OP 的长度以后，可以得到 P 点在像空坐标系下的三维坐标为：

$$X_P = |OP| \cdot \frac{\boldsymbol{Op}}{|\boldsymbol{Op}|}$$

同理，移动平面板到不同位置，可以得到多个 P 点的坐标。这些点均位于结构光光平面上。根据这些点的三维坐标可以拟合出其空间平面——结构光平面方程。拟合方法见 4.4.3 小节。

2) 三维靶标标定法

如图 3.4.7 所示的三维靶标构成了一个局部直角坐标系，其黑色方格的长、宽以及与边界的距离均通过高精度标定，也就是说，48 个角点的坐标均为精确已知，方块的边界位于一条直线上。

首先调整靶标的位置，利用摄影测量空间后方交会对摄像机进行标定。然后将线结构光投影到靶标的两个面上，如图 3.4.7 所示形成的两条斜线。光线与靶标正面的方块边相交产生 6 个交点，与靶标侧面方块边相交也产生 6 个交点（一般情况下至少有 4 个交点）。这里以其中一个交点 P 为例说明 P 点坐标的计算方法。计算 P 点的坐标要用到交比不变性。

交比不变性：A、B、C、D 依次在一条直线上，定义其交比为：$\langle A, B; C, D \rangle = \dfrac{AC}{AD} \cdot$

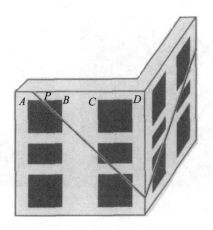

图 3.4.7 立体靶标标定

$\frac{BC}{BD}$，透视投影后的对应的点 a、b、c、d 也在一条直线上，其交比为：$\langle a,b;c,d\rangle=\frac{ac}{ad}\cdot\frac{bc}{bd}$，则：$\langle a,b;c,d\rangle=\langle A,B;C,D\rangle$

图 3.4.6 中正面最上方方块角点 A、B、C、D 和交点 P 在影像中对应的像点为 a、b、c、d 和 p。因为 A、B、C、D、P 位于一条直线上，其透视投影点 a、b、c、d、p 也位于一条直线上。选 P、B、C、D 这 4 个点，按照透视投影的交比不变性有：$\frac{BD\cdot CP}{BC\cdot DP}=\frac{bd\cdot cp}{bc\cdot dp}$。由于像点坐标是测量值，像点之间的长度可以根据像点坐标计算得到，因此可以得到 CP 长。最后根据 A、B 的坐标和 PC 长度经内插计算得到 P 点在靶标上的三维坐标。

同样原理，可以分别计算出另外其他所有交点的三维坐标。利用这些点的三维坐标就可以拟合出光平面的空间平面方程。拟合方法见 4.4.3 小节。

3. 平台标定

线结构光是一个平面光，每次只能测量物体一个截面的三维坐标，为了获取整个被测物体表面的三维坐标，需要借助平台实现相对运动。视实际测量要求，可以分为平移平台和旋转平台。

1）平移平台的标定

平移平台是一条用于安放被测物体或者测量系统、能由电机精确控制移动的直线轨道。平台标定就是确定轨道在统一坐标系下的空间直线方程。由轨道直线的空间方程和步进距离即可确定每次移动的三维坐标增量。这里以安置被测物体的轨道为例来说明。

如图 3.4.8 所示，在轨道上安置仪棋盘格（或者三维控制场），选取其中一个特征角点 P 用于直线拟合。启动电机，每移动一段距离，拍摄一张影像，一共移动 5～8 次，移动的距离尽量覆盖测量系统的测量范围。

摄像机标定后其内、外方位元素已知，坐标系已确定。在保持 CCD 摄像机不动的情况下，利用棋盘格（或者三维控制场）作为物方控制，通过摄影测量单片测量方式（参见 3.3.3 小节）获取特征点 P 的三维坐标，然后通过 P 在直线上不同位置坐标，拟合一条空间

图 3.4.8　直线轨道标定

直线。拟合方法见 4.4.2 小节。

2）旋转平台的标定

旋转平台就是用于安置被测物体或者测量系统、能由电机精确控制旋转角的一个平台。通过平台旋转实现对物体的全覆盖测量。旋转平台标定的关键就是确定旋转轴在统一坐标系下的方向。这里以用于安置被测物体的旋转平台为例进行说明。

如图 3.4.9 所示，在旋转平台上放置一个有一定高差的棋盘格（或者三维控制场），在平行于旋转轴方向上不同高度选择 3～5 个特征点。启动旋转平台，在 5～8 个不同旋转角度位置下拍摄，旋转范围尽量大。同样按照摄影测量单片测量方式（见 3.3.3 小节）获取特征点在不同旋转角度下的三维坐标。

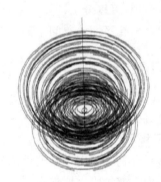

图 3.4.9　旋转平台标定

对某一个特征点，首先将其统一坐标系的三维坐标通过坐标变换，降维到二维平面坐标。然后在二维平面上进行平面圆拟合获得圆心坐标，最后通过坐标逆转换将二维平面圆上的圆心坐标转换到统一坐标系下的三维坐标。这样就可以得到每个特征点的圆心在统一坐标系下的三维坐标。将这些圆心点再拟合一条空间直线。该空间直线就是旋转平台的旋转轴。具体解算方法参见 4.3 节、4.4 节和 4.5 节。

利用该旋转轴可以定义一个转台的三维坐标系,建立该坐标系与统一坐标系之间的转换关系。利用该转换关系可以根据旋转平台的旋转角实现每条光带的坐标统一。

3.4.4　光条中心提取

在结构光测量系统中,激光条纹中心的检测精度直接影响到整个测量系统的测量精度。系统中投射到被测物表面上的结构光的形状会发生变化,这种变化反映了被测物表面的三维信息。要想获得这一信息,必须首先从含有条纹的图像中获取条纹中心的准确位置。因此,条纹提取是至关重要的一步。如果图像质量好,条纹中心检测较为简单;如果条纹图像成像质量较差,则快速准确地检测条纹中心就比较困难。

1. 光条截面特性

实际的三维结构光测量中,可以在测量前的校准和测量系统的机械硬件设计上来避免摄像机的离焦模糊(焦距不正确造成的模糊不清)、相对运动造成的影响。但被测物体表面的不同颜色吸收、不同材质造成的漫反射宽条纹、镜面反射等都会对光条产生较大的干扰,如图 3.4.10 所示。

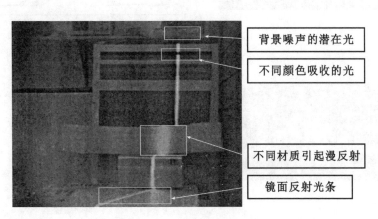

图 3.4.10　结构光光条干扰图像

线激光光源投射出的横截面为高斯型的线激光。到被测物体表面后反射线激光,CCD 摄像机拍摄到经物体表面形貌调制过的线结构光——结构光光条。整个过程中,结构光光条的横截面的光强分布模型形状并没有发生本质的改变,理论上其灰度分布符合高斯型。针对上述不同背景下的结构光光条样本,通过实验采集得到的结构光条横截面分析结果如图 3.4.11 所示。

由图 3.4.11 可见,不管何种切面形状,除去基底的真实光条部分,都有唯一高斯模型与其对应,由此实现对光条中心点的提取。

2. 光条中心提取

CCD 摄像机所采集的光带(如光截面与车轮的交线)图像在理论上应是一条曲线,但实际上 CCD 摄像机所采集的图像是一条较宽的光带,而且其中不可避免地包含了许多噪声,这使得采用一般的图像处理技术很难检测出精确边缘。为获得精确的图像边缘曲线,

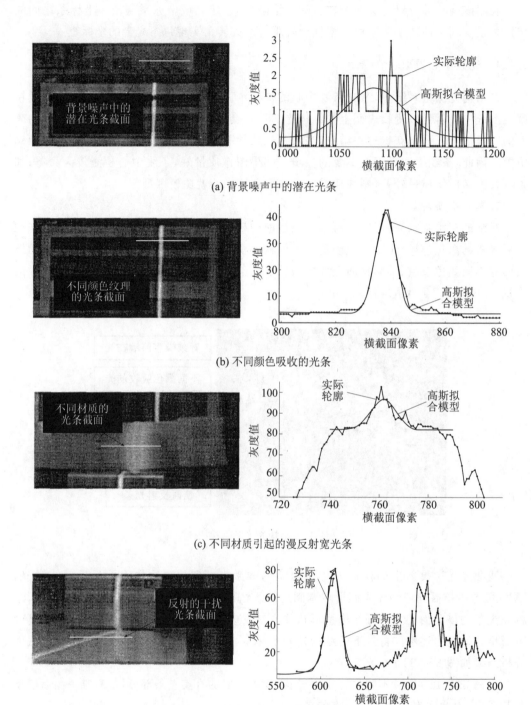

(a) 背景噪声中的潜在光条

(b) 不同颜色吸收的光条

(c) 不同材质引起的漫反射宽光条

(d) 镜面反射的干扰光条

图 3.4.11　结构光光条截面的光强分布与拟合

可以首先使用边缘检测算子检测出多像元宽边缘,然后采用细化算法减小多像元边缘的宽度,从而获得细化边缘数组。通常有如下几种方法:

1) 极值法

极值法对于条纹灰度分布成理想高斯分布的情况有很好的效果。这种方法首先识别出灰度的局部极大值,并将此极大值定义为条纹中心线。该方法的速度快,但是很容易受到噪声的影响,所以这种方法不适用于信噪比较小的图像。为了克服极值法的缺点,可以采用两边搜索的极值法,如图 3.4.12 所示;取得极值的时候,在极值的位置向两边进行域值边界搜索,找到实际正确的边界,就可以避免噪声的影响。

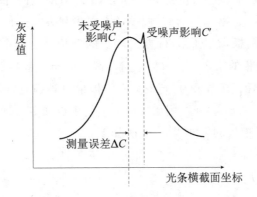

图 3.4.12 极值法及其受噪声影响的结果

2) 阈值法

由光条纹的截面光强分布知道,通常情况下光条纹具有光强集中性和对称性。根据这两个特性,通常采用阈值法来确定光条纹的中心位置,如图 3.4.13 所示。阈值法具有算法简单、实现容易、计算速度快等优点,但精度差,只适用于对位置的粗略估计,而且噪声较多使信号严重失真时,效果较差。

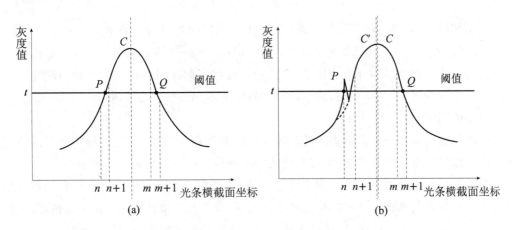

图 3.4.13 阈值法及其受噪声影响的结果

3) 方向模板法

将模板记为 K，模板的大小为 $m\times n$。通常将模板里的元素取为正数。假设图像的大小为 $M\times N$，$C(i,j)$ 表示图像灰度。模板在图像的某一行 i 上滑动，对于第 j 列，计算：

$$H_j = \sum_{s=0}^{m-1}\sum_{t=0}^{n-1} K(s,t)\cdot C\left(i-\frac{m}{2}+s,j-\frac{n}{2}+t\right),j=\frac{n}{2},\frac{n}{2}+1,\cdots,N-1$$

$$(3.4.6)$$

取 $H_p=\max(H_j)$，那么在第 i 行上激光条纹中心位置为点 p 处。

结构光光条的方向随物体表面形貌的变化而不同，在小尺度情况下，可认为结构光光条的方向有四种模式：水平、垂直、左斜 45°、右斜 45°。对应这四种模式，分别设计四种大小固定方向可变的模板，记为 0,1,2,3。假设 0 方向为列方向较长的模板，则 1,3 分别为左斜 45° 和右斜 45° 的模板，2 方向为行方向较长的模板。这四个方向的模板分别记为 K_0,K_1,K_2,K_3。其中模板的系数 k 在取值上符合高斯分布。将各个带有方向性的模板依次与结构光光条图像卷积，其结果为：光条截面的极值将被强化，而周围的非极值点被相应抑制。如果光条与某一方向一致，则该处极值点位置更加突出，然后比较各方向最强的点即为光条的中心点。模板的尺寸为 5×7 时如下：

$$K_0 = \begin{bmatrix} 0 & 0 & k_{00} & k_{01} & k_{02} & 0 & 0 \\ 0 & 0 & k_{10} & k_{11} & k_{12} & 0 & 0 \\ 0 & 0 & k_{20} & k_{21} & k_{22} & 0 & 0 \\ 0 & 0 & k_{30} & k_{31} & k_{32} & 0 & 0 \\ 0 & 0 & k_{40} & k_{41} & k_{42} & 0 & 0 \end{bmatrix}, \quad K_1 = \begin{bmatrix} k_{00} & k_{01} & k_{02} & 0 & 0 & 0 & 0 \\ 0 & k_{10} & k_{11} & k_{12} & 0 & 0 & 0 \\ 0 & 0 & k_{20} & k_{21} & k_{22} & 0 & 0 \\ 0 & 0 & 0 & k_{30} & k_{31} & k_{32} & 0 \\ 0 & 0 & 0 & 0 & k_{40} & k_{41} & k_{42} \end{bmatrix}$$

$$K_2 = \begin{bmatrix} 0 & 0 & 0 & 0 & 0 & 0 & 0 \\ 0 & k_{02} & k_{12} & k_{22} & k_{32} & k_{42} & 0 \\ 0 & k_{01} & k_{11} & k_{21} & k_{31} & k_{41} & 0 \\ 0 & k_{00} & k_{10} & k_{20} & k_{30} & k_{40} & 0 \\ 0 & 0 & 0 & 0 & 0 & 0 & 0 \end{bmatrix}, \quad K_3 = \begin{bmatrix} 0 & 0 & 0 & 0 & k_{00} & k_{01} & k_{02} \\ 0 & 0 & 0 & k_{10} & k_{11} & k_{12} & 0 \\ 0 & 0 & k_{20} & k_{21} & k_{22} & 0 & 0 \\ 0 & k_{30} & k_{31} & k_{32} & 0 & 0 & 0 \\ k_{40} & k_{41} & k_{42} & 0 & 0 & 0 & 0 \end{bmatrix}$$

分别用模板 K_0,K_1,K_2,K_3 按照式(3.4.6)对图像的每一行处理取最大，可以得到 4 个 $H_{p0},H_{p1},H_{p2},H_{p3}$。而 $H_p=\max(H_{p0},H_{p1},H_{p2},H_{p3})$ 中的 p 为激光条纹中心位置。

这种方法的抗白噪声能力比较强，并且能比较好地解决极值法和重心法检测结构光条纹中心出现的噪声问题，同时，能够检测出较精细的光条纹中心结构。

4) 曲线拟合法

曲线拟合法是基于光条截面点的灰度分布近似高斯分布这一特点，利用高斯曲线或者二次曲线对其进行曲线拟合，则拟合曲线的局部极大值点即为截面的光条中心点。

曲线拟合法虽然可以达到亚像素精度，提取效果好，但是速度慢，对有实时性要求的结构光三维测量的场合不适用。对于高斯型光条，高斯曲线拟合算法理论上其精度最高，但是曲线拟合算法复杂度高，算法效率低。而且该算法也依赖于像素的灰度值关系，其算法容易受噪声影响。

3.4.5 测量误差分析

总的来说,三维结构光测量的结果误差与测量系统机械结构、镜头参数、图像传感器参数、特征提取算法等有关。

1)系统机械结构

理论上,基线长度与总测量误差成反比。因此,结构光三维视觉测量系统设计要求基线长度足够长。而实际测量系统中,基线长度过长,会使得系统更加庞大。

2)镜头

镜头通过焦距、分辨率、畸变等影响系统测量精度。镜头焦距长度与总测量误差成反比。使用长焦镜头可降低测量误差,但长焦镜头的景深较短,容易导致摄像机对焦不准。分辨率低的镜头像差很大,图像传感器的成像模糊,增加了测量误差。镜头的光学畸变导致理想像点与实际像点之间存在差异。

3)图像传感器

图像传感器得到的结构光图像为测量的原始信息。图像传感器的尺寸大小、分辨率直接影响线结构光图像特征点提取的定位精度。在分辨率相同的前提下,图像传感器尺寸越小,单个像素点感光面积越小,越容易受到传感器内部噪声的影响,信噪比低,线结构光图像特征点定位精度也随之降低,最终影响测量精度。

4)特征点提取算法

由于实际测量环境的复杂性,结构光图像经常受到各种干扰,因此要求特征点提取的算法具有较强的鲁棒性。此外,特征点提取算法精度影响整个系统的测量精度。实际中,图像传感器分辨率常常较低,为了保证整个系统的测量精度,要求特征点提取算法的精度能到亚像素级别。

综上所述,当测量系统固定后,系统的机械结构、镜头、图像传感器等参数均固定,系统测量结果的可靠性和精度取决于结构光特征点提取算法的效果。因此,三维结构光测量的精度评价可转换为对光条中心点提取结果的精度评价。

3.4.6 双目结构光测量系统简介

双目结构光三维测量系统如图3.4.14(a)所示,由左右两个摄像机、投影仪以及控制上述硬件的上位机电脑组成。测量原理是:投影仪向被测物表面投射某种编码图案,投射的编码图案会被被测物表面的高低变化所调制而产生变形,变形后的编码图案包含了被测物的表面信息。之后用摄像机采集这些变形的编码图案,通过相应的解码技术,就可以求解物体表面密集点的三维坐标,实现三维重构。

算法流程(图3.4.14(b)):

(1)系统标定:利用棋盘格标定板对左右摄像机、投影仪以及它们之间的相对位置进行标定。标定完后,要保持系统中各部件的位置不变。

(2)电脑中的上位机程序控制投影仪以一定的时间间隔投影结构光图案序列。每投影一幅图案,投影仪同步触发左右摄像机采集经过物体调制过的图案。

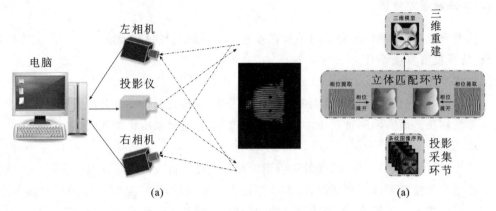

图 3.4.14　双目结构光测量系统

（3）用电脑中的上位机程序对带有物体表面形貌信息的左右影像中的编码进行解码。

（4）根据编码约束条件和立体视觉的核线约束条件实现左右影像机同名点匹配。

（5）根据摄影测量原理计算表面编码点的三维坐标。

3.4.7　系统特点与工程应用

由于结构光主动投射编码光,因而非常适合在光照不足(甚至无光)、缺乏纹理的场景使用。结构光投影图案一般经过精心设计,所以在一定范围内可以达到较高的测量精度（0.01~1mm）。能对复杂物体表面进行高密度、无接触测量,多用于细节检测和三维重构。

投射的编码光容易受到强自然光影响,不适合室外使用。物体距离摄像机越远,物体上的投影图案越大,精度也越差,往往多应用在近距离场景,测量范围为 0.1~10m。

基于结构光测量系统的特点,结构光测量系统在工业中有广泛应用(见图 3.4.15)。

1) 视觉检测

视觉检测主要是使用图像或图像的部分与设定的标准进行比较,以达到检测的目的。视觉检测已应用于电子、汽车、纺织、机械加工等现代工业中。

2) 视觉导引

视觉导引主要是使用图像处理的方法来导引机器人克服故障以发现最佳的路径。结构光三维视觉也被广泛地应用于自动化生产线上机器人的自主导引,实现装配机器人和弧焊机器人的自适应控制。

3) 三维重建

结构光测量系统大量应用于物体的三维重建,如文物测量、人脸测量、模具测量等。

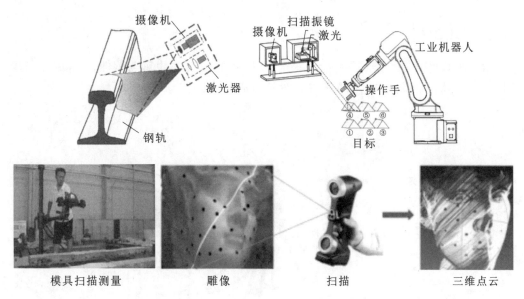

图 3.4.15 结构光测量系统检测与三维重建

3.5 激光跟踪测量系统

20 世纪 80 年代以来,机器人广泛应用于制造业。为了适应测量机器人的动作及一些大型工件装配的需要,三维坐标动态跟踪测量技术迅速发展起来。激光跟踪测量技术最初是在机器人计量学领域发展起来的,用来解决机器人的标定问题。跟踪测量方法主要有纯角度方法、纯距离方法、角度-距离方法等。

目前的激光跟踪仪集激光干涉测距技术、光电检测技术、精密机械技术、计算机及控制技术、现代数值计算理论于一体,除了利用激光干涉测距外,还采用了高精度绝对距离测量,可对空间运动目标进行跟踪并实时测量其空间三维坐标,具有安装快捷、操作简便、实时测量、测量精度及效率高等优点,被誉为“便携式坐标测量机”。目前生产激光跟踪仪厂家有:瑞典的 Hexagon、美国的 API 公司、FARO 公司、深圳中图仪器公司等。图 3.5.1 是其代表性产品。

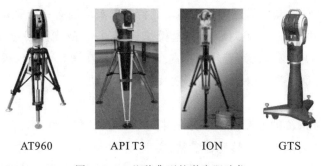

| AT960 | API T3 | ION | GTS |

图 3.5.1 几种典型的激光跟踪仪

3.5.1　系统组成

激光跟踪仪测量系统主要由激光跟踪头、控制箱、笔记本电脑与软件、目标跟踪靶球、仪器支架、环境参数传感器、测量标志配件等组成,如图 3.5.2 所示。

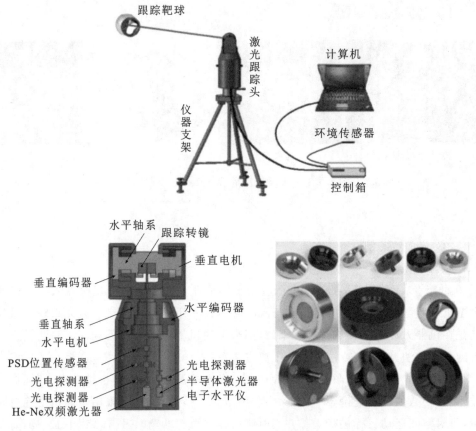

图 3.5.2　激光跟踪仪系统组成

1. 激光跟踪头

读取角度和距离值。激光跟踪头围绕两根正交轴旋转,每根轴具有一个编码器用于角度测量和一部 DC 电动机来进行遥控移动。传感器头内腔有一个测量距离差的单频激光干涉仪模块(IMF)和一个绝对距离测量模块(ADM)。激光束通过安装在横轴(倾斜轴)和旋转轴(纵轴)交叉处的跟踪转镜指向反射靶球。在激光干涉仪模块旁的光电探测器(PSD)接收部分反射光束,使跟踪器跟随反射靶球移动。

2. 控制箱

控制箱是测量系统的电控核心,包括主控单元、电源、传输线等部分,用于高速采集和传输激光跟踪头的测量数据和传感器参数,实现下机位和上机位的通信,并控制电机进行实时跟踪。主控单元使用 DSP 处理器或 ARM 处理器,实现实时控制和数据的高速处理。

3. 软件

激光跟踪仪软件的主要功能有:仪器控制、坐标测量、系统校准、测量数据处理与分析和图形显示。测量方式可以是单点静态测量模式,也可以是连续跟踪动态点测量模式。

4. 靶球

激光跟踪仪是依靠靶球(也称靶标、靶镜,光学反射器等)实现距离测量和跟踪。目前广泛使用的靶球有角隅棱镜 CCR(Corner Cube Reflector)、猫眼棱镜 CER(Cat Eye Reflector)和工具球反射镜 TBR(Tooling Ball Reflector),如图 3.5.3 所示。

猫眼棱镜是由两个半径不同的半球粘在一起而构成的,对平行入射光,前半球将其聚焦于后半球的后表面,然后平行地反射回去,反射光与入射光平行但有些平移。猫眼棱镜的入射光束方向在±60°范围内变化时仍可正常工作。

角隅棱镜是一个四面体,进入角隅体的一束平行光线,经三个直角面的两两反射成不同反射次序的六段光线。只要角隅棱镜是理想的,则此六段光线形成的光束都将与原入射光线严格平行且反向,即反射光将沿着原入射光路返回。角隅棱镜的入射角度变化范围只有±20°。

猫眼棱镜的体积和重量比角隅棱镜大一些,光能损失也较大。角隅棱镜的顶点和猫眼的球心点理论上均应与固定在其外面的球形外壳中心重合,这样在测量中转动球形外壳时,不会改变反射镜中心的位置。

工具球反射镜是小尺寸玻璃棱镜,接收角为±15°。一般用来测量静态点,比如 T-Probe 上安放的反射镜就是工具球反射镜。

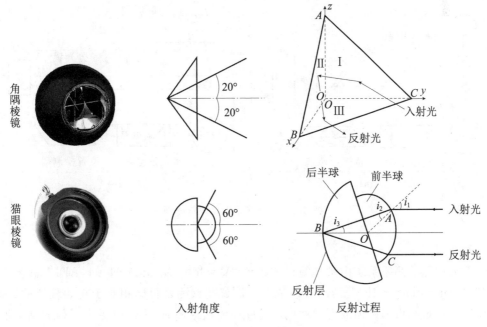

图 3.5.3 光学反射器

由于靶球在测量过程中是旋转的,要求转动时球心保持不变。因此,其加工精度有很高的要求。

5. 其他

环境参数传感器采集当前测量环境的温度、湿度和大气压,实现对其测量结果的大气影响修正。高稳定支架安置上激光跟踪头,保障设备的稳定和使用安全。靶座底部有磁铁,用于安放靶球。一些靶座可以用于特殊圆孔位置的测量。

3.5.2　测量原理

激光跟踪仪测量分为跟踪和测量两个过程。

1. 跟踪原理

如图 3.5.4(a)所示,由激光发射器发出的光束,经过干涉光路和分光镜,被跟踪转镜反射到目标反射镜中心。由目标反射镜中心入射的光线按原光路返回,到达分光镜后,一部分激光束被反射到光电位置检测器中心,位置检测器输入零电压信号,此时控制电路没有信号输出到电机,跟踪仪系统处于平衡状态。

如图 3.5.4(b)所示,当目标反射镜移动一个位移量 λ 后,此时光束不再从目标镜中心入射。目标反射镜返回的光束与入射光平行,相距 2λ。返回光经分光镜,一部分光束进入干涉系统与参考光束汇合进行位移测量,另一部分落在位置检测器上,此时光斑中心偏移位置检测器中心,随即产生一个偏差信号。该信号经放大调节后,经伺服控制回路控制电机带动转镜转动,使照射到目标反射镜的光束发生变化,直至入射光通过目标反射镜中心,使系统重新达到跟踪平衡状态。

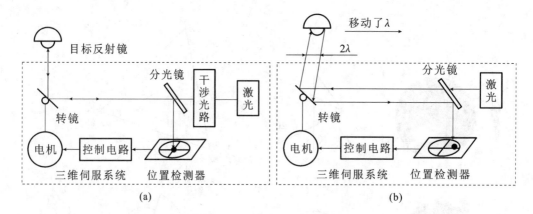

图 3.5.4　激光跟踪仪跟踪原理

2. 距离测量

激光跟踪仪测距系统由激光绝对测距仪(Absolute Distance Meter,ADM)和激光干涉仪(Interferometer,IFM)两部分组成。干涉仪能够测量目标相对于初始位置的距离。当干涉仪测量光束因遮挡或者靶球偏斜过度而无法返回时,干涉仪丢失当前的测量信息而无法继续跟踪测量。此时,干涉仪通过调用绝对测距仪提供的新测距恢复到测距状态,然后移动反射器可继续采用干涉法进行测距,从而完成"断光续接"。绝对测距仪测量采用了变频式相位测距原理,全量程内的测距精度优于 $\pm 10\mu m$。

3. 角度测量

角度测量模块采用增量式柱面圆光栅进行角度测量。如图 3.5.5 所示,角度测量时,标尺光栅随转轴一起旋转,它与主光栅的相对运动距离通过莫尔条纹测出,再除以转轴半径,即可计算出旋转的角度。

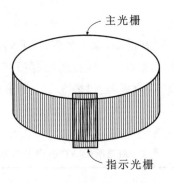

主光栅

指示光栅

图 3.5.5 激光跟踪仪角度测量

4. 坐标测量

激光跟踪仪的跟踪头激光束(激光发生轴,等同于全站仪视准轴)、跟踪头水平旋转轴(等同于全站仪的横轴)和跟踪头垂直旋转轴(等同于全站仪纵轴)构成了激光跟踪仪的三轴。三轴交点就是激光跟踪仪三维坐标系原点。激光跟踪头转轴为 Z 轴,水平度盘零方向为 X 轴,构成右手直角坐标系,如图 3.5.6 所示。

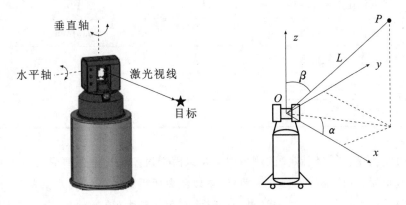

垂直轴

水平轴

激光视线

目标

图 3.5.6 激光跟踪仪坐标系

对准测量目标反射镜的中心 P 时,用两个角度编码器分别测量出 P 点的天顶距 β 和水平方位角 α,用激光干涉仪测量到 P 点的距离 L 后,则由式(3.5.1)计算出 P 点的坐标 (x, y, z)。

$$\begin{cases} x = L\sin\beta\cos\alpha \\ y = L\sin\beta\sin\alpha \\ z = L\cos\beta \end{cases} \qquad (3.5.1)$$

需要注意的是,跟踪仪测量的是反射镜的球心位置。实际测量时,反射镜外壳与被测面是相切的。因此,要获得实际被测点的坐标还需要对测量结果进行半径补偿。

3.5.3 测量误差分析

1. 激光跟踪仪的技术参数

表征激光跟踪仪质量的参数有很多,除了精度、测程等外,其尺寸大小、稳定性、耐用性、抗干扰性、便携性也是非常重要的。单从技术指标而言,各个品牌的激光跟踪仪大同小异。这里以海克斯康 AT901-B 为例,通过表 3.5.1 给出部分相对而言比较重要的技术指标。

表 3.5.1 海克斯康 AT901-B 技术指标

项目	指标
水平/垂直测量范围	$360°/\pm45°$
最大测量范围	160m
数据采集/输出速度	3000/1000 点/秒
横向跟踪速度	4 米/秒
径向跟踪速度	6 米/秒
绝对测距最大允许误差	$\pm10\mu m$
干涉测量精度	0.5ppm
角度重复精度	$7.5\mu m + 3\mu m/m$
角度测量精度	$15\mu m + 6\mu m/m$
空间坐标最大允许误差	$15\mu m + 6\mu m/m$

需要说明的是:激光跟踪仪的测角误差是以固定误差和比例误差形式给出的,其本质是相当于测角误差(传统标称模式为角秒)乘以距离所得到的横向误差。表 3.5.1 中给出的坐标误差是在垂直角为 0 时的结果。如果垂直角比较大(比如±45°附近),则实际点位误差应该乘以 1.2～1.3。

2. 精度影响因素

由于激光跟踪仪的高精度特性,因此,其测量结果对各种因素的敏感度也非常高。影响测量精度的因素主要来自外界环境和仪器自身。由于仪器的高度自动化,对操作者经验、技巧的要求大为降低,但也需要正确操作。图 3.5.7 为 3 个主要影响因素的示意图。

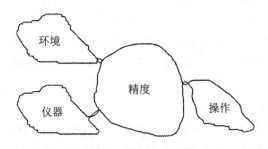

图 3.5.7　激光跟踪仪精度的影响因素

1）环境因素

环境因素包括温度变化、温度梯度、大气抖动、外界振动、仪器支架和被测物的稳定性等。不同环境下得到的测量结果可能大相径庭,在高精度测量中必须严格控制。

(1)温度、气压和湿度等气象条件会影响大气折射率,从而影响干涉测距和绝对测距结果。其中温度影响约占所有气象参数影响量的 92%,温度每变化约 1.1℃,会引起约 10^{-6} 的折射率变化。当装配现场热源较多、温度分布不均匀时,特别注意温度对测距结果的改正。

(2)激光光路方向上的温度梯度、大气抖动会影响光的方向,使角度测量误差增大。

(3)外界的振动会导致粗差的出现及仪器和被测物相对位置的缓慢变化。

(4)仪器支架的不稳定导致仪器的位置变化,从而测量结果的精度严重下降。

2）仪器结构

仪器本身由很多电子元件组成,它们的散热会导致仪器结构随时间而产生细微变化,而且激光频率也会随时间发生漂移,在刚开机预热后的一段时间内表现得非常明显。

激光跟踪仪包括两个度盘及各种反射光路组成的测角系统、激光干涉测距系统及各种复杂的马达、反馈系统。仪器的加工装配误差、运输及外界环境的变化都会造成光路的改变及轴系关系的变化,影响仪器的性能。为保证仪器的稳定性,配套软件提供了自校准程序。在软件中存在着包含各种误差(如度盘偏心、镜轴倾斜、轴系倾斜等)参数的数学模型,通过特定的校准步骤,计算出误差值,对测量结果进行补偿。

3）操作

仪器的操作不仅是会使用仪器,而且应能够根据测量任务的具体情况,选择合适的方案,并采取措施使得仪器自身及外界因素对测量结果的影响最小。

3.提高测量精度的措施

1）仪器现场检查

通过类似于仪器校准但略为简单的操作,如前后视测量,对仪器进行现场检查,可以确定仪器的状态,保证测量的质量。现场检查应该每天都做或者改变操作环境后立即进行。这不仅能确定仪器的状态,而且可能会发现测量现场环境的问题。

2）定期校准

实验室环境下可能得到非常好的结果。但是如果仪器的状态不符合实际环境,就无法取得高精度的结果。校准一般在测量现场进行。但测量现场经常会受到人员走动、振动等各种因素的干扰,影响校准质量,应尽量避免。

校准应该定期进行,在长途运输或受到颠簸、碰撞之后,也应进行校准。操作者应该选择有经验的人员,以减弱人对校准质量的影响。对于高精度的测量,最好每次工作之前都进行校准。

3）基准距离的校准

激光跟踪仪最大的优点在于利用双频激光干涉测量距离。然而干涉测量的零点却是不确定的,基准距离校准就是为了得到干涉测量的起始长,或者说基准距离校准就是标定跟踪仪的坐标原点到反射器起始位置("鸟巢")的绝对距离,且对不同的反射器都应该做此校准。

4）测距加常数检验

距离加常数检验的基本方法有两种:

① 如图 3.5.8(a)所示:当已知两点 1、2 之间距离时,在两点之间测量(尽量位一条直线上)用仪器测量到 1、2 点的距离和角度,通过余弦定理计算加常数。

② 如图 3.5.8(b)所示:当两点 1、2 之间距离未知时,在两点之间测量(尽量位一条直线上)的两个仪器位置测量到 1、2 点的距离和角度,通过余弦定理条件计算加常数。

以上方法校准时,应该尽量保证 1、2 两点稳定,且都与仪器同高。

图 3.5.8　距离加常数校准

5）减少绝对测距仪的使用

干涉测距精度很高,但是一旦断光,必须返回基准点("鸟巢"),非常不方便。目前很多激光跟踪仪都具备了绝对测距仪功能,无须返回基准点,大大提高了方便性。由于干涉测距的高精度,绝对测距仪以干涉测距为基准,校准其加常数和乘常数。显然,绝对测距仪的精度要低于干涉测距的精度。此外,绝对测距仪断光续接除了对距离测量造成影响外,还会对角度测量造成一定的影响。因此在测量精度要求高时,应减少绝对测距仪的使用。

6）光学反射器的操作

不同的反射器对应不同的常数,测量时应确信选择了正确的反射器。为减小反射器加工误差的影响,测量时其相对于仪器的姿态应基本一致;反射器放好后,应瞄准仪器头,确保激光的入射角不会过大;确保反射器和靶座之间无灰尘、碎屑,接触良好;在反射器使用过程中,须和不同的物体反复接触,底面可能会造成一定的磨损。

7）测量环境

高精度测量时,避免外界振动(吊车、汽车、人员走动)。在测量过程中,应始终保证仪器和被测物没有移动；在测量区域内，应确保在测量前没有发生重物移动而导致地基产生不易觉察的变化；测量状态应尽可能接近被测物的使用状态，以避免移动及支撑方式变化对物体的影响；在高精度测量时，应该保证跟踪仪和周围环境充分融合。总之，应该保证测量环境处于"可控"状态。

温度对测量精度影响大，应该特别注意。温度变化不仅会引起仪器状态的变化，而且会引起被测物尺寸的变化，且这些影响是很难量化改正的。另外，温度变化造成的大气密度梯度会直接影响角度测量和距离测量。因此，最好的办法是严格控制测量时的温度。当测量范围较大时，可以通过多个温度传感器建立温度梯度场。

此外，若一次测量持续时间很长，仪器、被测物或基准点之间的相对位置很容易发生变化，从而影响测量精度。在耗时较长的安装测量任务中，应建立稳定的基准，定期重测基准，保证基准和被测物之间相对位置的统一。

8）多余观测

多余观测可以保证测量数据的质量，只有存在多余观测才有可能剔除粗差及受环境影响较大的数据。对于激光跟踪仪来说，因其测量速度快，使得多余观测获取非常方便。

9）正确操作

面对不同的测量任务，应根据具体情况，制定合适的方案。例如：仪器和被测物的相对位置及姿态可能影响测量精度。对于隐藏点，应比较直接用偏心标志测量的精度和仪器转站测量的精度。

3.5.4 精度评定方法

对激光跟踪仪的精度评定方法有两种：比对法和统计分析法。比对法是将测量结果和更精确的仪器或标准进行比较的方法；统计分析法是根据概率及统计学原理，利用误差传播定律估计测量精度的方法。

1. 比对法

比对法是激光跟踪仪精度评定中最常用的方法，常用的标准物有标准尺、"球杆"等。标准尺采用膨胀系数非常低的因瓦合金或碳纤维制造，其长度一般在2m以内，精确尺寸由生产厂家或计量单位的精密测长设备给出。用激光跟踪仪测量标准尺的长度，与尺长比较，在一定程度上，差值可以反映仪器的测量精度。

球杆能够产生一个精确定义的圆，其原理是在一个平面内，物体绕一点作固定半径的转动时，其运动轨迹是圆。球杆通过马达驱动，反射球的轨迹是一个标准圆。由于仪器的测量误差，反射球的轨迹将不再是一个圆，可通过圆拟合的方法，计算拟合误差，根据误差情况，可用于检验仪器的精度或修正仪器参数。

此外，还可以用其他一些标准物，如步距轨、标准平面、标准圆柱等进行精度检验。

除了标准物外，双面测量（等同于经纬仪的盘左和盘右测量）也是一种非常好的精度评定办法。度盘在双面测量同一个目标时，其测量值之和应等于常数，差值能反映仪器的轴系误差和测量误差。

现场检查综合应用以上方法可以确定仪器的状态、环境条件及操作者等因素对测量的综合影响。例如在远、近、高、低等多个位置布设靶标点，在稳定的测量环境下进行两面测量及远、近处的球杆测量。

2. 统计分析法

统计分析法可以给出较为全面的信息。基本思路是：利用一系列空间点形成一个相对位置关系确定，但参数未知的标准空间参考系统。利用跟踪仪从不同位置对该空间系统进行测量获得两组信息：一是空间点的相对位置关系及其测量精度，二是仪器之间的相对位置。测量精度信息反映了各种因素的影响，可以评定激光跟踪仪的测量精度。对精度的分析采用均方根误差或方差等统计值，故称为统计分析法，该方法可较为实际地反映仪器在空间范围内的测量精度情况。从仪器操作的角度来看，该方法是利用转站测量方式评定仪器的精度。

由于空间点的数目、相对位置关系、仪器设站次数等均会影响结果，所以应根据实际测量情况布设空间点及仪器位置。相对于比对法来说，统计分析法给出的精度信息非常综合，但提供的只是仪器的验后精度，无法为测量提供验前信息及指导。二者各有利弊，所以在实际工作中可结合使用，根据要求灵活掌握，给出正确的精度评定。

3.5.5　系统特点与工程应用

激光跟踪仪具有跟踪性能好、跟踪精度高、响应速度快，并能够以大方位角、高精度、大范围、全姿态地测量运动目标的位置信息。它不需人工瞄准即可全自动跟踪反射镜。激光跟踪测量系统的测量速度是其他系统无法比拟的，每秒读数可达数千次，既可以进行静态测量，又可以用于动态目标的跟踪检测。这种快速、动态、远距离、高准确度的特点使其在飞机、汽车和轮船部件的外形测量，飞机装配型架等设备及工业精密设备的安装测量、控制网建立等方面有广泛应用。

1. 高精度控制网的建立

工业测量中的设备安装需要高精度控制网，采用激光跟踪仪测角测边来建立是目前常用的方法。例如粒子加速器的预准直需要高精度控制网，就可以利用激光跟踪仪的高精度测距，对墙体或柱子上安置的控制点观测边长值，采用秩亏自由网平差或者经典自由网平差建立高精度测边控制网。因边长观测网的多余观测数较少，需要在足够多不同位置架设跟踪仪对靶球进行距离测量，如图 3.5.9 所示。

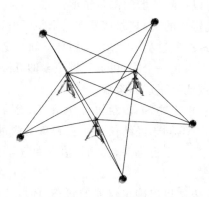

图 3.5.9　基于激光跟踪仪测距的控制网建立

2. 与 T-Cam 集成的 6 自由度实时测量

T-Cam 是一个 CMOS 数字照相机系统,利用近红外线的可见光工作。它有一个光学变焦系统和一个能带动镜头做垂直方向的圆周运动的电机。安装到激光跟踪仪后,T-Cam 能对目标设备中的广角接收器时刻跟踪,并捕捉目标设备上的红外发光二极管图像。T-Cam 的角度编码器由跟踪仪来控制,以提供 T-Cam 竖直方向的圆周运动。T-Cam 连续高速变焦的光学摄像头保证拍摄影像中得到固定大小的目标设备。

1) 高精度单点测量(T-Probe)(图 3.5.10)。

激光跟踪仪的合作目标是靶球,用它无法直接测量物体的特征部位,如角点、棱、螺孔等。为此,采用 T-Probe 配合进行单点测量,也可以进行隐蔽点和特征点的测量。T-Probe 就是前述的一种偏心标志。其测头中心放置了靶球,同时按一定的阵列分布安置了多个红外发光二极管,用于 T-Probe 的 6 个位姿参数与跟踪仪坐标系的转换。

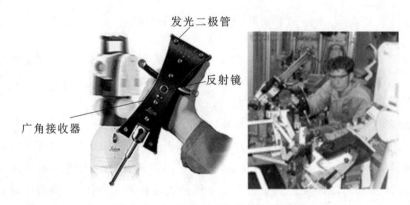

图 3.5.10　T-Probe 的单点在线测量

T-Probe 主要性能指标列于表 3.5.2。

表 3.5.2　T-Probe 主要性能指标

项目	指标参数
距离范围	1.5~15m
测头旋转速度	俯仰角±45°;绕竖轴旋转±45°;绕光轴旋转 360°
测点误差	(7m 内)±100μm,(7m 外)±(30μm+10μm/m)
长度误差	(8.5m 内)±60μm,(8.5m 外)±7μm/m
综合测量误差(实测球面半径与名义值之间的偏差)	±(20μm+2μm/m)
最大测杆长度	600mm

2) 基于 CAD 的检测(T-Scan)(图 3.5.11)

与 T-Scan 配合,以手持方式实现对物体表面非接触式的快速扫描测量,扫描距离测量采用了三角测量法。T-Scan 四周配有多个红外发光二极管，中心有一个靶球，用于确定 T-Scan 的瞬间位姿，实现扫描坐标系到跟踪仪坐标系的转换。测量时，表面不需要涂层等处置措施，可用于曲面测量、模具制造和逆向工程和基于 CAD 检测等方面。

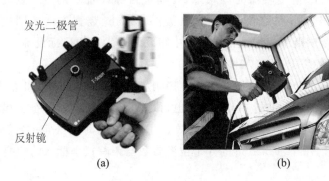

图 3.5.11　T-Scan 的扫描测量

T-Scan 具有 70000 点/秒的数据采集能力，而且在 8.5m 范围内，空间长度测量误差不超过 $50\mu m$，可根据被测物体表面状况自行调节激光束密度。T-Scan 的测量范围根据不同的激光跟踪仪的配置，目前最大测量半径为 30m。

3) 空间点位姿跟踪(T-MAC)(图 3.5.12)

在一定的空间范围内，在静止物体和运动物体上安装 T-MAC，通过 T-MAC 的六自由度实现对目标体的空间位姿的动态测量，得到空间位置、线速度、线加速度以及物体空间姿态角、角速度和角加速度。主要用于工业机器人位姿测量与控制、高精度转台运动角度测量等。与 T-Probe 一样，T-MAC 上面同样安置有靶镜和多个发光二极管，通过跟踪仪中的 T-Cam 摄影测量功能和跟踪功能实现对 T-MAC 的六自由度测量。

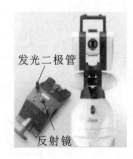

图 3.5.12　T-Mac 的位姿测量

3. 其他应用

由于激光跟踪仪具有静态和动态高精度以及便携等优良特性，它在工业测量领域得到广泛应用，如图 3.5.13 所示，如直接通过手持反射靶球，对大型物体(比如飞机、机器设备等)进行高频率、高精度坐标测量，通过数据处理，得到直线度、平面度、形状差等检测数据,实现实际值与设计值之间偏差的实时反馈。利用其高精度的跟踪特性获取机器手的运动轨迹,实现对机器人调整、机械导向和测量辅助装配等工作。另外,跟踪仪可在大空间(如飞机装配、粒子加速器安装等)建立高精度控制网,也是粒子加速器的元件标定与准直测量的必备设备。

图 3.5.13　激光跟踪仪的工业应用

3.6　三维激光扫描测量系统

　　三维激光扫描是 20 世纪 90 年代中期出现的一项新技术。通过激光高速扫描,快速而密集地获取物体表面三维坐标、反射强度等信息,构建实体三维模型。三维激光扫描技术具有测量速度快,效益高、不接触、主动性,高密度、高精度,数字化、自动化、实时性强等特点,突破了传统的单点测量方法,拓宽了测绘技术的应用领域。工业测量的逆向工程、对比检测;建筑工程中的竣工验收、改扩建设计;工程中的变形监测、地形测绘;考古项目中的数据存档与修复工程,等等都广泛应用了扫描测量技术。工业测量中多采用地面三维激光扫描测量系统。

3.6.1　系统组成

　　地面三维激光扫描系统主要由扫描头、控制软件和配件组成,如图 3.6.1 所示。有些扫描仪内部集成了 CCD 相机。

1. 扫描头

　　扫描头包含激光测距系统和扫描控制系统。测距系统可获取仪器到激光脚点的距离和反射强度,主要由激光发射器、信号接收器、时间计数器组成。扫描控制系统控制扫描仪在预置的水平方向和垂直方向做旋转测量。通过旋转控制器控制激光发射器绕水平轴

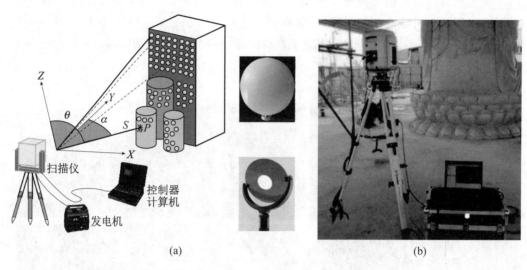

(a) (b)

图 3.6.1　三维激光扫描仪组成与测量

和垂直轴旋转,同时利用内部高精度传感器记录水平角和垂直角。

2. 数据处理软件

数据处理软件主要用于数据的存储与处理。由于扫描测量中点的密度高,含有很多冗余数据和无用数据,导致一个对象测量完毕后数据处理文件非常大,因此对点云数据的处理相对而言也非常复杂。为此,不同仪器生产厂商有自己独立的随机点云处理软件,也有功能更加强大的第三方商用通用软件,如图 3.6.2 所示。

图 3.6.2　随机和通用点云处理软件

3. 配件

最常用的配件就是支架和靶标。支架用于安置激光扫描仪。对一个物体进行扫描测量时,往往需要搬迁扫描仪进行多站扫描,靶标作为两站之间的公共点,可用于仪器站间的点云拼接。

三维激光扫描仪采用的靶标主要有两种形状:球状靶标和平面靶标,如图 3.6.3 所示。其表面白色部分都是采用反射率极高的粗糙材料。底部是磁铁,可以吸附在铁质材料上。为了获得高精度的公共点,一般都采用最高精度和最高密度方式扫描靶标。

图 3.6.3　靶标

3.6.2　测量原理

激光扫描系统的坐标系定义为:以激光扫描头的水平旋转轴、垂直旋转轴和激光出射轴三轴交点作为坐标原点,以纵轴向上为 Z 轴。以与水平度盘中心指向零度位置方向相平行的线为 X 轴,构成右手坐标系,如图 3.6.4(a)所示。

激光扫描头中,激光发射器发射出激光束测距信号,在控制器的控制下,水平镜和垂直镜按照设定的步进量快速而有序地同步旋转,使激光束依次扫过测量物体表面。再经物体表面漫反射回来,由探测器接收反射回来的激光信号。控制模块通过某种模式测量出每个激光束脚点(激光束与物体表面的交点)的空间距离 S 和每个激光脚点的水平角 α 和天顶距 β,如图 3.6.4(b)所示。

具体而言,激光扫描测量值分为三个部分:

(1) 距离测量:按照三角法、脉冲式或相位式原理测量仪器和激光脚点之间的距离。

(2) 角度测量:步进电机是一种将电脉冲信号转换成角位移的控制微电机。把两个步进电机和扫描棱镜安装在一起,分别实现水平方向 α 和天顶距 β 扫描的精确定位。最常用的扫描方式有两种:

① 摆动扫描镜(见图 3.6.4(c)):由电机驱动摆动扫描镜往返振荡,扫描速度较慢,适合高精度测量。由于不断地经历加速、减速等步骤会使激光脚点的密度不均匀。在扫描角度小(如±20°)时不均匀性不显著;当扫描角逐渐增大时,不均匀性会越来越显著。

② 旋转正多面体(见图 3.6.4(d)):在电机驱动下,旋转正多面体扫描镜绕自身对称轴匀速旋转,扫描速度快。速度和发射激光比摆动扫描镜面均匀。但光通过每一个多棱镜的表面时,都会经历一段不能接收光的部位。

这样,每个激光脚点三维坐标的计算公式为:

$$\begin{cases} X = S\cos\alpha\sin\beta \\ Y = S\sin\alpha\sin\beta \\ Z = S\cos\beta \end{cases} \tag{3.6.1}$$

147

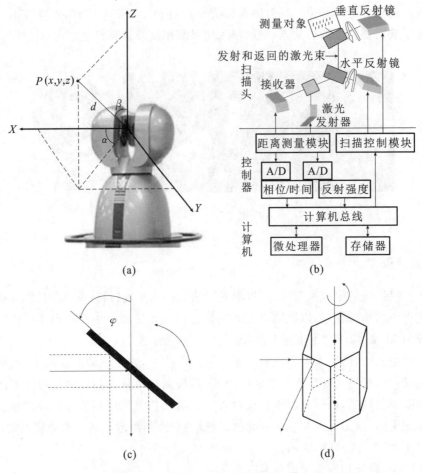

图 3.6.4　三维激光扫描构成与测量

（3）强度测量：在扫描测量中，除了每个激光脚点三维坐标外，同时也测量其反射信号强度值，用于点的属性判读与分类。很多扫描仪还内置了相机，实现点的颜色配赋，使每个点都有一个真实颜色。

由于激光扫描测量获取的点的密度非常高，称这种密集的测量点为点云。点云有如下特点：

① 可量测性：可以直接在点云上量取点的坐标和法向量，两点的距离和方位；计算点云围成的表面积与体积等。

② 光谱性：具有 8bit 甚至更高的激光强度量化信息和 24 位真彩色信息。

③ 不规则性：点云扫描是按照水平角和垂直角等间隔步进方式进行采样的。同样的间隔，距离与点间隔成正比。再加上各种因素的影响，点云在空间的分布并不是规则的格网状。

④ 高密度：目前扫描仪的角分辨率在 $10''$ 左右，对应点间距可达到毫米级，因此，每平

方米内点的密度可以达近百万个。

⑤ 表面性:激光点接触到物体表面即被反射,不能到达物体内部。因此,点云信息都是物体表面信息,不涉及物体内部。

3.6.3 三维激光扫描仪分类

目前生产各种激光扫描仪的国内外厂家有很多,这里所述的激光扫描测量主要是三维且都是基于地面的,可分为工程测量型和工业测量型两类。

1. 工程测量型地面三维激光扫描仪

目前市场上主流的工程测量型地面三维激光扫描仪主要来自 FARO、LEICA、TRIMBLE、Z+F、OPTECH、RIEGL 等公司。同样,国产的三维激光扫描仪研制也取得了重大成果,开始应用到实际工程测量中,如北科天绘、南方测绘、思拓力、中海达等生产的不同类型地面三维激光扫描仪已经市场化。图 3.6.5 所示是市场上常见的各类地面三维激光扫描仪。

图 3.6.5　工程测量型三维激光扫描仪

这类地面三维激光扫描仪的主要技术指标见表 3.6.1。

表 3.6.1　地面三维激光扫描仪的主要技术指标

项目	指标描述
测距原理	相位式测距:测量速度快,测量精度高,测程较短(<300m);脉冲式测距:测量距离远(>300m),测量速度慢,精度低
测距范围	0.5~600m(与被测物体表面材质与反射率有关)
测距精度	基本在 3mm@50m 左右(与距离和表面越粗糙有关)
角度分辨率	0.0005°~0.009°
扫描速度	5 万点/秒~200 万点/秒(与距离有关)

续表

项目	指标描述
激光束直径	3mm 左右(与距离有关)
视场角	水平面 360°,垂直面 100°～300°
点位精度	基本在 3mm 左右(与距离和物体表面特性有关)

2. 工业测量型三维激光扫描仪

工业测量型三维激光扫描仪测距采用三角法原理、相位式或者调频相干激光雷达技术,使测距精度达到亚毫米级,实现对工业产品的高精度测量。

1) Nikon Metrology 的 MV 系列(见图 3.6.6(a))

Nikon Metrology 公司(原美国 Metric Vision 公司,被 Nikon 收购)的 MV 系列(MV224、MV260、MV330、MV350、MV430、MV450 等)激光雷达(Laser Radar),采用调频相干激光雷达技术,调制频率高达 200GHz(一般全站仪的测距频率最高为 50MHz～100MHz),实现高精度距离测量。测量范围为 20m～60m,2m 距离内的点位精度为 24μm,10m 为 102μm,30m 为 301μm。

2) Surphaser HSX 系列(见图 3.6.6(b))

Surphaser 系列是一款扫描速度高、高精度、超短距离(0.25m～7.0m)的三维激光扫描仪。Surphaser® 75USR(0.25～2.5m)采用相位式测距,距离测量精度在 2.5m 内达到 0.15mm,最高扫描速度达 120 万点每秒。

3) 柯尼卡-美能达 Vivid-910(见图 3.6.6(c))

Vivid-910 使用激光线光源,发射出栅条状的激光束,从物体反射回来的光通过 CCD 检测到。扫描仪到物体的距离通过三角法测距得到。对不同的测量范围和距离有 3 个镜头可以交换使用。扫描范围为 0.6～2.5m,精度在 0.3mm。

4) 手持式三维激光扫描仪(见图 3.6.6(d))

手持式三维激光扫描仪是一种便携式三维激光扫描仪,由两端的摄像机和中间的结构光投影器组成。通过手持移动扫描来获取目标表面的三维数据。测量时需要随机粘贴点状标志,通过随机编码的自定位功能,实现扫描过程中点云的自动配准,极大地提高了测量工作的效率和测量灵活性。扫描点精度 0.03mm,扫描测量速率为 480000 次测量/秒,扫描零部件尺寸范围 0.1～4 m。图 3.6.7 为实际测量场景。

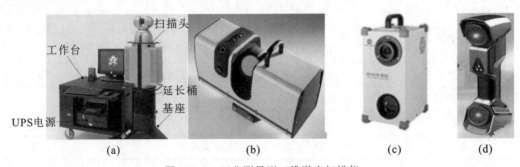

(a)　　　　　　　(b)　　　　　　　(c)　　　　　(d)

图 3.6.6　工业测量型三维激光扫描仪

图 3.6.7 手持扫描仪测量

3.6.4 扫描测量工作流程

1. 现场扫描测量

1）制定作业方案

根据测量任务、要求以及现场条件确定：点云的坐标系；采用的扫描仪；扫描站数与位置；配准方式；测量费用、作业进度、成果形式，等等。

2）现场扫描

根据作业方案，现场连接相关的设备，架设扫描仪和布设 4～6 个拼接靶标，设置扫描参数（如扫描范围、扫描距离、扫描间隔、重复测量次数等）。启动扫描仪即可开始扫描，扫描内容包括靶标扫描和目标扫描。

扫描中选定扫描对象的范围时，根据扫描仪的结构不同有两种方式。利用扫描仪的内置相机，在显示屏上的影像上直接框选扫描范围，如图 3.6.8（a）所示。或者利用扫描仪低分辨率全景扫描点云生成的影像图上框选扫描范围，如图 3.6.8（b）所示。

(a)

(b)

图 3.6.8 框选范围与扫描结果

扫描后在现场要初步拼接一下,检查是否有遗漏和空缺。

2. 扫描数据处理

在三维激光扫描过程中,点云数据获取时常常会受到遮挡的影响。特点是形状复杂的物体容易出现扫描盲点,形成孔洞。同时由于扫描测量范围有限,对于大尺寸物体或者大范围场景,不能一次性进行完整测量,必须多次扫描测量,因此扫描结果往往是多块具有不同坐标系统且存在噪声的点云数据。激光扫描仪在多个站扫描时,不仅会产生很多的重复点云,而且还会产生大量与被测物体无关的点云。并不是所有的点都能用于物体重构。过多的数据点会导致计算机运行、存储和操作的低效率,生成模型需要消耗更多的时间。因此,需要对原始扫描点云进行一系列预处理才能形成需要的模型点云。点云处理的主要流程如图 3.6.9 所示。

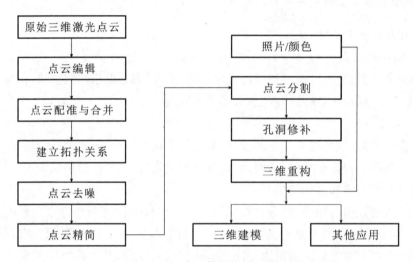

图 3.6.9　点云数据的处理过程

1) 点云编辑

通过对每个扫描站测量的点云进行编辑,裁剪掉粗差以及与建模无关的点云。

2) 点云配准与合并

点云配准也称点云拼接、点云对齐、点云注册等,它是通过两站扫描测站上的公共点,通过坐标变换,将两站的点云统一到同一坐标系中,实现两站点云的合并。配准方法主要有三种:

(1) 基于靶标配准:靶标配准是点云拼接最常用的方法。首先在扫描两站的公共区域放置 3 个或 3 个以上的靶标,依次在各个测站对目标和靶标进行扫描,计算出靶标的中心作为拼接点。利用不同站上相同的靶标计算三维坐标转换参数,完成两站的点云配准。

(2) 基于点云配准:通过两站间公共部位的点云实现配准的方法称之为迭代最近点算法,也称为 ICP(Iterative Closest Point)算法。该方法要求在扫描目标对象时要有一定的重叠区域,而且重叠区域的特征要明显,否则无法完成数据的配准。对两站的重叠区域的点云,按照同名相邻点最近的原则通过不断迭代调整,使两块点云达到最佳匹配,得到两站间的三维坐标转换参数,完成两站的点云配准。

（3）基于控制点配准:首先通过全站仪或者 GNSS 确定公共控制点在统一坐标系中的坐标,再利用扫描仪具有的对中整平功能,直接架设在控制点上,并在后视定向点上安装靶标,扫描的点云数据就可以直接转换到统一坐标系中。

完成所有站间的点云配准后,就实现了将所有扫描站的点云合并到一个统一的坐标中,得到测量对象的一个完整点云。

3）建立拓扑关系

扫描获取的点云数据庞大,但每个点是孤立的,称为散乱点云。而构建模型的过程中,每个点只与其一定范围内的周围点相关。因此,在处理点云时,尽量避免操作整个点云,而是只对单点及其邻域范围的点进行操作。为此,必须建立起点云的拓扑关系。目前,空间点云拓扑关系的建立主要有八叉树结构、网格结构和 k-d 树结构,这里只简单介绍八叉树数据结构。

八叉树数据结构（见图 3.6.10）是一种描述三维空间的树状数据结构,其每个节点表示一个正方体的体积元素,每个节点有 8 个子节点。将 8 个子节点所表示的体积元素加在一起就等于父节点的体积。八叉树数据结构就是将所要表示的三维空间 V 按照 X、Y、Z 3 个方向,从中间进行分割,把 V 分割成 8 个子立方体,然后根据每个子立方体中所包含的点数来决定是否对各子立方体继续进行八等分的划分,一直划分到每个立方体至预先定义的不可再分的体积为止,或者没有目标为止。对任意形状的目标,八叉树结构都能通过多次分解而将目标精细表示,从而有效地表达和管理空间几何体。

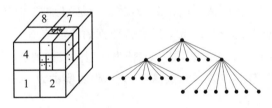

图 3.6.10　八叉树分割

八叉树结构算法的思路如下:

（1）确定数据点最小包围盒的边长 L_{min},作为包围盒递归分割的结束条件。为保证每个子包围盒中仅包含有至少一个数据点,需要从整个点云中确定两点间的最小距离 L_{min}。

（2）将点云的包围盒平均分割为 8 个子盒,对包含有多个数据点的子盒继续分割,直至每个子盒达到分割结束条件（边长小于 L_{min}）为止,分割过程用八叉树记录。

（3）广度遍历生成的八叉树,利用数据点的空间分布与包围盒的对应关系,快速搜索出任意点的邻域点集,完成拓扑结构的寻找工作。

4）点云去噪

在现场扫描时,会受到仪器自身、周围环境以及被测物体特性等各种因素的干扰而使数据包含噪声。点云中的噪声可以分为两类:离群点(粗差)和噪声点(偶然误差)。例如扫描机械零件时,其前后左右的其他物体的点云就属于离群点。而被测物体上的点都含有随机误差,随机误差使表面数据点呈现一定的厚度。

点云去噪就是通过各种滤波算法,去掉离群点,同时抑制随机噪声,使数据间更加平滑。

消除离群点的常用滤波器有统计滤波器、半径滤波器、条件滤波器和直通滤波器等。

(1)统计滤波器:对每一个点的邻域进行统计分析,计算它到所有临近点的平均距离。假设得到的结果是一个高斯分布,其形状是由均值和标准差决定,那么平均距离在标准范围(由全局距离平均值和方差定义)之外的点,可以被定义为离群点并从数据中去除。

(2)半径滤波器:以某点为中心画一个圆,计算落在该圆中点的数量。当点数大于给定值时,则保留该点,点数小于给定值则剔除该点。但圆的半径和圆内点的数目都需要人工指定。

(3)条件滤波:条件滤波器通过设定滤波条件进行滤波,类似分段函数。当点云在一定范围则留下,不在则舍弃。

(4)直通滤波器:对于在空间分布有一定空间特征的点云数据,比如使用线结构光扫描的方式采集点云,沿 z 向分布较广,但 x,y 向的分布处于有限范围内。此时可使用直通滤波器,确定点云在 x 或 y 方向上的范围,可较快剪除离群点。

数据平滑通常采用高斯滤波、平均值滤波和中值滤波等算法。

(1)高斯滤波法:该方法属于线性平滑滤波,能在指定的区域内将高频噪声滤除。在指定域内的权重是根据欧氏距离的高斯分布,当前点通过加权平均的方式得到滤波后的点。该方法在滤波的同时能较好地保持原点云数据的特征信息。

(2)均值滤波法:也叫平均滤波,是一种较为典型的线性滤波。选择某点一定范围内的点求取其平均值来代替该点。该算法简单易行,但去噪的效果较为平均,不能很好地保留点云的特征细节。

(3)中值滤波法:属于非线性平滑滤波。对某点相邻的三个或以上的数据求中值取代该点。该算法对毛刺噪声的去除有很好的效果,也能很好地保护数据的边缘特征信息。

在实际使用时,可根据点云质量和后续建模要求灵活选择滤波算法,滤波效果如图3.6.11 所示。

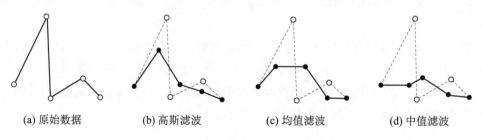

(a) 原始数据　　(b) 高斯滤波　　(c) 均值滤波　　(d) 中值滤波

图 3.6.11　不同滤波方法的滤波效果

5）点云精简

点云精简就是在保证物体特征精度的前提下减少点云的数据量,以提高数据的操作运算速度、建模效率以及模型精度。

点云的精简一般分为两种:去除冗余与抽稀简化。冗余数据是指在数据配准之后,其重复区域的数据。这部分数据的数据量大,多为无用数据,对建模的速度以及质量有很大影响。抽稀简化是指扫描的数据密度过大,数量过多,其中一部分数据对于后期建模用处不大,需要在满足一定精度以及保持被测物体几何特征的前提下,删除其中一部分数据。点云精简有以下几种方法:

（1）包围盒法:这种方法采用体包围盒来约束点云,然后将大包围盒分解成若干个均匀大小的小包围盒。在每个小包围盒中,选取最靠近包围盒中心的点来代替整个包围盒中的点。使用此方法获得的点云数据等于包围盒的个数,对于均匀的点云能够取得一定的效果。但是由于包围盒的大小是由用户任意规定的,因此难以保证所构建的模型与原始点云数据之间的精度。

（2）随机采样法:随机采样法是较为简单的点云精简算法。用一个能够产生恰好覆盖点云数据量范围的随机函数不断产生随机数,把随机数所对应的点从点云中去除,直到达到预设的精简率为止。随机采样容易实现,并且速度很快。但其随机性太大,无法控制精度,同时也无法重现。当去除的数据点较多时,就会导致大量的细节遗失,使得后续建模中生成的曲面或网格与原始数据偏差较大。

（3）曲率采样法:此类方法的原则是小曲率区域保留少量的点,而大曲率区域则保留足够多的点,以精确完整地表示曲面特征。该方法能较准确地保持曲面特征并有效减少数据点,但一般计算效率较低。实际应用中多采用反映曲率变化的曲面特征参数作为精简点云的判别准则。

（4）均匀网格法:在垂直于扫描方向的平面上建立一系列均匀的小方格,每一个扫描得到的点都被分配给某一个方格,计算出这一点到方格的距离,按距离大小排列所有分配到同一方格的数据点,取距离位于中间值的数据点代表所有分配于这个方格中的数据点,其他点则被删除。该方法能较好地适用于扫描方向垂直扫描表面的单块数据,且克服了样条曲线的限制。但由于使用均匀大小的网格,没有考虑所提供物体的形状,故对形状捕捉不够灵敏,一些在形状急剧变化的表面处的点将会丢失。

6）点云分割

对于较为复杂的扫描对象,如果直接进行点云数据建模,会使得建模过程十分困难,三维模型的数学表达变得复杂。因此,对于复杂的建模对象,一般先根据不同类型表面片的形状变化检测出表面片间的边界轮廓,对点云进行分割。点云分割形成的不同曲面类型的子区域,具有特征单一、凹凸性一致的特点。然后对每一子区域进行单独建模,有利于曲面拟合时减小误差和保持点云性质。最后对每个子模型进行组合,构成被测物体完整的表面模型。

目前散乱点云的分割主要有基于边的区域分割方法、基于面的分割方法、基于聚类的区域分割方法。

（1）基于边的区域分割方法：基于边的区域分割方法是根据数据点的局部几何特性，先检测到边界点，再进行边界点的连接，最后根据检测的边界点将整个数据集分割成独立的多个点集。此方法出发点是：测量点的法矢或曲率的突变是一个区域与另一个区域的边界，并将封闭边界的区域作为最终的分割结果。

基于边的区域分割方法的优点是速度快，对尖锐边界的识别能力强。但对于边界的确定仅用到边界的局部数据，受测量噪声影响较大，对于表面缓变或圆角半径较大的曲面往往找不准边界。

（2）基于面的分割方法：基于面的技术是确定哪些点属于某个曲面，这种方法和曲面拟合结合在一起。处理过程中同时完成曲面拟合。该方法可以分为自下而上和自上而下两种。

自下而上的方法即"区域增长法"：首先选定一个种子点，由种子点向外延伸，判断其周围邻域的点是否属于同一个曲面，直到在其邻域不存在连续的点集为止，最后将这些邻域组合在一起。此方法的关键在于种子的选择和扩充策略。

自上而下的方法是：先假设所有的点都属于同一个面，当拟合误差超出要求时，就把原集合分为两个子集。这种方法的关键是选择在何处分割数据点集，以及如何分割数据点集。主要问题是数据点集重新划分后，计算过程又必须从头开始，计算效率较低。因此这种方法实际使用较少。

基于面的分割方法对于二次曲面的分割比较有效，因为二次曲面可由多项式表达。问题是难以选择合适的种子点以及难以区分光滑边界，而且其区域生长受设定阈值的影响较大，选择合适的生长准则也比较困难。

（3）基于聚类的区域分割方法：根据微分几何中的曲面论，曲面在某一点处的主曲率由曲面的第一和第二基本量计算得到，与曲面的参数选择无关。

高斯曲率 K 是主曲率的乘积，根据高斯曲率的符号，可将曲面上的点分为椭圆点（$K>0$）、抛物点（$K=0$）和双曲点（$K<0$）。平均曲率 H 是 2 个主曲率的算术平均值，用来表明曲面的凹凸。聚类的依据是根据高斯曲率和平均曲率的正负符号组合，将点附近的曲面元分为 8 种基本类型：平面、峰、阱、极小曲面、脊、鞍形脊、谷、鞍谷。区域分割就是将具有相似局部几何特征参数的数据点，利用人工神经网络等数学工具对数据点的局部几何特征参数进行聚类。

基于聚类的方法对于曲面类型较为明显的曲面分块存在一定的优势，但是对于复杂的曲面而言，要直接确定曲面的分类个数和曲面类型比较困难。

单纯地采用上述的某一种策略，在稳健性、唯一性和快速性等方面均存在不足。因此，综合各种方法是一种有效的分割策略。例如，结合基于边和基于区域生长方法的思路为：首先用双二次曲面拟合测量数据点集，然后计算曲面的高斯曲率和平均曲率，通过这两个参数进行初始区域分割，然后用基于边的方法对初始区域分割进行边界提取，得到最后的区域分割。

7）孔洞修补

扫描过程中会因为各种原因（最常见的就是局部遮挡、零件本身可能的部分损坏）造成漏测,进而形成点云孔洞。不论是何种原因造成的孔洞,孔洞所在部位总是与周围曲面之间具有一定的连续性,或者说与周围测量点之间存在必然关联。基于这一事实,可以在孔洞部位依据其周围的测量点来建立一张局部曲面片,然后再用面上取点的策略补出孔洞部位的缺失点。

目前,针对点云数据进行孔洞修补主要有两类算法:

(1)基于网格模型的孔洞修补算法:对点云数据进行网格化,依据网格的拓扑结构识别出边界边,得出孔洞边界,采用局部扩展方法不断生成新增的三角片,从而完成对孔洞的填充。

(2)基于离散点云的孔洞修补算法:通过边界检测算法提取孔洞边界点,采用隐式曲面拟合一光滑曲面片覆盖孔洞,然后通过在曲面上重采样实现网格孔洞修补。常见的拟合曲面有:二次曲面、B-样条曲面、三角 Bézier 曲面及基于径向基函数(RBF)曲面等。

8)点云三维重构

三维模型中,曲面重构是其中最关键、最复杂的一个步骤。它是利用实体的几何拓扑信息,通过一系列的离散点,构建一个逼近原型的近似模型,如图 3.6.12 所示。目前,在逆向工程领域内主要存在两大类以不同的曲面模型为基础的曲面重构方案:

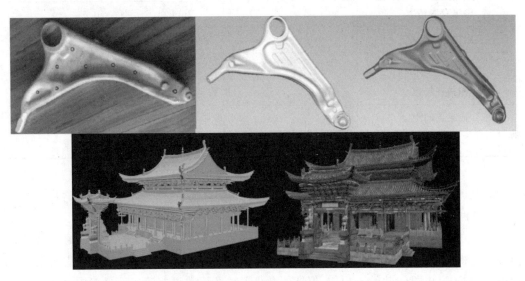

图 3.6.12　点云三维建模

(1)以三角网格面为基础的近似曲面重构方案。三角网格曲面就是用表面来包围内部体,具有构造灵活和边界适应性强的特点。

(2)以样条曲面为基础的自由曲面重构方案。非均匀有理 B 样条(Non-Uniform Rational B-Spline,NURBS)方法具有算法相对稳定、速度较快、曲面质量好等优势,它不仅可以表示自由曲面曲线,也能表示规则曲面,因此成为产品外形描述的工业标准。

基于点云重构的模型是单色模型。如果有影像数据,则可以将影像与点云模型配准,给点云模型赋以真实的颜色。

3.6.5　测量误差分析

1. 扫描仪的精度指标

每款扫描仪,生产厂商都会给出相关的技术参数,供实际使用时的设备选型。其中比较重要的几个参数是测量范围、测量速度、距离测量精度、单点测量精度和建模精度。表3.6.2 列出了 Leica C10 工程型地面三维激光扫描仪的技术参数。

表 3.6.2　Leica C10 工程测量型地面三维激光扫描仪技术参数

项　目	参　数
仪器类型	脉冲式,双轴补偿,内置相机,对中整平
单次点位精度	6mm
单次距离精度	4mm
水平/垂直角精度	12″
表面建模精度	2mm
靶标获取精度	2mm
扫描最大速率	50000 点/秒
测量范围	300m@90%,134m@18%（反射率）
扫描视场角	水平 360°,垂直 270°
最小点间距	水平方向/垂直方向<1mm
光斑直径	4.5mm@50m

2. 影响扫描测量精度的因素

1）角度测量

水平角和垂直角是扫描仪直接获得的两个基本观测量,其误差将直接影响所获得的点云坐标精度。尽管目前角度测量精度已经能够达到秒级,但由于仪器的制造误差或性能限制(如步进电机转动的不均匀、仪器的微小振动及读数误差等),使得扫描角度观测量仍然包含一定量的系统性误差。

2）距离测量

地面三维扫描仪的距离测量采用电磁波测距。距离测量值中会有固定误差和比例误差两部分。

3）分辨率

分辨率表征了仪器探测目标的最高解析能力。这里涉及两个基本参数,即相邻采样点间的最小角度间距和一定距离上光斑的最小尺寸。这两个参数直接决定了激光光斑的尺寸和光斑的点间距,对模型的构建精度有直接影响。

4）边缘效应

不管扫描仪的聚焦能力有多高,激光脚点的光斑都具有一定的大小,而距离测量依赖于光斑范围内的反射能量。这样就会出现两种所谓的边缘效应:一种是在不同目标的交界处,光斑的一部分在测量目标内,另一部分在相邻的目标内,两部分的反射能量都能到达接收系统,造成类似于 GNSS 多路径效应的效果,从而使测量结果产生系统性偏差;另一种是目标边缘的背景是天空或是其他已超出了有效测程的目标,部分光斑在测量目标内,同时也只有这部分的光斑能量能返回测距接收系统,其他能量将不能返回,造成激光测距的盲点,即无法获得该边缘点的测量信息。

5）反射特性

激光测距依赖于来自目标的反射激光能量。在任何情况下,反射信号的强度都将受到物体反射特性的影响。由于物体表面反射特性的差异,将导致激光测距产生一定的系统性偏差。一般情况下,物体的反射特性受到物体的材质、表面色彩(光谱特性)及粗糙度的影响。对某些材质的目标,由反射特性导致的系统性误差甚至会高出正常激光测距标准差的若干倍。

6）环境条件

和其他测距仪器一样,地面三维激光扫描仪还将受到温度和气压的影响。地面三维激光扫描仪只能在一定的温度、气压范围进行正常工作,超出这个范围,将引起系统性的误差。温度和气压还会造成光传播速度的改变,但对近距离影响较小,通常被忽略。

7）倾斜和粗糙度影响

激光扫描测距系统中激光测距单元由激光发射头和激光接收器两部分组成。由于三维激光回波信号有多值性的特点,有些三维激光扫描系统只处理首次反射回来的回波信号;有些三维激光扫描系统只处理最后反射回来的回波信号;还有一些三维激光扫描系统能够综合处理首次和最后反射回来的回波信号。不论哪种方式,都会因粗糙度引起测距误差。

图 3.6.13 为两种以首次反射回来激光回波信号计算距离的情形。由于激光发射和接收共用一条光路且激光光束具有一定的发散角 γ,扫描到目标物体表面就形成激光脚点光斑。当扫描目标物体表面切平面法线与激光光束方向不重合时,就会产生测距误差 dS_1。同样,目标物体表面粗糙不平也会引起激光脚点位置误差 dS_2。

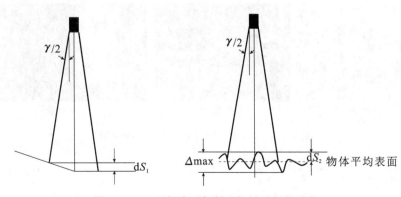

图 3.6.13　目标表面倾斜和粗糙引起的误差

3.6.6 系统特点与工程应用

激光扫描系统设备便携、操作方便、非接触测量,同时具有高精度、高密度、高速度、大尺寸和自动化的特点,非常适合于对那些难以到达或者不宜接触的物体进行测量以及对复杂形状物体进行精细建模和检测。但其冗余数据量大,特征测量不明显,导致数据自动化处理程度低,数据处理复杂,效率较低。

地面三维激光扫描广泛应用于工程测量和工业测量中,例如(见图 3.6.14):

(1)复杂工业设备的测量与建模:一些工厂管线林立,纵横交错,用传统的测量方法效率低下。而利用激光扫描仪测量和数据处理后就可以生成这些复杂工业设备的 3D 模型,为设备的制造和工厂规划提供可视化的三维模型,可极大地提高工作效率;测量资料还可以用于工厂管理。

(3)建筑测量与文物保护:一些著名建筑物、文物、雕塑等,其形状怪异、表面凸凹不平,通过三维激光扫描测量获取建筑物表面的精细结构,随时得到等值线、断面、剖面等信息。当建筑物和文物等遭到破坏后能及时而准确地提供修复和恢复数据。

(3)医学测量:医学中外科整形、人体测量、矫正手术等。

(4)大型设备、零构件等的逆向工程与工业检测:通过对实体对象扫描,进行形状测量,形成点云模型,实现对实体对象的重构。如果实体对象是依据 CAD 图纸生产的,还可以将点云模型与对应的 CAD 配准检测其加工质量。

(5)变形监测:由于地面三维激光扫描可以很精确地描述细节,因此,在利用地面三维激光扫描技术对物体进行变形监测时,可以很好地发现变形体从整体到局部三维变化,为变形的解释和预报提供更多依据。

管线测量　　　　　　　　形状测量　　　　　　　　工业检测

文物测量　　　　　　　　变形监测　　　　　　　　医学测量

图 3.6.14　地面三维激光扫描系统的应用

3.7 关节臂式坐标测量机

关节臂式坐标测量机是一种非笛卡儿式测量仪器。它仿照人体手臂关节结构几个长度精确已知的连杆通过旋转关节连接在一起构成测量臂,在最后一级杆件上安装测量探头。通过角度编码器测量各关节的旋转角度,再通过空间齐次变换方程求得被测点的空间坐标。如果配上非接触式的激光扫描测量头,则可灵活高效地用于逆向工程中的实体曲面的测量。

3.7.1 系统组成

关节臂式坐标测量机系统包含关节臂式坐标测量机、控制器、软件以及多个附件,如图 3.7.1 所示。

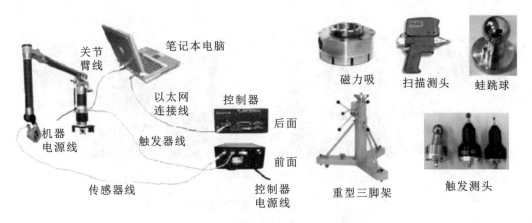

图 3.7.1 关节臂式坐标测量机组成

1. 关节臂式坐标测量机

关节臂式坐标测量机包含测头、关节、测量臂、立柱和底座。底座可以方便地安装在被测对象的附近,可以是磁性座,能吸附在铁质的被测工件或机器上。测量机有一系列的臂,它们可以绕相邻关节灵活转动,其关节处装有角度编码器,测量两个臂的相对转角。臂上贴有测温元件,补偿臂的温度误差。在最后一节臂的末端装有触发测头。用手抓住与它邻近的臂,可以方便地探测被测工件内外表面上的各个点。

2. 控制器与软件

控制器与软件一起,实现对数据获取和处理,如仪器参数设置、测头校正、温度改正、基本几何元素及其相互关系的测量,形状与位置误差测量等。还能进行统计分析、误差补偿和网络通信等。

3. 附件

因关节臂式坐标测量机一次测量范围有限,通过换站可扩大测量范围,换站也称为蛙跳,通过3~4个钢制蛙跳球实现。蛙跳球实质上就是关节臂式坐标测量机换站时坐标变换的所用的公共点。通过测量蛙跳球表面点拟合其球心作为三维坐标转换点。

当关节臂式坐标测量机置于金属的工作台上时,可以通过磁力吸在工作台上。在工厂现场测量时也可以采用重型三脚架放置关节臂式坐标测量机。

测量机的测头有两种测量模式:触发式和扫描式。

触发式测头采用球形硬测头(见3.9.1小节)。当测头端与被测工件接触时,精密量测仪发出采样脉冲信号,并通过仪器的定位系统锁存此时测端球心的坐标值,用于常规尺寸检测和点云数据的采集。其优点是:超轻重量,可移动性好,精度高,测量范围大,死角少,对被测物体表面颜色无要求,但必须是硬面,如图3.7.2(a)所示。

扫描式测头是一个线激光扫描测头,实现密集点云数据的采集,用于逆向工程和CAD对比检测。其优点是:速度快,采样密度高,操作方便,对被测表面材质有一定的限制(不适合透射或者强反射表面),适合柔软物体或不允许接触物体的测量,如图3.7.2(b)所示。

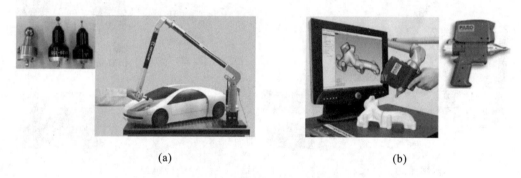

(a)　　　　　　　　　　　　　　(b)

图3.7.2　两种测头及其测量场景

3.7.2　测量原理

1. 齐次坐标变换

空间中任意一点在直角坐标系中的三个坐标分量用$(x,y,z)^{\mathrm{T}}$表示。若有4个不同时为零的数$(x',y',z',k)^{\mathrm{T}}$与$(x,y,z)^{\mathrm{T}}$存在以下关系:$x=\dfrac{x'}{k}$,$y=\dfrac{y'}{k}$,$z=\dfrac{z'}{k}$,则称$(x',y',z',k)^{\mathrm{T}}$为空间齐次坐标。一般用到齐次坐标时,都默认$k=1$。

对两个空间直角坐标系之间的变换,不考虑尺度比时可以转换成齐次矩阵$\boldsymbol{H}$的表示形式:

$$\begin{bmatrix} u \\ v \\ w \\ 1 \end{bmatrix} = \begin{bmatrix} a_1 & a_2 & a_3 & X_S \\ b_1 & b_2 & b_3 & Y_S \\ c_1 & c_2 & c_3 & Z_S \\ 0 & 0 & 0 & 1 \end{bmatrix} \cdot \begin{bmatrix} x \\ y \\ z \\ 1 \end{bmatrix} = \boldsymbol{H} \cdot \begin{bmatrix} x \\ y \\ z \\ 1 \end{bmatrix} \tag{3.7.1}$$

式中,$\boldsymbol{H}$就是齐次矩阵,它是一个4×4阶方阵。其中,左上角的3×3阶方阵表示坐标系之间的旋转变换关系,它描述了姿态关系,右上角的 3×1 阶矩阵表示坐标系之间的平移量,它描述了位置关系。矩阵中的 1 表示比例系数。所以,齐次坐标变换矩阵又称为位姿矩阵。

2. Denavit-Hartenberg 方法

1955 年,Denavit 和 Hartenberg 提出了一种后来称为 Denvait-Hartenberg 矩阵的方法或者 D-H 方法,用于解决两个相连且可以相互运动的构件间的坐标转换问题。此方法广泛应用于机器手臂的运动或控制理论中。关节臂从基座开始为最底级,顺次从下到上,每一个关节轴逐个加级。

D-H 方法对连杆的坐标系及参数有着严格的规定,该方法使用 4×4 的齐次矩阵来表达空间坐标的转换关系,定义清晰,易于计算机程序实现,是现在广泛使用的一种坐标转换方法。

如图 3.7.3 所示的两个连杆。z_n 坐标轴的方向与关节 $n+1$ 的旋转轴方向一致,x_n 坐标轴沿着 z_n 和 z_{n-1} 的公垂线,其方向指离 z_{n-1} 坐标轴的方向;y_n 坐标轴按右手法则确定。

杆件长度 a_n 定义为 z_{n-1} 和 z_n 两轴的最小距离,为其公垂线;连杆距离 d_n 定义为 a_n 和 a_{n-1} 的距离;连杆的夹角 θ_n 为轴 x_n 与轴 x_{n-1} 的夹角,方向以绕轴 z_{n-1} 右旋为正方向;扭转角 α_i 为轴 z_{n-1} 和 z_n 的夹角,以绕轴 x_n 右旋为正方向。

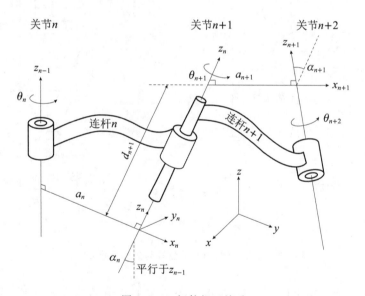

图 3.7.3　杆件相互关系

从坐标系 $(x_n$-$z_n)$ 通过以下四步标准运动,即可到达下一个坐标系 $(x_{n+1}$-$z_{n+1})$:

(1) 绕 z_n 轴旋转 θ_{n+1},使 x_n 和 x_{n+1} 互相平行;

(2) 沿 z_n 轴平移 d_{n+1},使 x_n 和 x_{n+1} 共线;

(3) 沿 x_n 轴平移 a_{n+1},使 x_n 和 x_{n+1} 的原点重合;

(4) 绕 x_n 轴旋转 α_{n+1}，使 z_n 轴与 z_{n+1} 轴重合。

通过右乘表示四个运动的四个矩阵就可以得到变换矩阵 $\boldsymbol{K}_{n,n+1}$：

$$\boldsymbol{K}_{n,n+1} = \begin{bmatrix} \cos\theta_{n+1} & -\sin\theta_{n+1}\cos\alpha_{n+1} & \sin\theta_{n+1}\sin\alpha_{n+1} & a_{n+1}\cos\theta_{n+1} \\ \sin\theta_{n+1} & \cos\theta_{n+1}\cos\alpha_{n+1} & -\cos\theta_{n+1}\sin\alpha_{n+1} & a_{n+1}\sin\theta_{n+1} \\ 0 & \sin\alpha_{n+1} & \cos\alpha_{n+1} & d_{n+1} \\ 0 & 0 & 0 & 1 \end{bmatrix} \quad (3.7.2)$$

矩阵 $\boldsymbol{K}_{n,n+1}$ 表示四个依次的运动。由于所有的变换都是相对于当前坐标系的，因此所有的矩阵都是右乘。m 个关节的 D-H 方法的齐次转换矩阵为：$K_{0,m} = \prod\limits_{i=0}^{m-1} K_{i,i+1}$。

3. 三维坐标确定——运动数学模型

假如一台关节臂式坐标测量机由 6 个旋转关节将各测量杆件连接在一起组成的系统，每个关节处均装有高精度的旋转编码器，其结构如图 3.7.4(a)所示。图中的关节 2、4、6 在纸面内旋转，关节 1、3、5 在垂直于纸面内旋转。

采用 D-H 方法建立测量机的坐标变换模型。首先确定基准坐标系(即参考坐标系)，然后依次建立其余 6 个关节的坐标系。图 3.7.4(b)表示当整个坐标系统处于零位位置时仪器和坐标系的姿态。

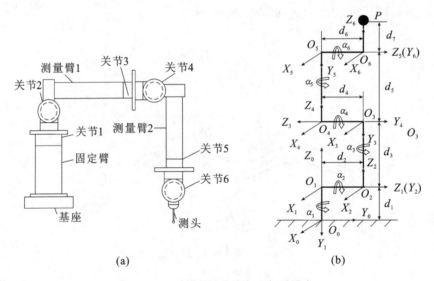

(a)   (b)

图 3.7.4 系统基准位姿与坐标系设定

基准坐标系建于测量机基座上，原点位于关节 1 的中心轴线上，z_0 轴指向关节 1 离开基座的方向，x_0 轴方向为关节 2 轴套延伸方向，图 3.7.4(a)中为向右，y_0 轴方向根据右手法则确定。

在确定基准坐标系以后，按照 D-H 方法对系统的其他 6 个关节定义坐标系和参数，这样，关节臂式坐标测量机共有 5 组结构参数，即杆长 d_i、关节长度 a_i、扭转角 α_i、关节转角 θ_i、测头(l_x, l_y, l_z)。除测头参数外，每组含有 6 个参数，共计 27 个结构参数。参数 d_i、a_i、α_i、θ_i 的定义同图 3.7.3。

在测量机的结构形式确定之后,测量机的 θ、a、d 等都被固定下来。所以上述的 5 组参数中只有关节转角 α_i 是变量,其通过角度传感器测量获得。

坐标系 $i-1$ 向坐标系 i 的变换矩阵记为 $K_{i-1,i}$,据式(3.7.2)则末端坐标系到基座坐标系的总转换矩阵为:

$$K_{06} = K_{01} \cdot K_{12} \cdot K_{23} \cdot K_{34} \cdot K_{45} \cdot K_{56}$$

假定测头中心在最末端关节坐标系下的坐标为 $(l_x, l_y, l_z)^T$,则测头在基准坐标系下的坐标 $\boldsymbol{P} = (P_x, P_y, P_z)^T$ 为:

$$\begin{bmatrix} P_x \\ P_y \\ P_z \\ 1 \end{bmatrix} = \prod_{n=0}^{5} \begin{bmatrix} \cos\theta_{n+1} & -\sin\theta_{n+1}\cos\alpha_{n+1} & \sin\theta_{n+1}\sin\alpha_{n+1} & a_{n+1}\cos\theta_{n+1} \\ \sin\theta_{n+1} & \cos\theta_{n+1}\cos\alpha_{n+1} & -\cos\theta_{n+1}\sin\alpha_{n+1} & a_{n+1}\sin\theta_{n+1} \\ 0 & \sin\alpha_{n+1} & \cos\alpha_{n+1} & d_{n+1} \\ 0 & 0 & 0 & 1 \end{bmatrix} \cdot \begin{bmatrix} l_x \\ l_y \\ l_z \\ 1 \end{bmatrix}$$

或者展开为三维坐标的一般函数形式为:

$$\begin{cases} P_x = f_x(\theta_1, \cdots, \theta_6, \alpha_1, \cdots, \alpha_6, a_1, \cdots, a_6, d_1, \cdots, d_6, l_x, l_y, l_z) \\ P_x = f_y(\theta_1, \cdots, \theta_6, \alpha_1, \cdots, \alpha_6, a_1, \cdots, a_6, d_1, \cdots, d_6, l_x, l_y, l_z) \\ P_x = f_z(\theta_1, \cdots, \theta_6, \alpha_1, \cdots, \alpha_6, a_1, \cdots, a_6, d_1, \cdots, d_6, l_x, l_y, l_z) \end{cases} \tag{3.7.3}$$

可见,关节臂式坐标测量机仿照人体关节结构,以角度基准取代长度基准,由几根固定长度的臂通过绕相互垂直轴线转动的关节(分别称为肩、肘和腕关节)互相连接,每个臂的转动轴,或与臂轴线垂直($\theta = 90°$),或绕臂轴线自身旋转($\theta = 0°$),在最后的转轴上装有探测器,最后通过空间齐次变换的方法求得被测点的空间位置坐标。

3.7.3 系统参数标定

1. 需要标定的参数

关节臂式坐标测量机是一种非笛卡儿式测量仪器。几个杆件通过旋转关节连接在一起构成测量臂,并在最后一级杆件上安装测量头,通过编码器测量各关节的旋转角度变量后,再通过空间齐次变换的方法求得被测点的空间位置坐标。

误差源可以分为以下四大类:

(1) 关节尺寸的加工误差和安装误差等引起的臂长误差。

(2) 加工及装配误差引起的相邻关节臂之间的偏置误差。

(3) 轴间的垂直度误差,即其真实值与其名义值之间的差异。

(4) 角度编码器的零位误差,即安装过程导致的角度编码器零位与仪器零位的不重合,其值为当仪器处于零位时角度编码器的实际测得的微小角度值。

综合上面的分析和前面建立的关节臂的理想模型可以知道,各种影响系统精度的因素反映到 D-H 模型中,就是系统转角误差 $\Delta\theta$,邻杆件不垂直产生的角度误差 $\Delta\alpha$,相邻关节的旋转轴不相交于一点而产生的误差 Δa,杆件的长度误差 Δd。

在模型参数中只有关节变量 α 是在仪器制造和装配完成后的可变量,其值可由编码器读出,其余参数 Δa,Δd 和零位误差 $\Delta\theta$ 均为固定的结构参数。

在仪器的机械结构制造和装配完成后就已固定下来后,这些误差属于系统误差,而且会随杆长而逐级放大。因此,必须采取有效的措施对误差校准和控制。

2. 标定步骤

(1) 将式(3.7.3)线性化,展开成 3 阶矩阵,建立线性误差方程:

$$\Delta \boldsymbol{P} = \boldsymbol{J} \cdot \Delta \boldsymbol{\delta} \tag{3.7.4}$$

式中,$\Delta \boldsymbol{\delta} = (\Delta \theta_1, \cdots, \Delta \theta_6, \Delta \alpha_1, \cdots, \Delta \alpha_6, \Delta a_1, \cdots, \Delta a_6, \Delta d_1, \cdots, \Delta d_6, \Delta l_x, \Delta l_y, \Delta l_z)^{\mathrm{T}}$,为 27 个系统参数误差改正数向量;$\Delta \boldsymbol{P} = (\Delta x, \Delta y, \Delta z)^{\mathrm{T}}$ 为坐标改正数向量;$\boldsymbol{J}$ 为雅可比矩阵,且

$$
\boldsymbol{J} =
\begin{bmatrix}
\dfrac{\partial f_x}{\partial \theta_1} & \cdots & \dfrac{\partial f_x}{\partial \theta_6} & \dfrac{\partial f_x}{\partial \alpha_1} & \cdots & \dfrac{\partial f_x}{\partial \alpha_6} & \dfrac{\partial f_x}{\partial a_1} & \cdots & \dfrac{\partial f_x}{\partial a_6} & \dfrac{\partial f_x}{\partial d_1} & \cdots & \dfrac{\partial f_x}{\partial d_6} & \dfrac{\partial f_x}{\partial l_x} & \dfrac{\partial f_x}{\partial l_y} & \dfrac{\partial f_x}{\partial l_z} \\[2mm]
\dfrac{\partial f_y}{\partial \theta_1} & \cdots & \dfrac{\partial f_y}{\partial \theta_6} & \dfrac{\partial f_y}{\partial \alpha_1} & \cdots & \dfrac{\partial f_y}{\partial \alpha_6} & \dfrac{\partial f_y}{\partial a_1} & \cdots & \dfrac{\partial f_y}{\partial a_6} & \dfrac{\partial f_y}{\partial d_1} & \cdots & \dfrac{\partial f_y}{\partial d_6} & \dfrac{\partial f_y}{\partial l_x} & \dfrac{\partial f_y}{\partial l_y} & \dfrac{\partial f_y}{\partial l_z} \\[2mm]
\dfrac{\partial f_z}{\partial \theta_1} & \cdots & \dfrac{\partial f_z}{\partial \theta_6} & \dfrac{\partial f_z}{\partial \alpha_1} & \cdots & \dfrac{\partial f_z}{\partial \alpha_6} & \dfrac{\partial f_z}{\partial a_1} & \cdots & \dfrac{\partial f_z}{\partial a_6} & \dfrac{\partial f_z}{\partial d_1} & \cdots & \dfrac{\partial f_z}{\partial d_6} & \dfrac{\partial f_z}{\partial l_x} & \dfrac{\partial f_z}{\partial l_y} & \dfrac{\partial f_z}{\partial l_z}
\end{bmatrix}
$$

(2) 用待标定的关节臂式坐标测量机测量空间坐标已知的点(见图 3.7.5),将厂商给定的结构参数值和此时从角度编码器读出的关节旋转角度数据,代入式(3.7.3)中可求出该空间点各坐标分量的实测值。再将理想值与实际值的差 $\Delta \boldsymbol{P}$ 代入式(3.7.4),这样就可以得到 3 个关于未知量 $\Delta \boldsymbol{\delta}$ 的方程。由于 $\Delta \boldsymbol{\delta}$ 有 27 个未知分量,所以需要测量至少 9 个坐标已知点。为了计算的准确性和可靠性,一般用 15~20 个已知点利用最小二乘原理解算出各个参数。

为了减少随机误差的影响,可以将关节臂从不同方位测量同一个点。

(3) 用求得的 $\Delta \boldsymbol{\delta}$ 修正结构参数和关节变量的初始值后,再进入步骤(2)反复迭代计算,直至取得满意的迭代精度。

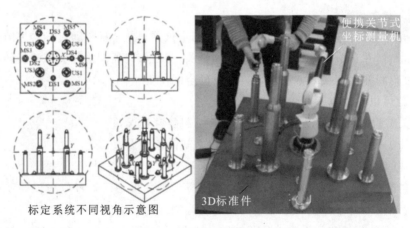

标定系统不同视角示意图

图 3.7.5　空间 3D 标定系统

3.7.4　测量误差分析

关节臂式坐标量测机各种误差的补偿方法根据误差类型的不同,其方法也不同。根据误差性质,测量机的误差类型分为系统误差和随机误差两大类。系统误差可以通过对误差规律的分析进行补偿,随机误差需要通过分析随机误差的产生原因,对误差源进行控

制,以减小随机误差。

1. 系统误差

关节臂式坐标测量机的系统误差有:

(1)角度传感器的安装偏心和安装倾斜导致的角度测量误差以及角度传感器本身精度限制的角度测量误差。

(2)由于关节臂式坐标测量机的串联结构和其复杂的装配结构,结构尺寸参数的测量结果往往与实际值有偏差。

(3)温度变化引起的温度热变形导致的测量机结构类线性误差。

(4)自重及位姿变化导致的结构变形误差。

(5)测头系统,如球形硬测头的球半径余弦误差。

(6)数据处理系统的计算误差及数据截断导致的误差。

2. 随机误差

关节臂式坐标测量机的随机误差主要有:

(1)轴承晃动及机械零部件连接不可靠造成的误差。

(2)测头破坏测量目标及测量力使用不当造成的误差。

(3)由于信号干扰等造成数据采集系统的数据不可靠、采集延迟以及数据采集和角度传感器不能满足角度测量速度要求而导致的误差。

3. 减弱措施

上述部分系统误差可以通过前述的标定予以消除。随机误差应当采用不同的方法来消除和减小:

(1)为了消除和减小轴承晃动导致的误差,应当使用满足测量机精度要求的高精度轴承以及采用正确的轴承安装方法。确保机械零部件的连接可靠性是保证测量误差尽可能小的基本要素。

(2)根据测量物的外形特征和材料性质选用不同的测量方法和测头类型。外形特征无规律目标和柔软材质目标采用非接触式的激光扫描测量;不同材料的表面坚硬目标也需要选择不同材料的测头,以免刮伤破坏测量目标和测头。

(3)数据采集系统的信号干扰主要在于角度传感器和控制信号的转接口及信号线路的信号干扰。良好的内部密封环境和线路干扰屏蔽条件是保证信号传输正确的关键。同样地,选择足够高频率的测量系统和高速的角度传感器是满足角度测量速度的关键。

3.7.5 系统特点与工程应用

关节臂式坐标测量机产品的发展速度很快,目前市场上使用的关节臂式坐标测量机几乎被国外的几家公司垄断。占有市场份额比较大的关节臂式坐标测量机的生产公司主要有法如(FARO)、海克斯康(Hexagon)。国内关节臂式坐标测量机的研究起步较晚,一些高校,如天津大学、浙江大学、华中科技大学、哈尔滨工业大学等,通过多年研究,取得了大量研究成果,开发了多款样机。部分产品已投入市场,例如九江如洋精密科技有限公司的 Royal ARM 已经形成高、中精度两大系列。

图 3.7.6 列出了几款市场上常见的关节臂式坐标测量机。

FARO公司　　　　CimCore公司　　　　Romer公司　　　　如洋公司

图 3.7.6　关节臂式坐标测量机

根据 B/T16857.12—2022(ISO 10360—12:2016)标准要求,在关节臂式坐标测量机的测量范围内,需要使用接触式测头对标准长度量具和标准球在不同位置进行多次测量。测量结果用以下四种指标表示关节臂坐标测量机的整体触测精度。

L_{DIA}(万向位置测量误差):使用接触式测头时,通过执行万向位置检测获得的包含五个球体中心点的最小外切球体的直径。

E_{UNI}(单向长度测量误差):执行单向点到点距离测量时的示值误差。

P_{FORM}(探测形状误差):使用接触式测头测得球形标准器表面若干个点(不少于 25 个点),通过最小二乘拟合确定的径向距离的变化范围表示的示值误差。

P_{SIZE}(探测尺寸误差):使用接触式测头测得球形标准器表面若干个点(不少于 25 个点),通过最小二乘拟合确定的直径示值误差。

表 3.7.1 列出了法如 Quantum^S MAX 6 轴系列关节臂坐标测量机的精度指标。

表 3.7.1　FARO Quantum^S MAX 6 轴系列关节臂坐标测量机最大允许误差(MPE)

(单位:μm)

测量范围 项目	2.0m	2.5m	3.0m	3.5m	4.0m
P_{SIZE}	8	9	12	16	20
P_{FORM}	17	18	26	34	38
L_{DIA}	30	32	46	64	78
E_{UNI}	24	26	38	52	63

关节臂式坐标测量机的主要优点有:

(1)便携、体积小、重量轻。关节臂式坐标测量机可以将臂折叠起来,放入专用箱中随意携带,方便在现场测量。一台最大探测距离为 3.7m 的关节臂式坐标测量机,其主要部件的重量仅有 10kg 左右。

(2)测量灵活。关节臂式坐标测量机可以装在被测工件或机器上。关节臂运动灵活、活动部分质量小,可以探测工件或机器上用光学方法不易探及的点,无需考虑路径优化等问题。

（3）测程较大，精度高。测量 3m 范围内的点，必要的条件仅需各臂的长度总和超过 3m。如果关节臂与关节臂之间不形成运动障碍，在理论上测量机可探及半径为 3m 的球内的任意点。小型关节臂测量精度可达微米。通常只能手动操作。

关节臂式坐标测量机作为一种新型的多自由度非笛卡儿式坐标测量系统，以其诸多优点，被广泛应用于航空航天、汽车制造、重型机械、产品检具制造、零部件加工等多个行业。如对大型零部件（如汽车覆盖件，汽车车身）几何尺寸的测量。配上非接触式的激光扫描测量头，则可灵活高效地用于各种逆向工程中的实体曲面的测量。精度优于 $10\mu m$。图 3.7.7 给出了部分应用场景。

图 3.7.7 关节臂坐标测量机应用实例

3.8 室内 GPS 测量系统

根据 GPS 测量原理，21 世纪初，美国 Arcsecond 公司（现并入 Nikon 公司）基于区域 GPS 技术的三维测量理念，开发了一种具有高精度、高可靠性和高效率的室内 GPS，或称 Indoor GPS 或 iGPS 系统，主要用于解决大尺寸空间测量与定位问题。发射器的布设（星座）和接收器测量（流动站）类似 GPS，不同的是采用红外激光代替了卫星（微波）信号。天津大学成功开发了类似的空间测量定位系统 wMPS（workspace Measuring and Positioning System）。

iGPS 为飞机整机、船身、火车车身和装甲车身等利用大尺寸的精密测量提供了一种新方法。iGPS 系统可建立一个大尺寸的空间坐标系，在该坐标系下，多个测点能够同时完成坐标测量、跟踪测量、准直定位、监视装配等测量任务。

3.8.1 系统组成

iGPS 系统主要由以下部分组成：信号发射器、探测器、接收器、控制器与系统软件及基准尺,如图 3.8.1 所示。

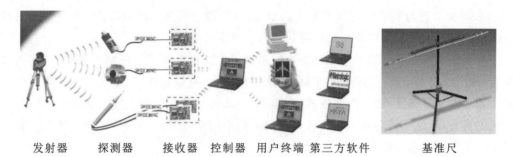

发射器　探测器　　接收器　控制器　用户终端 第三方软件　　　　基准尺

图 3.8.1　iGPS 系统组成

1. 发射器

反射器通过旋转不断向周围发射红外光线信号,转速为 40～55 转/秒。每个发射器能够发射出两道具有固定角度的扇面激光和一束 LED 同步光。激光不会对人眼造成危害。激光的测距范围为 2m～50m,水平测角范围为 ±180°,垂直覆盖范围为 ±30°。图 3.8.2 为安置在墙上和三脚架上的发射器。

图 3.8.2　安置在墙上和三脚架上的发射器

2. 探测器

探测器检测到发射器的红外光线信号并将此信号传输给接收器。探测器视其安装位置,设计成了不同形状,如圆柱形、平面型、杆状和手持型等(图 3.8.3),可探测不同范围的信号。如圆柱形探测器可以探测到 360°水平方向和 ±60°的垂直方向的范围;平面型探测器一般安装在被测工件上,其水平方向的接收角度达 ±60°;一种五自由度的手持式测量工具(包含着两个探测器)可以进行单点或者隐蔽点测量。图 3.8.3 为 iGPS 探测器。

3. 接收器

放大器和信号处理电路板接收器封装在一个集线盒中,构成接收器。一个接收器可以与多个探测器连接。放大器将探测器检测的红外光信号转换成数字信号后,传输给电路板接收器。电路板接收器再将接收的数字信号转换成角度数据。

图 3.8.3 iGPS 探测器

4. 控制器与处理软件

角度信息通过调制解调器无线网络传输到中央控制室的计算机中,然后利用专用软件将角度信息处理成位置信息。用户使用第三方软件(SA、Metrolog 等)来处理这些位置信息。

5. 基准尺

与经纬仪前方交会测量系统类似,iGPS 测量系统需要基准尺来确定系统的尺度并进行系统的标定。在基准尺的两端各稳定装有一个信号探测器。两信号探测器间距离进行了精密标定。目前,iGPS 的基准尺分为 1m 和 2m 两种类型。

3.8.2 角度测量原理

1. 单台发射器基本结构

发射器是构建测量系统的基本单元。如图 3.8.4 所示,发射器能够产生 3 束信号:两路围绕发射器头的红外扇形扫描激光和一束 LED 同步光。这些信号能够利用光电检测器转化成定时脉冲信号。发射器头的旋转速度可以单独设置。通过设置其不同的旋转速度来分辨各个发射器。发射器发射的扇形光束相对于垂直旋转轴有一定的倾斜角度 φ(通常为 30°)。两个扇形光束在方位平面的夹角为 ϕ(通常为 90°)。发射器头部的旋转速度为 ω。

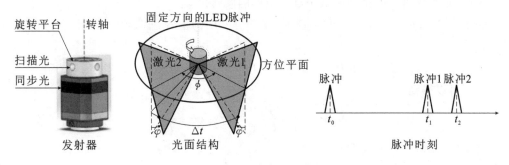

图 3.8.4 发射器及其信号

以 LED 同步光作为计时零位,也就是起始方位角线。其发射范围是以发射点为中心,水平角为 ±180°,垂直角为 ±30°。它是垂直传播的。当探测器探测到 LED 同步光后,计时开始。发射器发出的第一束扇形光束到达探测器的时刻为 t_1,发出的第二束扇形

171

光束到达探测器的时刻为 t_2。

2. 水平方位角测定

如图 3.8.5(a)的三维视图,P 为探测器,P' 为 P 在基站(发射器)方位水平面的投影。定义接收器平面是过探测器 P 且平行于基站方位水平面的一个平面。在接收器平面上,半径实线是两扇面激光与接收器平面的交线,虚线为两扇面激光与基站水平面的交线在接收器平面的投影。

如图 3.8.5(b)的探测器平面,O 可以看成发射器旋转轴中心,P 为探测器。假定 LED 脉冲触发时,第一束扇形光与接收器平面交线为 OL_1,与方位水平面的交线在接收器平面上的投影为 OL_1'。此时 OL_1' 可看成类似经纬仪水平度盘上的零度刻划线,即方位角的起始位置,记为 ON',也将 OL_1 的起始位置记为 ON。假定两扇激光安置足够精确和对称,则 $\angle L_1'OL_1 = \angle L_2'OL_2 = \theta$。

如图 3.8.5(c)的接收器平面,在 t_1 时刻时,第一束激光到达探测器 P 点,该时刻它与接收器平面的交线为 OP,此时第二束激光与接收器平面交线为 OL_2,显然旋转角 $\angle NOP = \omega t_1$。

如图 3.8.5(d)的接收器平面,在 t_2 时刻时,第二束激光到达 P 点,该时刻它与接收器平面的交线为 OP,第一束激光与接收器平面交线为 OL_1。显然有 $\angle L_1 OP = \omega(t_2 - t_1)$,且 $\angle L_1 OP = \phi + 2\theta$,即 $\omega(t_2 - t_1) = \phi + 2\theta$,得到:

$$\theta = \frac{\omega(t_2 - t_1) - \phi}{2} \tag{3.8.1}$$

P 点的方位角 α 位于方位水平面,$\alpha = \angle N'OP = \angle N'OP' = \angle NOP + \theta$,故有:

$$\alpha = \omega t_1 + \theta = \frac{(t_1 + t_2) \cdot \omega - \phi}{2} \tag{3.8.2}$$

3. 垂直角测定

发射器旋转速度不变时,两个垂直扇面与探测器相碰的时间差将是恒定的。当两个扇面相对于垂直面有一个倾角时,在不同垂直角的方向上两个扇面扫过的时间间隔就不同。因此,垂直角测定就是利用两个红外扇面的倾斜角 φ。

如图 3.8.6,任意假定一个圆半径 R,过 P' 作 OL' 的垂线,垂足为 S'。由图 3.8.6,有关系式:

$$S'P' = R\sin\theta, \quad PP' = S'P'\cot\varphi$$

由此可以得到:

$$\tan\beta = \frac{PP'}{R} = \cot\varphi\sin\theta \tag{3.8.3}$$

将式(3.8.1)代入上式得:

$$\beta = \arctan\left[\cot\varphi\sin\frac{\omega(t_2 - t_1) - \phi}{2}\right] \tag{3.8.4}$$

式(3.8.2)和式(3.8.4)分别是 iGPS 测量方位角和垂直角的计算公式。式中的 t_1, t_2 是观测值,(ω, ϕ, φ) 是系统的设计参数,是已知值。

发射器不停地向整个空间发射单向的带有位置信息的红外激光(扫描激光扇面),探

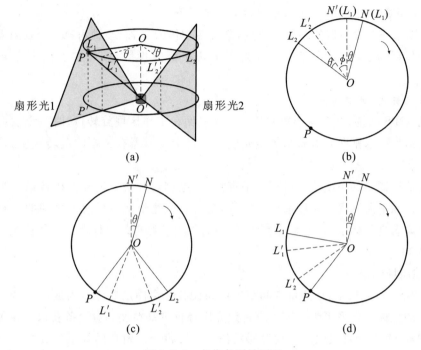

图 3.8.5 方位角测量原理

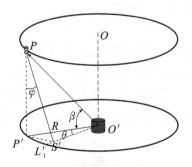

图 3.8.6 垂直角测量原理

测器探测到信号到达时刻后,计算出发射器的 2 个角度值(等同于经纬仪的水平角和垂直角)。因此,iGPS 是一个高精度的角度测量系统。

3.8.3 坐标测量原理

1. 坐标系定义

每个发射器的坐标系定义为:以旋转轴作为 Z 轴,扫描激光面 1 与 Z 轴的交点作为原点(理论上扫描激光平面 2 与 Z 轴的交点要经过原点),X 轴为初始时刻激光平面 1 与过原点并与 Z 轴垂直平面的交线,Y 轴依据右手原则定义笛卡儿坐标系。

一个 iGPS 测量系统由若干个发射器构成。实际测量时,iGPS 测量系统的坐标系可以如下定义：

（1）选定第一个发射器的坐标系为全局坐标系。

（2）以第一个发射器的中心为原点，其旋转轴作为 Z 轴，X 轴为第一个发射器中心指向第二个发射器中心、且在第一个发射器方位平面的投影，按照右手法则定义三维坐标系。

2. 系统标定（系统建立）

启动 iGPS 系统，发射器产生的两个激光平面在工作区域旋转，这时每个发射器向外连续不断地发射水平角和垂直角等激光信息。每个发射器有特定的旋转频率，转速约为 3000 转/分。

接收器所测得的角度值（方位角、垂直角）都是相对各自发射器的坐标系。为了对各自不同坐标系下所测得的角度值进行定位，就需要在测量前对发射器之间的相对位置关系和空间姿态进行标定，确定系统参数，将所有发射器测得的目标点的角度值统一到同一个坐标系下。

1）控制场标定法

如图 3.8.7(a)所示，在测量空间范围内布设若干个固定参考点组成控制场。这些固定参考点的坐标通常采用激光雷达或者激光跟踪仪等高精度测量设备获取。在每个参考点上放置 iGSP 探测器接收所有发射器的信号。以每个发射器的 3 个位置和 3 个姿态作为未知数，通过水平方位角和垂直角观测值列立误差方程式求解各发射器的位姿参数。要求参考点数量不少于 4 个且能均匀分布。

2）基准尺标定法

如图 3.8.7(b)所示，在测量空间范围内，依次在不同的位置放置基准尺。基准尺两端安置的探测器接收到激光信息，就得到多个不同位置处基准尺两端点与发射器之间的水平角及垂直角。根据基准尺的长度约束条件计算其他发射器相对于给定坐标系的平移量和空间姿态（旋转角），从而完成整个系统的标定。图 3.8.7(c)为用基准尺进行标定的场景。

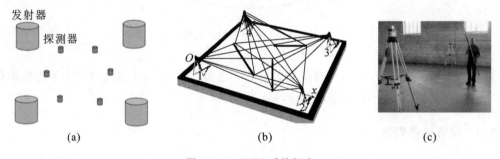

图 3.8.7　iGPS 系统标定

如果有 N 个发射器，基准尺放了 J 个位置。以第一个发射器的坐标系为基准坐标系，则发射器未知数为 $6(N-1)$，基准尺两端点位置未知数为 $6J$。每一个位置基准尺的观测总数 $4N$ 个，长度约束 1 个，J 个位置共有 $(4N+1)J$ 个观测值和约束条件。要完成

系统标定,在发射器个数 N 确定的条件下,基准尺安放的个数 J 必须满足:

$$(4N+1) \times J \geqslant 6(N+J-1) \tag{3.8.5}$$

3. 点位测量

在完成了系统标定以后,每个发射器的空间位姿(坐标和方位)是已知的。在已知了发射器的位置和方位信息后,只要接收了两个以上的发射器信号就可以通过角度交会的方法计算出探测器(测点)的三维坐标。三维坐标计算可以根据式(3.1.4)先将角度值转换成虚拟像点坐标,然后根据式(3.3.10)按照摄影测量前方交会完成。

理论上,探测器能接收 2 个发射器的信号即可定位。但为了有个较好的交会角和防止光线被遮挡,实际中都采用 4 个发射器,从而保证每个探测器至少能接收 3 个发射器的信号。因此,一个 iGPS 系统至少由 4 台发射器组成,测点定位原理如图 3.8.8 所示。一般建议在 30m×30m 的空间内放置 6 个发射器。如果有足够多数量的发射器,iGPS 的工作区域将不受限制。

图 3.8.8　发射器的布设与测点定位

3.8.4　测量误差分析

基于角度前方交会,对于两个发射器而言,探测器处于不同位置时的精度差别很大,如图 3.8.9(a)所示。3 个发射器相对于 2 个发射器其测量精度可提高 50%,4 个发射器相对于 3 个发射器其测量精度可提高 30%,5 个发射器相对于 4 个发射器其测量精度可提高 10%~15%。4 个发射器不仅能使各处探测器的定位精度显著提高,而且精度更加均匀,效率更高(图 3.8.9(b))。此外,圆柱形、平面形、杆状等不同的测头具有不同的精度。

iGPS 测量系统组成复杂,测量方法灵活,影响系统测量精度的因素有很多,有些因素甚至是相关的。定位精度取决于发射器的数量和位置、探测器的位置以及工作空间的大小。

角度测量误差是造成坐标测量最主要的误差源,而且角度测量误差的影响会随着距离的增大而增大。iGPS 系统的整个误差模型是一个非常复杂的非线性模型,下面列举了主要误差源:

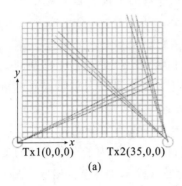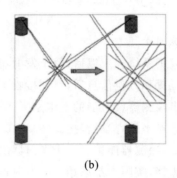

(a)　　　　　　　　　　　　　　(b)

图 3.8.9　多个发射器的交会结果

1. 与发射器有关的误差

（1）发射器的校准误差,会造成探测器位置测量误差。

（2）发射器顶部发出的扇形光束随环境温度变化会有微小的偏移,造成水平角测量误差最大值可达 0.25″。

（3）发射器头部倾斜误差。由于旋转轴本身不够稳定,当受到外界振动时,其头部会轻微地抖动,造成垂直角测量误差,最大达 1″。

（4）光束的不严格对称造成水平角测量误差,约 1″。

（5）旋转噪声误差。由于发射器头部不能很平滑地转动,使角度测量产生误差。通过引入系统参数进行补偿,可大大降低其影响。

2. 与探测器有关的误差

探测器由电子元件组成,如检波器、放大器等。以圆柱形探测器为例,误差主要有:

（1）其形状不严格对称。

（2）放大器在放大信号时会使脉冲产生漂移,特别是当发射器和探测器距离很近时（<1m）,产生的误差尤为显著。近距离的反射造成脉冲信号失真。

3. 计时时钟误差

iGPS 系统在工作时是通过测量时间来确定测量角度的。因此,计时误差会对测量结果造成一定的误差,可以通过系统补偿予以减弱。

4. 外界环境对其产生的影响

因该系统发射的光信号主要是红外光,当在室外进行测量时,大气不稳定对光线传播会产生影响,进而造成测量误差。

3.8.5　系统特点与工程应用

1. 系统特点与技术指标

与其他三维测量技术相比,iGPS 拥有相当多的优势。在大空间环境测量中,iGPS 技术成本相对比较低廉而且耐用,主要特点如下:

（1）高精度:最高精度可达 0.1mm。

（2）灵活性：可以根据环境灵活布设，包括室外布设，布设速度快；当整个系统进行一次固定装配标定后，就可以无限次数地使用。所有进入这个区域的待测物都可以马上进行测量，无需再建立坐标系，从而降低或消除了转站造成的误差。

（3）高效率：在一个装配车间内，可以同时监控一个部件的多个关键点、线、面的位置关系；也可以同时监控不同部件之间的相互关系。这种情况下，只要发射信号能覆盖监测区域，都可以在部件上安装多个探测器或者由多人手持探测器，实现多用户同时测量，互不干扰。

（4）可靠性：iGPS 系统可以对系统自身进行监控。如果有发射器出现位移或出现问题的情况，系统会自动报警，这样就可以在最短的时间内发现系统的问题。iGPS 测量系统的工作范围为 $-10\sim50℃$，受环境影响很小。

（5）大尺寸测量：基本上不受空间限制，通过增加发射器，可以大大扩展测量范围，特别适合于大尺寸工件的安装（如飞机机翼与机身的自动对接）。

系统的技术指标列于表 3.8.1。

表 3.8.1　iGPS 主要技术参数

项目	参数描述
单个发射器测量范围	$2\sim50m$
单个发射器覆盖空间	水平 $270°(\pm180°)$，垂直 $60°(\pm30°)$
单次角测量精度	$<20''$
激光波长	785nm
空间测量精度	0.12mm@10m,0.25mm@40m

2. 系统工程应用

当要进行大范围、大量点三维坐标同时测量时，iGPS 无疑是一个最合适的测量系统。发射器可以安装在墙面上或者天花板上。安装在任意一个工件上的探测器只要接收到 2 个（最好≥4 个）发射器就可以实时定位。使用时，首先建立起 iGPS 的坐标系统，可根据需要将 iGPS 坐标系转移到工装或飞机等被测物体上。对于发射器的布置而言，应遵循的主要原则是发射器之间的最小距离及最佳测量区域的设置，保证各个探测器与发射器之间有较好的几何交会图形。

iGPS 可以根据不同的测量环境灵活地布设高精度的局部空间测量体系，广泛应用于航空、航天、造船、汽车等大尺寸、高精度定位与测量的装备制造领域，用于机器人的控制和校准等。

1）大尺寸装备的装配

大尺寸的测量缺乏简单有效的办法一直是大尺寸装备的装配效率低的主要原因。比如飞机装配有一套复杂的装配系统，难以保证其装配过程的全自动化。由于 iGPS 是一个实时多目标测量系统，在飞机的装配过程中，只要在一些关键点安装探测器，就可以实时监控装配过程,控制各个零件朝目标方向运动,完成飞机的全机水平数字测量,从而实现自动装配。这种装配方式既可以节省成本,也可以提高效率,同时精度也非常高。

2)质量检测与逆向工程

利用 iGPS 的测量棒,可以对汽车、飞机、轮船等大尺寸装备的外形特征点进行逐一测量,如图 3.8.10 所示。由于在大于 10m 范围精度比别的测量方式有更大的优势,在对轮船等一些几十米的工件进行测量时应用将会更广泛。同时只要增加发射器数量,iGPS 的测量范围会不断增大,所以非常适合对一些超大尺寸物体进行检测。

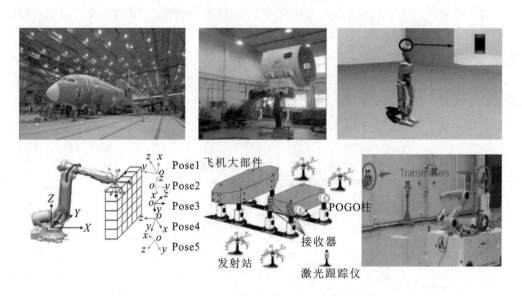

图 3.8.10　iGPS 在飞机装配和自动控制中的应用

3)大尺寸工件的加工

在机器人臂上安装 iGPS 的探测器,就可以在大空间内控制机器人臂对工件进行打孔、焊接等工作,做到高效率,高精度。同时这种加工方法跟机器人臂的安装位置无关,使用起来非常灵活。

4)移动目标的导航

iGPS 是一个大尺寸测量系统,其附带有定位功能,并且其定位精度比目前的室外、室内定位系统高很多。因此,在一些需要精密导航场合,比如说对机器人进行精密的操作控制,就可以用 iGPS 系统进行导航。

3.9　三坐标测量机

三坐标测量机(Coordinate Measuring Machining,CMM)是 20 世纪 60 年代发展起来的一种新型高效的精密测量仪器。它的出现一方面是由于自动机床、数控机床高效率加工以及复杂形状的零件加工,需要有快速可靠的测量设备与之配套;另一方面是由于电子技术、计算机技术、数字控制技术以及精密加工技术的发展,为三坐标测量机的产生提供了技术基础。1960 年,英国 FERRANTI 公司成功研制世界上第一台 CMM,到 20 世纪 60 年代末,已有近十个国家的三十多家公司在生产 CMM,不过这一时期的 CMM 尚处于初级阶段。进入 20 世纪 80 年代后,以 ZEISS、LEITZ、DEA、LK、三丰、SIP、FERRANTI、MOORE 等为代表的众多公司不断推出新产品,使得 CMM 的发展速度加快。现代 CMM 不仅能在计算机控制下完成各种复杂测量,而且可以通过与数控机床交换信息,实现对加工的控制,并且还可以根据测量数据,实现逆向工程。

3.9.1 系统组成

三坐标测量机是典型的机电一体化设备,它由机械系统、电子系统和软件等组成,如图 3.9.1 所示。

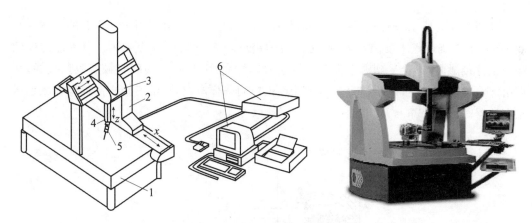

1—工作台;2—移动桥架;3—中央滑架;4—Z 轴;5—测头;6—电子系统

图 3.9.1 三坐标测量机组成

1. 机械系统

机械系统有三个正交的直线运动的滑台构成。三个方向上均装有光栅尺,以度量位移值。测头被安装在 Z 方向端部,用来测量被测零件表面尺寸及其变化。

1) 标尺系统

标尺系统用来度量各轴的坐标数值。目前 CMM 上使用的标尺系统种类很多,按照性质可以分为机械式标尺系统(精密丝杆加微分鼓轮、精密齿条及齿轮)、光学标尺系统(光栅、激光干涉仪、光学编码器)和电气式标尺系统(感应同步器、磁栅)。使用较多的是光栅,其次是同步感应器和光学编码器,有些高精度 CMM 使用了激光干涉仪。

2) 测头

测头是用来拾取信号的。测头的性能直接影响测量精度和效率。按照结构原理可以分为机械式、光学式和电气式。按照测量方法又可以分接触式和非接触式。

接触式测头(硬测头)需与待测实体表面发生接触来获得测量信号;而非接触式测头则不需与待测实体表面发生接触(例如激光扫描)。在可以使用接触式测头时慎用非接触式测头,一般只测量尺寸及位置要素的情况下通常采用接触式测头。

（1）接触测量：接触测头是刚性测头，其种类较多，如图 3.9.2 所示。测头多采用电触、电感、电容、应变片、压电晶体等作为传感器来接收测量信号。

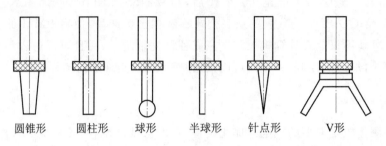

圆锥形　　圆柱形　　球形　　半球形　　针点形　　V形

图 3.9.2　不同种类的机械测头

如图 3.9.3 所示，测杆安置在芯体上，而芯体则通过 3 个沿圆周 120°分布的钢球放在 3 对触点上。当触点不受测量力时，芯体上的钢球与 3 对触点保持接触。当测杆的球状端与工件接触时，不论受到哪个方向的接触力，至少会引起一个钢球与触点脱离接触，从而引起电路断开，产生跃阶信号。通过计算机控制采样电路，将沿三轴方向的坐标数据送至存储器。

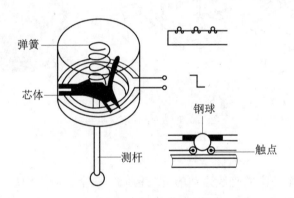

弹簧
芯体
测杆
钢球
触点

图 3.9.3　电气式测头

（2）非接触测量：非接触测量主要采用光学测头进行扫描，与被测物体没有机械接触，适用于各种柔软的和易变形物体的测量。扫描测量的速度和采样的频率高，扫描深度可达数厘米。

目前光学测头在 CMM 上应用的种类也很多，如三角法测头、激光聚焦测头、光纤测头、光栅测头等。

2. 电子系统

电子系统一般由光栅计数系统、触头信号接口和计算机组成，用于获得被测点坐标，并对数据进行处理。

3. 软件系统

软件联机后控制三坐标测量机完成测量动作，并对测量数据进行计算和分析，最终给出测量报告。数据处理有通用测量软件、专用测量软件、统计分析软件和各类驱动、补偿功能软件。

3.9.2 测量原理

三坐标测量机在机械上直接构成了一个空间直角坐标系。三坐标测量机就是通过测头在 3 个相互垂直导轨的移动，精确地测出被测零件表面点在空间的 3 个坐标值，每个坐标值的长度是直接测量。在 3 个相互垂直的方向上有导向机构、测长元件、数显装置。

在有一个能够放置工件的工作台上，将被测零件放入它允许的测量空间，以手动或机动的方式轻快地将测头移动到被测点上，由读数设备和数显装置把被测点的坐标值显示出来。

3.9.3 工件测量流程

测量工件前必须对工件进行测量要求分析，这是三坐标测量机应用中一个最基本的环节。工件测量的具体流程如图 3.9.4 所示。

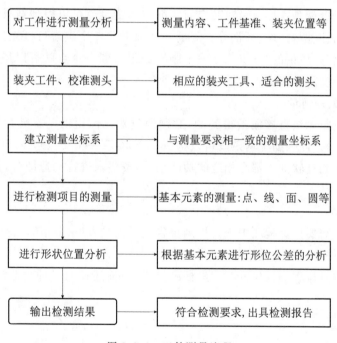

图 3.9.4 工件测量流程

1. 测头校准

测头校准是三坐标测量机进行工件测量前必不可少的一个重要步骤。因为一台测量机配备有多种不同形状及尺寸的测头和配件，为了准确获得所使用测头的参数信息（包括直径、角度等），以便进行精确的测量补偿，达到测量精度要求，必须要进行测头校准。另外，实际测量工作中，零件是不能随意搬动和翻转的，为了便于测量，需要根据实际情况选择测头和长度、形状不同的测针。为了确保这些不同的测头位置、不同的测针所测量的元素能够直接进行计算,要把它们之间的关系测量出来,在计算时进行改正。

2. 建立工件坐标系

测量较为简单的几何尺寸(包括相对位置)使用机器坐标系就可以了。而在测量一些较为复杂的工件需要在某个基准面上投影或要多次进行基准变换时,需要建立工件坐标系。工件坐标系的建立在测量过程中就显得尤为重要。

建立工件坐标系有三个步骤,并且有其严格的顺序。具体步骤是:

(1) 确定空间平面,即选择基准面;

(2) 确定平面轴线,即选择 X 轴或 Y 轴;

(3) 设置坐标原点。

实际操作中先测量一个面将其定义为"基准面",也就是建立了 Z 轴的正方向;再测一条线将其定义为"X 轴"或"Y 轴";最后选择或测一个点将其设置为坐标原点,这样一个工件坐标系就建立完成了。对于坐标系方向一般使用"右手定则"。

3. 工件测量

1) 基本元素的测量

所谓基本元素就是直接通过对其表面特征点的测量就可以得到结果的测量项目,如点、线、面、圆、圆柱、圆锥、球、环带等。测量一个圆上的 3 个点就可以知道这个圆的圆心位置及直径,这就是所谓的"三点确定一个圆",如果多测一个点就可以得到圆度。所以,为提高测量准确度就要有适当的增加点数。

2) 构造相关几何量

某些几何量是无法直接测量得到的,必须通过对已测得的基本元素构造得出(如角度、交点、距离等)。同一面上两条线可以构造一个角度(一个交点),空间两个面可以构造一条线。这些在测量软件中都有相应的功能菜单,按要求进行构造即可,其原理见 4.4～4.6 节。

3) 检测报告

测量完成后需要提交检测报告。检测报告包括检验人员、采用的检验设备、被检工件的参数、检验条件以及相关资质等。

以上工件测量流程不仅仅针对三坐标测量机,对前述任何一种工业测量系统都是适合的。

3.9.4　系统分类

1. 按测量范围分类

按三坐标测量机的测量范围分类可分为小型、中型与大型。

(1) 小型三坐标测量机用于测量小型精密的模具、工具、刀具与集成线路板等。这些零件的精度较高,因而要求测量机的精度也高。它的测量范围一般在 X 轴方向(即最长的一个坐标方向)小于 500mm,可以手动,也可以数控。

(2) 中型三坐标测量机的测量范围在 X 轴方向为 500mm～2000mm。此类型规格最多,需求量也最大,主要用于对箱体、模具类零件的测量。操作控制有手动和机动两种,许多测量机还具有计算机数字控制(Computer number control,CNC)的自动控制系统。其精度等级多为中等,也有精密型。

(3) 大型三坐标测量机的测量范围在 X 轴方向应大于 2000mm,主要用于汽车与飞机外壳、发动机与推进器叶片等大型零件的检测。它的自动化程度较高,多为 CNC 型,可手动或机动,精度等级一般为中等或低等。

2. 按测量精度分类

按照测量精度分类,有低精度、中等精度和高精度的测量机。

(1) 低精度的主要是具有水平臂的三坐标划线机。低精度测量机的单轴最大测量不确定度在 $1 \times 10^{-4} L$ 左右,而空间最大测量不确定度为 $\pm(2 \sim 3) \times 10^{-4} L$,其中 L 为最大量程。

(2) 中等精度及一部分低精度测量机常称为生产型的。生产型三坐标测量机常在车间或生产线上使用,也有一部分在实验室使用。中等精度的三坐标测量机,其单轴最大测量不确定度与空间最大测量不确定度分别约为 $1 \times 10^{-5} L$ 和 $\pm(2 \sim 3) \times 10^{-5} L$。

(3) 高精度三坐标测量机称为精密型或计量型,主要在计量室使用。精密型的单轴最大测量不确定度与空间最大测量不确定度分别小于 $1 \times 10^{-6} L$ 和 $\pm(2 \sim 3) \times 10^{-6} L$。

3. 按结构类型分类

按照结构来分主要有以下几种:悬臂式、桥式、龙门式等几种,如图 3.9.5 所示。概括而言,悬臂式测量机的优点是开敞性较好,但精度低,一般用于小型测量机。桥式测量机承载力较大,开敞性较好,精度较高,是目前中小型测量机的主要结构型式。龙门式测量机一般为大中型测量机,要求有好的地基,相对测量尺寸有足够的测量精度。

图 3.9.5(a)是移动桥式结构,它是目前应用最广泛的一种结构形式,结构简单,敞开性好,工件安装在固定工作台上,承载能力强。但其 X 向驱动位于桥框一侧,桥框移动时容易产生绕 Z 轴偏摆,且 X 向标尺也位于桥框一侧,在 Y 向存在较大的阿贝误差。由于偏摆会产生较大的阿贝误差,因而该结构主要用于中等精度的中小机型。

图 3.9.5(b)为固定桥式结构,其桥框固定不动,X 标尺和渠道结构可以安置在工作台的下方中部。阿贝臂以及工作台绕 Z 轴偏摆小,其主要部件的运动稳定向好,运动误差小,适合于高精度测量。但工作台负载能力小,结构敞开性不好,主要用于高精度的中小机型。

图 3.9.5(c)为中心门移动式,结构比较复杂,敞开性一般,兼具有移动桥式结构的承载能力和固定桥式结构精度高的优点,适合于高精度、中型尺寸以下的机型。

图 3.9.5(d)为龙门式结构,它的移动部分只是质量小的横梁,整个结构的刚性好,可以保证大范围测量精度,适用于大机型。但立柱限制了工件装卸,单侧驱动时有较大的阿贝误差。

图 3.9.5(e)为悬臂式结构,结构简单,有很好的开放性。但当滑架在悬臂上作 Y 向运动时,会使悬臂变形,故适用于测量精度要求不高的小型测量机。

图 3.9.5(f)为单柱移动式结构,它是在工具显微镜的结构基础上发展起来的。优点

是操作方便,测量精度高,但结构复杂,测量范围小,适合于高精度小型数控机型。

图 3.9.5(g)为单柱固定式结构。它是在坐标镗床的基础上发展起来的。结构牢靠,敞开性好。但工件重量对工作台运动有影响。同时,两维平动工作台行程有限,适用于测量精度中等的中小型测量机。

图 3.9.5(h)横臂立柱式结构,也称水平臂式结构。结构简单,敞开性好,尺寸可以较大。但因横臂前后伸曲时会有较大变形,故测量精度不高,适用于中大型机。

图 3.9.5(i)为横臂工作台移动式结构,其敞开性能好,横臂部件质量小,但工作承台有限,两个方向的运动范围较小,适合于中等精度的中小机型。

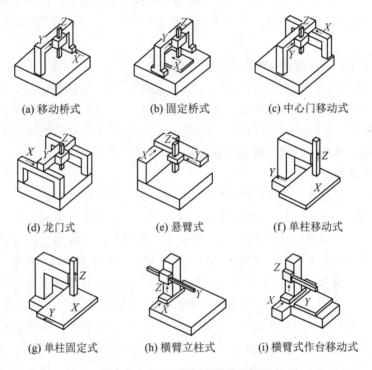

(a) 移动桥式　　(b) 固定桥式　　(c) 中心门移动式

(d) 龙门式　　(e) 悬臂式　　(f) 单柱移动式

(g) 单柱固定式　　(h) 横臂立柱式　　(i) 横臂式作台移动式

图 3.9.5　三坐标测量机的结构形

4. 按采点测量方式分类

三坐标测量机采点的方法有接触式与非接触式两种。接触式测量精度高,但测量效率较低,适用于高精度常规零件的测量,特别是箱体类零件的测量。当然也能用于对曲线曲面的测量。非接触式测量又分为激光测量与 CCD 测量两种,精度相对较低,但其采点速度快,多用于复杂外表形面的测量,如汽车中的内外饰件、车身盖件等。此外,由于非接触式测量具有的快速性,已越来越多地应用于生产线上的在线测量。

3.9.5　测量误差分析

三坐标测量机除了定位误差、直线度误差、角运动误差,垂直度误差等几何误差之外,还有由于力变形、热变形、测量系统、测头系统、控制系统、数据记录和处理系统产生的误差。总体而言,可以分为测量系统本身的误差和人为操作不当(包括基准面选择不当和测量方法选择不当)引起的数据采集与计算误差。

1. 测量系统本身的误差

1) 力变形误差

三坐标测量机作为一种精密测量仪器,应有较高的刚性,要使力变形不成为影响三坐标测量机测量精度的重要因素,就要求它的运动部件质量要轻、构件的刚度要强。

2) 热变形误差

在三根标尺和被测件上贴测温元件,在空气中也需放置测温元件,以检查环境温度及温度梯度是否符合要求,并实现热变形误差补偿。为了实现热误差补偿,除了测量温度外,还必须知道标尺和被测件的等效线膨胀系数。

3) 测头及附件误差

三坐标测量机的 z 坐标是被测尺寸与测端等效直径之和(测量外尺寸)或差(测量内尺寸)。因此,测端等效直径的标定非常重要。由于测杆的弹性变形对测球的等效直径影响很大,因此更换测杆、加接长杆、接转接体或回转体转动角度后,都要对测端的等效直径进行重新标定。

2. 基准面选择不当引起的误差

任何形状都是由空间的点组成,所有几何量测量都可归结为空间点的测量,因此进行空间坐标点的精确采集,是评定任何几何形状的基础。这里误差影响分析同样适合于其他工业测量系统。

1) 工作面选择不恰当而造成的误差

此类误差是由于数学模型的计算方法和数据采集的不一致而造成的。如图 3.9.6 所示,如果希望以圆为被测要素来采集数据并按照圆来处理数据,而在实际的采集工作中由于轴线在 XY 面存在垂直方向的偏移,造成采集的数据为一椭圆。如果按照圆来处理便造成了一定的误差。因此,针对此类问题,在测量时首先应进行坐标系旋转,将某一坐标轴旋转至与被测回转体的轴线平行方向进行测量。另外,测量时,应尽量正确选择被测对象,如测圆柱的直径时,最好按圆柱状来测量而不要取单一截面圆来测量。

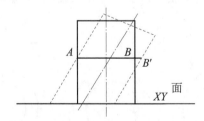

图 3.9.6 工作面选择不当引起的误差

2) 基准选择不恰当而造成的误差

经常需要测量点与基准线的位置偏差和在用户坐标系下的坐标位置,此时基准线的选择就尤为重要。如图 3.9.7 所示,测试的要求是面 A、B 关于中心线的对称度及短圆柱面 C 相对圆心 O 的位置。基准的原点 O 可以非常简单地测到,但是基准的方向 Y 却不易测得。由于面 C 的这个圆柱的中心线相对整个工件很短,而且面 A,B 又离它过远,这时测量的主要误差来源于短轴中心线与理论基准线存在的夹角 θ 所带来的误差 $\delta = L \cdot \tan\theta$ (L 是面 C 到面 D 的距离)。对于此类基准较短且被测元素距基准较远的测量,宜采取整体试测。在试测后发现面 D 与面 C 的平行性较好,用面 D 来确定方向 X,也就确定了基准 Y 的方向(选择辅助基准)。当然,这种方法要针对每一工件的具体情况而定,有一定的局限性。但总的原则是,在测量时,基准轴的选择应尽量长,减小由此带来的轴线确定偏差。

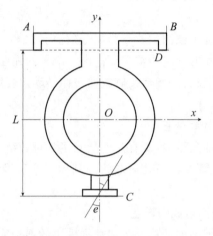

图 3.9.7　基准选择不当引起的误差

3. 测量方法选择不当造成的误差

测量的准确度与所选的测量方法也有非常重要的关系。以图 3.9.8 所示平面内求孔心 O 为例,测量三点即可求得孔心坐标。孔心 O 的坐标误差既与测点的坐标误差有关,又与三个测量点在孔内的分布有关。三点位置选择不同,其孔中心坐标的误差也不同。三点均匀分布时,孔中心的坐标误差最小。一般来说,测量时测点越多越好,测点相对位置越均匀越好。

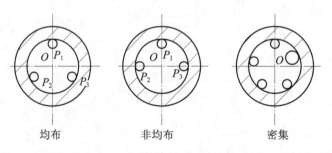

图 3.9.8　测量方法不当引起的误差

3.9.6 系统特点与工程应用

三坐标测量机是对三维尺寸进行测量的设备,能测量复杂形状的工件,如箱体、模具、凸轮、发动机零件、汽轮机叶片等空间曲面,此外还可用于划线、定中心孔、光刻集成电路等,并可对连续曲面进行扫描及制备数控机床的加工程序等,被广泛应用于机械制造、仪器制造、汽车工业、电子工业、航空和航天工业等,如图3.9.9所示。三坐标测量机不仅能用于计量室的产品检验,而且也是整个生产系统进行前置反馈控制的重要环节,它可以对下一批零件的加工工艺、加工参数进行修正,对产品质量进行管理和误差诊断,实现大系统的闭环控制,以保证加工质量。由于它的通用性强、测量范围大、精度高、效率高、性能好、能与柔性制造系统相连接,已成为一类大型精密仪器。

图3.9.9 三坐标测量机的工程应用

三坐标测量机安装好后一般不可移动,不便携带,但它是点位精度最高的工业测量系统。

3.10 三维测量系统的校准

三维测量系统须配套相应的校准方案。三维测量系统的校准包括实验室校准、现场校准和现场核查三种形式。

目前,激光跟踪仪、摄影测量系统、结构光手持式三维扫描仪均有相应的校准规范,可在实验室进行校准。实验室校准的主要目的是确定设备在规定条件下的测量性能,实现测量数据的溯源。因此,构建大尺寸测量系统校准装置是进行实验室校准的基础。美国NIST(National Institute of Standards and Technology)建立了61m激光干涉测长装置,测量不确定度:$5\mu m + 3 \times 10^{-7}L, k=2$。国内航空工业计量所建立的35m激光干涉测长装置,采用了气浮花岗岩为导向基础,利用一路分三路双频激光干涉方案实现精密测长和运动滑台阿贝误差的补偿,测量不确定度为$0.2\mu m + 4.6 \times 10^{-7}L, k=3$,通过同向测量数据、横向测量数据的比较实现三维坐标测量系统的实验室校准(图 3.10.1(a))。坐标校准墙也是实验室校准常用的检验标准。坐标校准墙通常采用铟钢或碳纤维杆作为标准器,利用热胀释放机构与安装面的物理隔离来提升标准装置的稳定性。坐标校准墙布置的典型结构为"米"字形结构(图 3.10.1(b))。

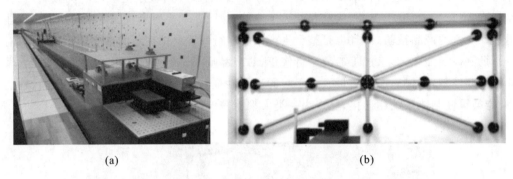

(a)   (b)

图 3.10.1 激光干涉测长和坐标校准墙

现场校准主要用于检验包含环境因素在内的测量设备的使用性能,包括在同样的环境下采用更高精度的测量系统开展现场校准和标准器校准两种方法,例如,室内 GPS 构成的测量网可采用激光跟踪仪进行校准,激光跟踪仪可采用标尺或激光导轨开展现场校准,如图 3.10.2 所示。

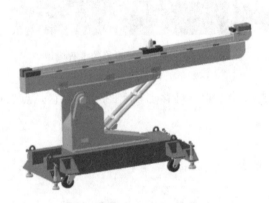

图 3.10.2 移动激光导轨

现场核查主要通过对实物标准器测量进行性能评价。实物标准器的结构尺寸稳定、携带方便、成本低。实物标准器按照维度不同可分为一维标准器、二维标准器、三维立体坐标标准器和扫描标准器四类(见图 3.10.3)。一维标准器的典型代表为一维标尺,是测量系统引入标准尺度的重要手段。二维标准器的典型代表为平面基准转换标准器,不仅可用于二维方向的尺寸校准,还可用于坐标融合。三维标准器的典型代表为四面体铟钢标准器,其上的四个基准点构建了空间立体标准器(可以通过分析拟合的内切圆、外接圆、3 个点构成平面的矢量,实现测量性能评价)。扫描标准器典型代表是不同直径球及凹球面。

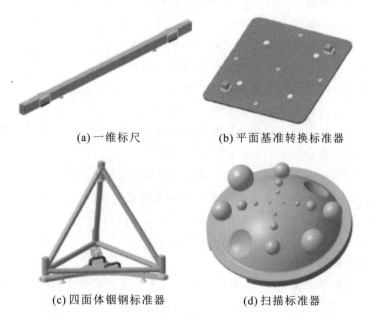

(a) 一维标尺　　　　(b) 平面基准转换标准器

(c) 四面体铟钢标准器　　　(d) 扫描标准器

图 3.10.3　实物标准器

思考题

1. 简述经纬仪测量系统的原理和特点。

2. 经纬仪测量系统为什么要进行相对定向和绝对定向？

3. 经纬仪测量系统进行三维坐标测量时是否必须整平？不整平时如何建立测量系统？

4. 如何提高经纬仪测量系统的测量精度？

5. 全站仪的三维坐标系是如何定义的？工业型全站仪有哪些主要特点？

6. 与经纬仪测量系统性相比，全站仪的优势有哪些？

7. 全站仪测量不整平是否可以进行测量？全站仪整平有什么作用？

8. 摄影测量技术有哪些特点？提高摄影测量精度的措施有哪些？

9. 简述工业摄影测量作业的主要步骤。

10. 摄像机的三维坐标系是如何定义的？

11. 推导摄像机的像点坐标与经纬仪水平角、垂直角相互转换的转换公式。

12. 为什么要用偏心标志？举例说明利用偏心标志获取测点坐标的原理。

13. 简述对线结构光测量系统进行标定的目的和内容。

14. 简述线结构光系统测量的主要流程。

15. 比较激光跟踪仪与工业型全站仪的异同。

16. 如何有效提高激光跟踪仪的测量精度？

17.简述激光跟踪仪采用 T-Probe、T-Scan 等进行测量的原理。

18.简述激光扫描测量系统的测量原理与特点。

19.工业型扫描仪与工程型扫描仪的主要区别有哪些？

20.简述三维激光扫描测量系统的作业流程以及应用场合。

21.关节臂坐标测量机的主要特点有哪些？

22.简述关节臂坐标测量机测量三维坐标的原理。

23.相邻两连杆之间的三维坐标系转换为什么只用到 4 个参数(两个平移量和两个旋转量)而不是 6 个参数？

24.简述 i-GPS 测量系统进行三维坐标测量的原理。

25.如何实现 i-GPS 测量系统的标定？基本原理是什么？

26.i-GPS 测量系统的主要特点有哪些？

27.简述三坐标机进行三维坐标测量的原理。

28.简述三坐标机的主要特点。

29.在已有的三维测量系统中,哪些系统属于角度前方交会系统？哪些系统属于球面坐标测量系统？

第4章 工业测量数据处理

第2章和第3章主要讲述了一维到三维的数据采集的技术手段及其特点,主要涉及数据的采集工作。而最终需要对采集的数据进行一系列处理,获得一维到三维的几何参数或者坐标数据。在工业测量中,一方面通过精确的角度和距离等观测值建立一个精密平面或三维控制网,获取控制点的坐标。更多的是利用一维、二维和三维测量值获取工业零件本身几何参数及其相互间的几何关系,并根据这些几何关系对加工零件进行质量评判。因此,在工业测量数据处理中,涉及多站间的空间坐标变换、几何线/面拟合以及加工件的形位误差的评判。

4.1 数据处理误差理论

4.1.1 测量精度

1. 算术平均值,标准差和置信区间

1) 算术平均值与标准差

在测量数据处理中,经验标准偏差 s_x 常常作为测量精度的尺度。由同一人、用同一仪器、同一种方法和在同样的外部条件下,对同一个量进行多次重复测量后,由其偶然误差分布可以推导出来。通过单次测量值 x_i 可以得到算数算术平均值以及经验标准偏差:

$$\bar{x} = \frac{1}{n} \sum_{i=1}^{n} x_i \tag{4.1.1}$$

$$s_x = \sqrt{\frac{1}{n-1} \sum_{i=1}^{n} (\bar{x} - x_i)^2} \tag{4.1.2}$$

式中,n 为测量次数。x_i 中含有的未知的、固定的系统误差,可通过相减予以消除,故系统误差对 s_x 不产生影响。s_x 也称为经验标准偏差或重复标准偏差。

从统计的意义讲,当 $n \to \infty$ 时,经验标准偏差就是标准差 σ_x 的估值。如果用观测量 X 的期望值 μ_x 代替样本均值 $\bar{x}$,当在测量时没有系统误差 Δ_x 而仅仅只有偶然误差 ε_i 时,则期望值 μ_x 和真值 $\tilde{X}$ 是相等的。

对于单次测量 x_i:

$$x_i = \tilde{X} + \varepsilon_i + \Delta_x \tag{4.1.3}$$

偶然误差:

$$\varepsilon_i = x_i - \mu_x \qquad (4.1.4)$$

系统误差：

$$\Delta_x = \mu_x - \widetilde{X} \qquad (4.1.5)$$

由于一个观测量的真值和期望值通常都是未知的，而观测次数又总是一定的。因此，用平均值或者平差值 $\bar{x}$ 作为参考值，并定义改正数 v_i 是平差值和单次观测值之差：

$$v_i = \bar{x} - x_i \qquad (4.1.6)$$

这样，式(4.1.2)可以写成：

$$s_x = \pm \sqrt{\frac{1}{n-1} \sum_{i=1}^{n} v_i^2} \qquad (4.1.7)$$

平均值的经验偏差就是：

$$s_{\bar{x}} = \frac{s_x}{\sqrt{n}} \qquad (4.1.8)$$

显然，正确计算平均值的前提是所有已知的、对观测值产生影响的系统误差通过测量方法(如盘左、盘右的方向测量取平均)或者系统误差模型予以改正和/或消除。计算经验标准偏差要求单次测量的偏差改正数 v_i 服从正态分布而且只有含有偶然误差。

有一种很少出现，有时又必须考虑的情况，就是在测量时因大气条件变化引起、但采用的测量方法暂时又无法消除的未知系统误差。这个影响随着时间缓慢变化。虽然这种变化对结果不产生重要作用，却以相同的量级影响所有观测值，导致观测值之间不相互独立而是物理相关。

如果确定了测量值之间的相关程度——相关系数 $r(-1 \leqslant r \leqslant 1)$，那么，考虑观测值相关的情况下，观测序列中单个测量值的标准偏差为：

$$(s_x) = s_x \sqrt{\frac{1}{1-r}} \qquad (4.1.9)$$

算术平均值标准偏差：

$$(s_{\bar{x}}) = s_x \sqrt{\frac{1 + (n-1)r}{(1-r)n}} \qquad (4.1.10)$$

对于一个可靠的精度估计必须计算相关系数，但这非常困难。实际工作中要么忽略，要么采用经验估计相关系数。

2) 置信区间

区间估计就是由子样构成两个子样函数 $\hat{\theta}_1$ 和 $\hat{\theta}_2$，而用区间 $(\hat{\theta}_1, \hat{\theta}_2)$ 作为母体 $\hat{\theta}$ 可能的取值范围的一种估计。若对于一个给定值 α 能满足：

$$P\{\hat{\theta}_1 \leqslant \theta \leqslant \hat{\theta}_2\} = 1 - \alpha \qquad (4.1.11)$$

那么，就称区间 $(\hat{\theta}_1, \hat{\theta}_2)$ 为 $\hat{\theta}$ 的 $(1-\alpha)$ 置信区间，$\hat{\theta}_1$ 为置信区间上限，$\hat{\theta}_2$ 为置信区间下限，$1-\alpha$ 为置信水平或置信度。

均值 $\bar{x}$ 及其标准差 $s_{\bar{x}}$ 是未知量 μ_x 和 σ_x 的估值，也可以利用概率 $P = 1 - \alpha$ 计算置信边界来确定 $\bar{x}$ 和 $s_{\bar{x}}$ 的置信区间。α 是出错概率，也就是真值出现在置信区域以外的概率。

在工业测量中常常取 $\alpha=5\%$,相应的置信水平 $1-\alpha$ 就是 95%。

真值 $\widetilde{X}$ 的置信区间通过 t 分布计算,也就是:

$$P\{\bar{x}-t_{f,1-\alpha/2}\cdot s_{\bar{x}}\leqslant\widetilde{X}\leqslant\bar{x}+t_{f,1-\alpha/2}\cdot s_{\bar{x}}\}=1-\alpha \tag{4.1.12}$$

式中,$t_{f,1-\alpha/2}$ 是自由度为 f(多余观测数)的 t 分布值,可以从统计表中查取。置信区间的宽度与标准偏差 $s_{\bar{x}}$ 有关。对于自由度较少的情况,$s_{\bar{x}}$ 本身就不可靠。

同计算观测量的置信区间一样,$s_{\bar{x}}$ 的置信区间可按式(4.1.13)确定:

$$P\{C_{\sigma,u}\leqslant\sigma_x\leqslant C_{\sigma,o}\}=1-\alpha \tag{4.1.13}$$

式中,$C_{\sigma,o}=s_x\sqrt{\dfrac{f}{\chi^2_{f,\alpha/2}}}$,$C_{\sigma,u}=s_x\sqrt{\dfrac{f}{\chi^2_{f,1-\alpha/2}}}$。$\chi^2$ 分布值在相应的统计表中查取。

在实际中,当观测值数量较少时,一般不按照式(4.1.13)计算经验标准偏差 $s_{\bar{x}}$ 置信区间。而是引入一个接近于期望值 σ_x 的经验值,以减少错误估计置信区间的风险。例如,采用仪器厂商通过多次检验测量而给出的测量仪器精度指标作为标准偏差的估计。

最特殊的假定就是选择的经验标准偏差就是母体偏差 σ_x,对于标准正态分布而言,真值 $\widetilde{X}$ 的置信区间为:

$$P\{\bar{x}-k_{f,1-\alpha/2}\cdot\sigma_x\leqslant\widetilde{X}\leqslant\bar{x}+k_{f,1-\alpha/2}\cdot\sigma_x\}=1-\alpha \tag{4.1.14}$$

如果将式(4.1.13)计算的限差值代入式(4.1.14)中,就可以估计与经验标准偏差相关的真值的置信区间:当 $P=0.95$ 时,$k_{1-\alpha/2}=1.96$;当 $f=15$ 时,$C_{\sigma,u}=0.7s_{\bar{x}}$,$C_{\sigma,o}=1.6s_{\bar{x}}$。

如果将 $C_{\sigma,o}$ 作为最大值,则 $P\{\bar{x}-3.14\cdot s_{\bar{x}}\leqslant\widetilde{X}\leqslant\bar{x}+3.14\cdot s_{\bar{x}}\}=0.95$

如果将 $C_{\sigma,u}$ 作为最小值,则 $P\{\bar{x}-1.37\cdot s_{\bar{x}}\leqslant\widetilde{X}\leqslant\bar{x}+1.37\cdot s_{\bar{x}}\}=0.95$

3)几个与测量误差有关的概念

为了更好地理解测量误差,必须理解四个基本概念——分辨率、精密度、准确度、不确定度,它们的关系如图 4.1.1 所示。

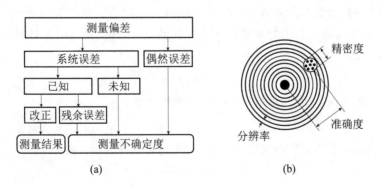

图 4.1.1　测量偏差、瞄准靶的精密度/准确度/分辨率

分辨率(Resolution):可以用仪器测量的最小值(最小计数单位)

精密度(Precision):多次重复测量同一量时各测量值之间彼此相符合的程度。可根据式(4.1.2)计算重复测量标准差 s_x 来衡量,它是偶然误差大小的反映,表征实测值与足

够大 n 的算术平均值的分散程度；也称为内精度，重复精度或标准偏差。

准确度（Accuracy）：一个测量序列的期望值和其真值的偏差。这个偏差对应的就是系统误差分量，它是系统误差大小的反映。表征了实测值在足够大 n 时的算术平均值对真值的偏离程度。

不确定度（Uncertainty）：利用可获得的信息，表征赋予被测量值分散性的非负参数。不确定度包含了由系统效应引起的分量。

2. 测量精度估算

对于一个测量序列，处理后的最终结果就是要给出改正了系统误差的平均值 $\bar{x}$ 及其由上限和下限确定的置信区间。上限值与平均值之差或者下限值与平均值之差就是测量精度 u。一般而言，上限值和下限值是相同的，故测量结果可表示为：

$$y = \bar{x} \pm u \tag{4.1.15}$$

测量精度 u 是通过不确定度来衡量的，它包含了偶然误差分量 u_z 和系统误差分量 u_s（见图 4.1.1(a)）。系统误差分量一般只能通过经验估计，有时候可以通过比较测量得到，即对同一个观测量，在不同的测量条件下（不同的仪器、不同的方法、不同的人员、不同的大气条件等）重复测量，从不同测量结果分布来比较标准偏差，进一步推导出系统误差分量。如果没有这些比较值，那就根据仪器制造商给出的指标或者自身经验确定。

如果标准偏差 σ_x 未知，则偶然误差分量就由公式（4.1.12）计算置信边界 $t_{f,1-\alpha/2} \cdot s_{\bar{x}}$。如果 σ_x 已知，则偶然误差分量就由式（4.1.14）计算边界值 $k_{f,1-\alpha/2} \cdot \sigma_{\bar{x}}$。

根据相关文献，对于 $P = 0.95$，偶然误差分量可由下式计算：

$$u_z = 1.96 \sqrt{\frac{f}{f - \frac{1}{2} + \frac{1}{8f}}} \cdot s_{\bar{x}} \tag{4.1.16}$$

对于较小的自由度，上式的计算值小于式（4.1.12）的值。随着自由度增加，两个结果都接近正态分布的 $1.96 s_{\bar{x}}$。

系统误差分量和偶然误差分量可以采用两种方法组合。在工业测量中，比较偏向于线性相加法，因为这样可以回避测量精度被低估的风险，特别是一个分量明显大于另外一个分量的时候，即

$$u = u_z + u_s \tag{4.1.17}$$

如果两个分量基本相当，也可以采用平方和的方式：

$$u = \sqrt{u_z^2 + u_s^2} \tag{4.1.18}$$

对于一个由 n 个测量值组成的观测向量（用转置矩阵表示为）：

$$\boldsymbol{X}^{\mathrm{T}} = (x_1, x_2, \cdots, x_n) \tag{4.1.19}$$

如果对向量 $\boldsymbol{X}$ 进行了 m 次观测，引入上述精度概念，就得到 m 次观测后的向量 $\boldsymbol{X}_i$ 的平均值：

$$x = \frac{1}{m} \sum_{i=1}^{m} \boldsymbol{X}_i \tag{4.1.20}$$

当 $m \to \infty$，平均值就会接近期望向量 $\boldsymbol{\mu}_X$。类似于式（4.1.4）和式（4.1.5）可以得到偶

然误差向量 $\boldsymbol{\varepsilon}_i$ 和系统误差 $\boldsymbol{\Delta}_X$ 向量。

描述一个偶然随机向量 $\boldsymbol{X}$ 的随机特征,常采用协方差矩阵 Σ_{XX}。其中,σ_i^2 表示 x_i 的方差,σ_{ik} 表示 x_i 与 x_k 之间的协方差。

$$\Sigma_{XX} = \begin{bmatrix} \sigma_1^2 & \sigma_{12} & \cdots & \sigma_{1n} \\ \sigma_{21} & \sigma_2^2 & \cdots & \sigma_{2n} \\ \vdots & \vdots & & \vdots \\ \sigma_{n1} & \sigma_{n2} & \cdots & \sigma_n^2 \end{bmatrix} \tag{4.1.21}$$

对于 n 维随机向量 $\boldsymbol{X}$ 也可以定义 n 维置信区间。由给定的置信概率 $1-\alpha$ 和期望值 $\boldsymbol{\mu}_X$ 就有:

$$P\{(\boldsymbol{X}-\boldsymbol{\mu}_X)^{\mathrm{T}}\Sigma_{XX}^{-1}(\boldsymbol{X}-\boldsymbol{\mu}_X) \leqslant \chi_{n,1-\alpha}^2\} = 1-\alpha \tag{4.1.22}$$

公式中描述了一个超椭圆,其半轴及其方向可以通过对 Σ_{XX} 的谱分解求得。当 $n=3$ 时,可以得到一个空间点三维坐标方向的置信椭球。当 $n=2$ 时,可以得到一个点二维坐标方向的置信椭圆。

协方差矩阵给出了观测量 $\boldsymbol{X}$ 的不确定尺度,它顾及了观测值的随机相关,相关系数可以由协方差矩阵中元素计算:

$$\rho_{ik} = \frac{\sigma_{ik}}{\sigma_i \sigma_k} \tag{4.1.23}$$

对于有限的观测序列,其经验相关系数:

$$r_{ik} = \frac{s_{ik}}{s_i s_k} \tag{4.1.24}$$

由于相关系数的确定并不容易,有时都采用经验值会更可靠些。

通常还有一种情况,就是随机量 X 不是直接测量的,而是观测量的函数。其方差和协方差就必须通过协方差传播定律来确定。

观测向量 $\boldsymbol{X}$ 及其函数 γ 为:

$$\gamma = \varphi(x) = \begin{bmatrix} \varphi_1(x) \\ \varphi_2(x) \\ \vdots \\ \varphi_n(x) \end{bmatrix} \tag{4.1.25}$$

由此可以得到一个函数矩阵 $\boldsymbol{F}$,其分量是 $\boldsymbol{Y}$ 对 $\boldsymbol{X}$ 的偏导数:

$$\boldsymbol{F}_{n,m} = \begin{bmatrix} \dfrac{\partial \varphi_1}{\partial x_1} & \dfrac{\partial \varphi_1}{\partial x_2} & \cdots & \dfrac{\partial \varphi_1}{\partial x_m} \\ \dfrac{\partial \varphi_2}{\partial x_1} & \dfrac{\partial \varphi_2}{\partial x_2} & \cdots & \dfrac{\partial \varphi_2}{\partial x_m} \\ \vdots & \vdots & & \vdots \\ \dfrac{\partial \varphi_n}{\partial x_1} & \dfrac{\partial \varphi_n}{\partial x_2} & \cdots & \dfrac{\partial \varphi_n}{\partial x_m} \end{bmatrix} \tag{4.1.26}$$

式中,n 为函数向量 $\boldsymbol{Y}$ 的分量个数,m 为观测向量 $\boldsymbol{X}$ 的个数。利用协方差传播定律,由函数矩阵和观测向量的协方差矩可计算出函数向量 $\boldsymbol{Y}$ 的协方差矩阵:

$$\Sigma_{YY} = F\Sigma_{XX}F^T \tag{4.1.27}$$

3. 几种常用模型的最小二乘解

在测量平差中,主要有两种基本模型:条件平差模型和间接平差模型。在实际数据处理中延伸出另外两种模型:附有条件的间接平差模型和附有未知数的条件平差模型。由于条件方程式的通用性差,因此单独条件平差的实际应用很少。表 4.1.1 以矩阵的形式罗列出 3 种模型的基本方程、未知参数的解和精度评定等公式。工业测量的等权观测居多,因此表 4.1.1 中将观测值的权视为单位矩阵。其他详细推导过程和结果可查阅相关文献。

表 4.1.1 平差模型及其计算公式

模型	基本方程	未知数解	未知数协因素阵
间接平差	$V = AX - L$	$X = (A^TA)^{-1}A^TL$	$Q_{XX} = (A^TA)^{-1}$
附条件的间接平差	$V = AX - L$ $BX - W = O$	$\begin{pmatrix} X \\ K \end{pmatrix} = \begin{pmatrix} A^TA & B^T \\ B & O \end{pmatrix}^{-1} \cdot \begin{pmatrix} A^TL \\ W \end{pmatrix}$ $= \begin{pmatrix} Q_{tt} & Q_{tr} \\ Q_{rt} & Q_{rr} \end{pmatrix} \cdot \begin{pmatrix} A^TL \\ W \end{pmatrix}$	$Q_{XX} = Q_{tt}(A^TA)Q_{tt}$
附未知数的条件平差	$V = AV + BX - W$	$\begin{pmatrix} K \\ X \end{pmatrix} = \begin{pmatrix} AA^T & B \\ A^T & O \end{pmatrix}^{-1} \cdot \begin{pmatrix} W \\ 0 \end{pmatrix} = \begin{pmatrix} Q_{rr} & Q_{rt} \\ Q_{tr} & Q_{tt} \end{pmatrix} \cdot \begin{pmatrix} W \\ O \end{pmatrix}$ $X = (B^T(AA^T)^{-1}B)^{-1} \cdot B^T(AA^T)^{-1}W$	$Q_{XX} = Q_{tt}$

4.1.2 限差确定原则与方法

1. 相对精度原则

对于一个工业检测对象,绝大多数情况下关注的是它各个部分的相对位置与尺寸,而不顾及其绝对地理位置。因此,坐标系的选择和测量方案的制定有极大的灵活性,各测量环节中的限差关系式均有其特殊性。

对于零件制造,已有了比较成熟的限差。但在工业测量的一些领域,应该有怎样的限差或者用怎样的精度实施测量都是未知的。当主要背景不可知并出于过高的安全考虑,往往就会提出过高的精度要求。因此,在这种情况下,如何制定一个合理的测量精度非常重要。

这里用一个离子加速器放样精度的例子可以说明这个问题。对德国汉堡的德国电子同位素离子加速器安装,如果问物理学家:圆型加速器的各个部件在径向需要多高的定位精度? 也许会得到这样的回答:至少零点几毫米。但问题是:这个精度是相对哪里的? 答案之一是相对于加速器中心位置。该圆形加速器的直径是 2000m,目前的测量技术根本达不到这样的精度。通过多次讨论和论证后认为:加速器运行过程中重要的是,在 50～100m 范围内,部件之间的精度在零点几个毫米就可以满足要求。也就是说,相邻部件的相对精度达到零点几毫米的精度就可以满足要求。而此时的边缘点相对于中心位置已经是几毫米了。

对于加速器部件,重要的是相邻精度而不是相对于中心的精度,根据这个特点就可以确定测量方法,同时测量费用会大大减少。很多工业测量都有这个特点,只有极少数情况在较长距离要求绝对精度。

如果受到系统误差的影响,估计出实际能达到的精度是非常困难的。因此,合理精度值的确定需要多学科的专业知识和经验共同完成。

2. 测量限差的确定

事实上,在采用某一种测量方法测量的零件偏差中,不仅仅含有零件加工误差,还含有测量误差。如果测量误差过大,则给出的零件偏差就不可靠,甚至出现错误。因此,根据实际情况合理确定测量精度非常重要。

总限差 T_G 实质上是含有测量限差的。假定测量限差 T_M 占其中的份额为 p。如果按照平方式传播,则

$$T_M = \sqrt{T_G^2 - (1-p)^2 T_G^2} = T_G \sqrt{1-(1-p)^2} \tag{4.1.28}$$

如果按照线性式传播,则

$$T_M = p \cdot T_G \tag{4.1.29}$$

取 $p=10\%$,则按照式(4.2.28)计算得到:$T_M = 0.44 T_G$,按照式(4.1.29)得到:

$$T_M = 0.1 T_G$$

这两种限差确定的方式既适用于整体构件,也适用于单个构件。在确定了测量限差以后,下一步就该确定:应当采用什么样的精度测量,才能保证在限差范围内。

根据式(4.1.14)和式(4.1.17),通过置信区间表示的测量误差为:

$$u = k_{1-\alpha/2} \cdot \sigma + u_s \tag{4.1.30}$$

上式不仅适合于测量序列的平均值,也适合于测量值的函数,因此,式(4.1.30)中用 σ 替代了式(4.1.14)中的 $\sigma_{\bar{x}}$。同时假定了偶然误差与系统误差线性相加的方式以及正态分布形式。

根据测量误差与限差的关系式,用置信区间表示的测量误差为:

$$T_M = 2 \cdot u = 2 \cdot (k_{1-\alpha/2} \cdot \sigma + u_s) \tag{4.1.31}$$

由此而得测量标准差为:

$$\sigma = \frac{T_M - 2 \cdot u_s}{2 \cdot k_{1-\alpha/2}} \tag{4.1.32}$$

在确定测量限差时应该顾及测量的实际值的精度区间可能会超过限差区间。也就是当实际测量值在限差附近,甚至正好在限差上时,测量精度的一半区间都落在限差之外了。为此,除了错误概率 α 外,还要为超出限差引入概率 β——接受风险概率,得到:

$$T_M = 2 \cdot [(k_{1-\alpha/2} + k_{1-\beta}) \cdot \sigma + u_s] \tag{4.1.33}$$

这样,对于给定的测量限差,可以得到标准差为:

$$\sigma = \frac{T_M - 2 \cdot u_s}{2 \cdot (k_{1-\alpha/2} + k_{1-\beta})} \tag{4.1.34}$$

在不考虑系统误差的情况下,表 4.1.3 中列出了对不同的 p,由总限差计算测量限差

和标准中误差的因子。表 4.1.2 中还列举了在 $\alpha=5\%$ 的前提下,考虑和不考虑接受风险 $\beta=30\%$、20% 和 10% 时的因子值。表中的因子值为单位值,也就是说,实际值就是用表中数字直接乘以总限差值。根据表中的数据就可以依照式(4.1.30)计算测量不确定度,并由此来确定相应的测量方法。

表 4.1.2　测量限差和标准差的计算因子

$\alpha=5\%$ $k_{1-\alpha/2}=1.96$		T_M/T_G	σ/T_G			
			$\beta=0$ $k_{1-\beta}=0$	$\beta=30\%$ $k_{1-\beta}=0.52$	$\beta=20\%$ $k_{1-\beta}=0.84$	$\beta=10\%$ $k_{1-\beta}=1.28$
平方传播	$p=10\%$	0.44	0.112	0.089	0.079	0.068
	$p=20\%$	0.60	0.153	0.121	0.107	0.093
	$p=30\%$	0.71	0.181	0.143	0.127	0.110
线性传播	$p=10\%$	0.10	0.026	0.020	0.018	0.015
	$p=20\%$	0.20	0.051	0.040	0.036	0.031
	$p=30\%$	0.30	0.077	0.060	0.054	0.046
	$p=40\%$	0.40	0.102	0.081	0.071	0.062
	$p=50\%$	0.50	0.128	0.101	0.089	0.077
	$p=60\%$	0.60	0.153	0.121	0.107	0.093

由表 4.1.2 中数据可以看出:

(1) 测量误差占的比例越高,则测量精度要求越低。

(2) 纳伪概率越低,检验功效就越低,则测量精度要求越高。

对测量结束后处理的结果进行评判时,有如图 4.1.2 所示中的三种情况:

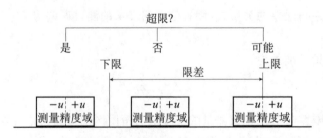

图 4.1.2　限差与测量精度

(1) 平差值及其测量误差落在限差区内。没有超过限差,产品合格。

(2) 平差值及其测量误差落在限差区外。超过了限差,产品不合格。

(3) 平差值落在限差范围内,但其测量误差部分落在限差区外,超过限差;如果考虑到接受风险,可以以$(1-\beta)$的概率认为:没有超过限差。这种情况下最好选择精度较高的方法来减小测量误差的区间,给出一个明确的结论。

3. 部分测量技术的极限精度

了解某测量手段在最佳条件下所能提供的最高精度,对测量方法的选择是非常重要的。一般而言分两种情况,一是可以直接参考测量设备上给定的测量精度指标,如游标卡尺的长度测量精度为 $\pm 10\mu\mathrm{m}$。二是需要的精度指标要通过适当的换算才能获得的。例如测角仪器(如电子经纬仪的前方交会)的极限精度是平距 d 与仪器测角中误差的乘积,即 $m_{\min} = \pm d \cdot m_a'' / 206265$。如 $d = 2\mathrm{m}$,$m_a = \pm 1''$,则 $m_{\min} = \pm 10\mu\mathrm{m}$。可见,缩短观测距离和适当提高测角仪器等级是保证工业测量精度的基本措施。又如摄影测量的极限精度是像点点位中误差 $m_{x,y}$ 与影像比例尺分母 m 的乘积,即 $m_{\min} = m \cdot m_{x,y}$。由此可见,增大构像比例尺和保证像点点位精度是工业摄影测量精度的基本措施。

4.1.3 系统偏差产生的原因与改正措施

在测量的过程中,总是试图避免系统误差出现,或者通过检校获得系统误差参数或者通过测量方法消除系统误差。当然这样只能消除一部分。测量中总会残留系统误差。在确定误差时,需要考虑这部分残留系统偏差。下面通过一些典型例子说明了系统偏差出现,并给出了其量级及其减弱的方法。

1. 违背阿贝(Abbe)检定原则

阿贝原则是长度计量仪器设计和使用时应尽量遵守的原则。阿贝原则的要点是:"要使测量仪给出准确的测量结果,必须将被测件布置在基准件运动方向的延长线上。"此时可以避免一阶误差。当违背阿贝原则时,如图 4.1.3(a)所示,标准尺线与被测件之间平行安置,两者相距 p。当装有读数瞄准器的支架沿轨从一端移动到另一端时,由于导轨的直线误差,支架将会产生一个 φ 角的转动,使得测量长度 l' 与实际长度 l 之间产生误差 MA,且

$$\mathrm{MA} = l' - l \approx p \cdot \varphi \tag{4.1.35}$$

若 $h = 100\mathrm{mm}$,导轨直线性误差 $\varphi = 60''$,则 $\mathrm{MA} \approx 0.03\mathrm{mm}$。

当遵守阿贝原则时,如图 4.1.3(b)所示,两者相距为 A,但位于一条直线上。测量时由于导轨的直线性误差,工件产生旋转角 φ,此时避免了一阶误差,而产生的误差为:

$$\mathrm{MA} \approx 0.5 \cdot A \cdot \varphi^2 \tag{4.1.36}$$

若工件长度 $L = 100\mathrm{mm}$,轨直线性误差为 $\varphi = 60''$ 时,$\delta_A \approx 0.004\mu\mathrm{m}$。

可见,当导轨精度不高时,如果违背阿贝原则,对于仪器测量精度影响很大。或者为保证达到较高的精度,就要对仪器导轨直线性提出很高的要求。而当无法满足阿贝原则时,就会产生系统误差。

2. 激光测距时大气影响

由于测量空气温度、压力、湿度等或者由点式折射仪等获得的折射系数与沿线的折射系数有偏差,则大气改正就不正确,这会导致测量结果出现系统偏差。温度变化 1.0K 或者压力变化 3.4hPa 时产生的改正变化为 10^{-6} 或者 1mm/km。

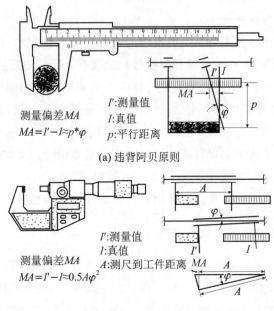

图 4.1.3　阿贝误差原则

3. 量块、线尺和杆状测微器弯曲影响

较长的量块、线尺和杆状测微器在测量时应该精确放置在相应位置并加以支撑。实际上机械式长度测量仪安置在贝塞尔点(线刻度尺支点在其全长的 0.5594 位置,其全长弯曲误差量为最小,此处称为贝塞尔点)上时,可使弯曲最小。若这些支撑点变化,会引起弯曲变化,从而引起测量结果的系统偏差。

4. 温度对测量对象和量具的影响

当用量具(如钢尺)测量时,实际温度有异于其参考温度,对其测量的长度值要进行温度改正。温度测量的不准确会使结果含有系统误差。1K 的温度变化会使钢制量具的测量结果产生 $11.5\mu m/m$ 的变化。因此测量对象的温度需要尽量精确测定。例如一台 10m 长钢制机器,温度必须测到 0.4K,这样大于 $50\mu m$ 时的长度变化就知道是由温度引起的,而不是测量偏差。

5. 忽视经纬仪误差

用经纬仪测量水平角和天顶距时,为了尽可能地获得高精度,应该在盘左盘右测量,这样,仪器误差(视准轴误差、水平轴误差、视线偏心、调焦的视线变化等)就不会影响测量结果。但是这些误差并是不变的。例如,在测量之前确定了相关的误差分量,测量时采用这些分量对一个度盘的方向测量值进行改正,但其结果常常会与盘左盘右测量的方向值不一样。同样,随时间变化的水平轴误差也不能通过竖轴倾斜传感器改正。

如果望远镜支架两面的温差为1K,则引起的视准轴倾斜 $2.5''$。特别是在工业测量领域,高差很大,视线倾斜,这样对水平方向的影响就很大。这时,如果只用一个读盘位置测量,就会产生系统误差。

6.电子经纬仪竖轴误差引起的偏心

带有倾斜传感器的电子经纬仪首先通过圆气泡初略整平,残余竖轴误差通过倾斜传感器测量后,对水平方向和天顶距进行改正。由于没有进行精确整平,实际的方向测量中心(三轴交点)与经纬仪测站点中心就会不一致,例如视准轴高 0.2m 而倾斜传感器的工作范围为 2.5′ 时所产生的偏差 0.15mm。因此,对于小范围工业测量而言,经常会出现短距离的水平方向测量,这样就会对这些方向值产生系统影响。例如在 5m 视距产生的方向值偏差就达 6″,远远超出了仪器的测量精度。因此,在特高精度测量而且短视距的情况下,尽管仪器带有倾斜测量补偿器,也应该精确整平。

7.水准测量视距不等

在机械制造的几何水准测量中,由于实际局部场地的限制,无法使前后视距保持一样。十字丝校准的残余误差(在自动安平的水准仪中同样存在)会对测量结果产生系统影响。根据残余误差的大小和前后视距差大小引起的测量偏差可达到零点几个毫米。

当由于局部场地限制只能用不等视距测量时,为达到高精度,可以采取如下措施:

(1) 确定视准线倾角并进行计算改正;

(2) 使用带有视线倾斜补偿器的仪器(如 Zeiss Ni002)消除视准轴的倾斜误差。

8.光学视线的折射

由于大气密度的不同,会导致光线不是直线行进,如图 4.1.4 所示。空气密度通过折射指数表示。视线曲率主要垂直于视线的折射指数分量引起。为了估计折射影响,假定垂直折射分量的梯度是常数,即 $\partial n/\partial y = \alpha$,$\alpha$ 为常数。这样,从 A 到 E 的视线轨迹就是一个圆。由图 4.1.4 中可以推导出偏角:$\gamma = \alpha \cdot l$,视线与直线间的最大偏差 z 的值为:$z = \alpha \cdot l^2/8$。

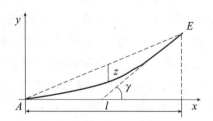

图 4.1.4 线性折射指数场下的视线

而影响折射率的最大因素是空气温度 T,近似的关系式有:

$$\frac{\partial n}{\partial y} = -10^{-6} \cdot \frac{\partial T}{\partial y} \tag{4.1.37}$$

100m 距离当温度梯度变化为 0.1K/m 时,视线偏差为 0.12mm。由于垂直方向折射系数的梯度大于水平方向的梯度,折射对视线的影响区别很大。减少折射的方法可以有两种途径:或者用弥散方法可以得到一个不受折射影响的方向测量;或者在真空($10^{-2} \sim 10^{-3}$ hPa)中测量。

通过适当的措施减少垂直于视线的折射场梯度可以减少折射影响：一是通过搅动空气来破坏或阻止空气分层的形成；二是采用屏蔽措施或使用空调，尽可能减少折射率。例如让视线通过一个易散热的、外面用隔热泡沫塑料包裹的金属管。

9.调焦引起透镜位置变化

在用经纬仪测量时，需要通过移动调焦透镜使目标清晰地成像在十字丝平面上。调焦透镜并不是严格沿着望远镜光轴移动的，而是有偶然偏差和系统偏差。在 20m 范围内调焦，视准轴位置变化会导致光轴位置的改变，而且望远镜外壳单面温度变化也会随视准轴位置变化。望远镜视准轴误差随透镜调焦和望远镜外壳的温度变化，会直接影响方向观测值。

如果采用盘左盘右测量并且望远镜翻转时保持不调焦，就不会对测量值产生影响。因此，在机械制造车间对短视距进行方向测量时，并不是盘左依次测量所有的方向，然后盘右依次反向测量，而是在不调焦的情况下盘左盘右测量第一个目标，然后再调焦瞄准下一个目标盘左盘右测量。

10.外界因素影响导致的电信号改变

模拟信号在转换成电信号的过程中，会受到各种外部因素的干扰，例如变化的环境温度、电场、磁场等。如果说模拟信号传送到几分米的距离还没有问题的话，那么传送到数米或者数十米的距离就会产生系统偏差。

要减少其影响，可以应用屏蔽导线或者补偿开关，也可以直接在现场将模拟信号转换成数字信号，然后以数字的形式传送到数据处理中心。

4.1.4　参数估计原则

对于一个加工零件进行检测时，很多情况下其几何参数是无法直接获取的，如加工一个长方体零件，其相对面是否平行，其相邻面是否垂直等。又如圆孔中心位置和半径是否正确，圆面形状、抛物面形状是否满足设计要求等。为此，需要应用相关的测量技术获取被测对象的离散特征点的一维、二维和三维坐标，然后对这些离散点进行处理和分析，以获得被测物体的几何参数。这就涉及曲线拟合和曲面拟合问题。曲（直）线和曲（平）面拟合是用连续曲（直）线或曲（平）面近似地刻画或模拟物件表面离散点的一种数据处理方法，其目的是根据试验获得的数据去建立因变量与自变量之间的经验函数关系。

另外，在工业测量中，为了完成一项复杂的测量任务，或需要在用同一台仪器从多个站上进行测量；或需要联合多测量系统共同进行测量。这都涉及测量系统之间的坐标转换参数计算，也就是需要利用公共点计算不同坐标系之间的转换参数，实现坐标的转换。

一个完整的参数估算过程遵循以下四步：

(1) 选择参数估计准则和方法。

(2) 确定观测方程函数。如拟合函数或坐标转换关系式。

(3) 估计参数最佳值。

(4) 根据获取的参数进行质量分析，对参数测量精度进行评定。

对被估值统计特性掌握的程度不同，就有不同的估计准则。根据不同的估计准则，就有相应的估计方法,如最小二乘估计、线性最小方差估计、极大似然估计、极大验后估计、最小方差估计等。总体而言,一个好的参数估计方法必须具有无偏性、有效性和一致性。由于工业测量中常常都有大量多余观测,最小二乘估计又有很多优良特性,故工业测量参数估计主要采用最小二乘估计。最小二乘估计又可分为代数距离原则和垂直距离原则。

1. 代数距离原则

代数距离原则也称为普通最小二乘法准则。依此原则拟合一条空间曲线的几何意义如图 4.1.5 所示。

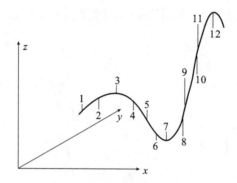

图 4.1.5 代数距离准则的曲线拟合

对给定的一组测点数据 (x_i, y_i, z_i),$i = 1, 2, \cdots, n$。这些测量数据与参数 C 之间的关系用函数式 $z = f(x, y, C)$ 表示。仅考虑 z 的测量误差,得到误差方程式:

$$v_i = f(x_i, y_i, C) - z_i \tag{4.1.38}$$

如果参数 C 的近似值 C^0,其改正数为 ΔC。将式(4.1.38)线性化:

$$v_i = \left. \frac{\partial f}{\partial C} \right|_{C=C^0, x=x_i, y=y_i} \cdot \Delta C + f(x_i, y_i, C^0) - z_i$$

$$v_i = A_i(x_i, y_i, C^0) \cdot \Delta C - l_i \tag{4.1.39}$$

式中,$A_i = \left. \frac{\partial f}{\partial C} \right|_{C=C^0, x=x_i, y=y_i}$,$l_i = z_i - f(x_i, y_i, C^0)$。

将 n 个观测值代入式(4.1.39),转换成矩阵形式就是:

$$V = A \Delta C - L$$

为了获得参数 C 的最佳估值,定义一个目标函数:

$$\| E \|^2 = V^T V = \sum_{i=1}^{n} v_i^2 = \sum_{i=1}^{n} [f(x_i, y_i, C) - z_i]^2$$

代数距离原则就是要求 $\sum_{i=1}^{n} v_i^2 = \min$。在该原则下可以得到参数 C 的改正数解为:

$$\Delta C = (A^T A)^{-1} (A^T L) \tag{4.1.40}$$

这样获得参数的更新值 $C^0 + \Delta C$,再代入式(4.1.39)。通过迭代和设置迭代结束条件即可得到参数 C 的最终解。

2. 垂直距离原则

垂直距离原则也称为整体最小二乘准则或全最小二乘准则、正交最小二乘准则、几何距离准则等。依此原则拟合一条空间曲线的几何意义如图 4.1.6 所示。其思路如下：

对给定的一组测点数据 (x_i, y_i, z_i)，$i=1, 2, \cdots, n$，观测点与参数 C 用函数 $F = f(x, y, z, C)$ 表示。为了获取参数的最佳估值，先构造一个目标函数：

$$\| E \|^2 = \sum_{i=1}^n S_i^2 = \sum_{i=1}^n (v_{x_i}^2 + v_{y_i}^2 + v_{z_i}^2)$$

式中，v_{x_i}，v_{y_i}，v_{z_i} 分别表示第 i 个测点的三个坐标方向的观测误差，即 S_i 相当于测点 (x_i, y_i, z_i) 到拟合曲线的垂直距离。垂直距离原则就是要求各观测点到拟合曲线上的垂直距离平方和最小，即 $\| E \|^2 = \sum_{i=1}^n S_i^2 = \sum_{i=1}^n (v_{x_i}^2 + v_{y_i}^2 + v_{z_i}^2) = \boldsymbol{V}^{\mathrm{T}} \boldsymbol{V} = \min$。

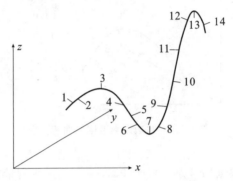

图 4.1.6　垂直距离准则的曲线拟合

假设拟合方程为 $F(\hat{x}, \hat{y}, \hat{z}, C) = 0$，其中，$\hat{x}, \hat{y}, \hat{z}$ 为观测点最或然值，C 为参数。近似值与改正数之间的关系：

$$\hat{x} = x + v_x$$
$$\hat{y} = y + v_y$$
$$\hat{z} = z + v_z$$
$$C = C^0 + \Delta C$$

在各近似值处对拟合方程线性化：

$$F_i = \frac{\partial f}{\partial x_i}\bigg|_{C^0, x_i, y_i, z_i} \cdot v_{x_i} + \frac{\partial f}{\partial y_i}\bigg|_{C^0, x_i, y_i, z_i} \cdot v_{y_i} + \frac{\partial f}{\partial z_i}\bigg|_{C^0, x_i, y_i, z_i} \cdot v_{z_i}$$
$$+ \frac{\partial f}{\partial C}\bigg|_{C^0, x_i, y_i, z_i} \cdot \Delta C + f(x_i, y_i, z_i, C^0) = 0$$

或：
$$A_{1i} \cdot v_{x_i} + A_{2i} v_{y_i} + A_{3i} v_{z_i} + B_i \Delta C + w_i = 0 \qquad (4.1.41)$$

式中，$A_{1i} = \dfrac{\partial f}{\partial x_i}\bigg|_{C^0, x_i, y_i, z_i}$，$A_{2i} = \dfrac{\partial f}{\partial y_i}\bigg|_{C^0, x_i, y_i, z_i}$，$A_{3i} = \dfrac{\partial f}{\partial z_i}\bigg|_{C^0, x_i, y_i, z_i}$，$B_i = \dfrac{\partial f}{\partial C}\bigg|_{C^0, x_i, y_i, z_i}$，$w_i = f(x_i, y_i, z_i, C^0)$

将 n 个观测值代入式 (4.1.41) 中，转换成矩阵形式就是：

$$\boldsymbol{A}\boldsymbol{V} + \boldsymbol{B}\Delta \boldsymbol{C} + \boldsymbol{W} = 0 \qquad (4.1.42)$$

垂直距离平方和最小且满足条件式(4.1.42)的前提下,按照函数条件极值的方法,组成函数:

$$\boldsymbol{\Phi}=\boldsymbol{V}^{\mathrm{T}}\boldsymbol{V}-2\boldsymbol{K}^{\mathrm{T}}(\boldsymbol{A}\boldsymbol{V}+\boldsymbol{B}\Delta\boldsymbol{C}+\boldsymbol{W})=\min$$

对 V 和 C 求偏导得到线性方程组:

$$\boldsymbol{A}\boldsymbol{A}^{\mathrm{T}}\boldsymbol{K}+\boldsymbol{B}\Delta\boldsymbol{C}+\boldsymbol{W}=0$$

$$\boldsymbol{B}^{\mathrm{T}}\boldsymbol{K}=0$$

解此线性方程组未知参数并得到改正数:

$$\Delta\boldsymbol{C}=-(\boldsymbol{B}^{\mathrm{T}}(\boldsymbol{A}\boldsymbol{A}^{\mathrm{T}})^{-1}\boldsymbol{B})^{-1}\boldsymbol{B}^{\mathrm{T}}(\boldsymbol{A}\boldsymbol{A}^{\mathrm{T}})^{-1}\boldsymbol{W} \tag{4.1.43}$$

$$\boldsymbol{V}=-\boldsymbol{A}^{\mathrm{T}}(\boldsymbol{A}\boldsymbol{A}^{\mathrm{T}})^{-1}(\boldsymbol{B}\cdot\Delta\boldsymbol{C}+\boldsymbol{W})$$

由此可以更新观测值和参数的近似值。将新近似值带入式(4.1.42),通过迭代和设置迭代结束条件获取参数 C 的最佳估值。

3. 两种参数估计原则比较

从以上两种原则的定义不难看出:两种原则都是基于最小二乘原理。代数距离原则进行处理时,把自变量观测分量当成没有改正数的真值,而认为只有因变量观测值含有误差;垂直距离原则进行处理时,则认为所有观测值都含有误差,必须顾及。两种原则各自的特点如下:

(1)代数距离原则都是线性问题,计算简单,复杂度小,但忽略了自变量的误差。拟合结果使得观测点沿一个坐标方向与拟合函数最佳逼近。拟合函数会随着所选择的坐标方向变化而改变,也就是拟合函数不具有唯一性。当自变量的误差较小时,对拟合参数的影响较小,可以采用。

(2)垂直距离原则同时顾及了因变量和自变量的误差,拟合结果整体上保持最佳。从几何意义理解,这种参数估计原则更加合理,具有唯一性。基于垂直距离原则的模型都是非线性问题,模型复杂度高,计算过程比较复杂。而且这种模型需要预先给出比较准确的近似值,否则会导致迭代发散。

(3)代数距离原则估计结果能为垂直距离原则的参数提供高精度近似值。

(4)在不顾及自变量误差的情况下,垂直距离原则就退化成代数距离原则。

(5)一般而言,基于代数距离原则的拟合误差要大于基于垂直距离原则的拟合误差。当采集的数据点比较密集时,两种原则的参数估计结果基本相当。

4.2 工业测量三维控制网

这里主要介绍工业三维控制网的建立方式。如何根据观测值列立误差方程式、构建法方程式、解算未知参数以及精度评定等,可以参考相应的测量平差文献。

4.2.1 三维测角网

由于角度测量精度引起的点位误差与距离成正比。因此,在小范围内观测方向或者角度,组成方向网或测角网可以获得很高的点位精度。由于工业型经纬仪和全站仪有很高的角度测量精度,这类控制网基本上都采用这两种系统建立。

FAST 的精密基准控制网中最内圈的 5 个具有强制对中的控制点,各点位之间的距离均小于 50m,采用高精度全站仪进行全方向测量,构成一个精密的小测角网。采用 1″ 的测角精度和起始边误差(约 0.2mm),满足了内圈标校控制网 0.3mm 的精度要求。

在多经纬仪交会系统中精确确定每个经纬仪中心的三维坐标,可以通过两两经纬仪相对定向的方式(见 3.1.3 小节)进行高精度方向值测量,组成方向观测网。同时测量一根或多根基准尺引入尺度,构建一个高精度三维测角控制网。

4.2.2　三维测边网

如前所述,激光跟踪仪采用了激光干涉测距,测距精度很高。单台激光跟踪仪按球坐标测量原理进行空间三维坐标测量时,点位误差主要由测角误差引起,测距所引起的点位误差可以忽略不计。由于激光跟踪仪测距精度远远高于测角精度,可以利用激光跟踪仪的高精度距离观测值建立三维测边网,避免角度误差对空间点位的影响,大幅度提高空间点位的测量精度。

一个空间三维测边网如图 4.2.1 所示,控制点固定在墙上或者地面上。为了增加结果的可靠性,控制点尽量均匀分布在三维空间。在 m 个位置架设激光跟踪仪(用 P 表示),对 n 个控制点(用 S 表示)逐一进行边长观测,同时记录相应的水平角和垂直角。这样,m 个测站和 n 个控制点就构成了一个空间三维测边网。

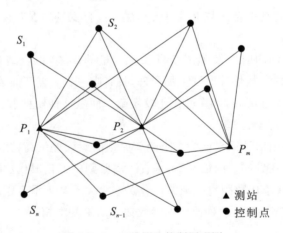

图 4.2.1　三维测边控制网观测

在控制网中,每个测站有三个位置参数,每个控制点也是三个位置参数,整个控制网未知位置的参数个数为 $3m+3n$。每一条距离值只能列一个观测方程,整个控制网的观测方程个数为 mn。要使整个控制网可解,则要求观测方程个数大于等于未知参数个数,即 $m \geqslant \dfrac{3n}{n-3}$。因此,控制点数和测站数均不能小于 4。

对于三维测边网,只有长度数据而无位置和方位信息,因此空间三维测边网是一个秩亏网,秩亏数为 6。为此,以第一个测站的激光跟踪仪为全局坐标系,在该站通过边长角度获得各控制点坐标。其他测站的坐标或通过距离交会方式获得,或通过站间的坐标转换获得。这些坐标就是秩亏自由网平差的近似坐标,采用加权秩亏自由网平差实现点位坐标计算。

由于干涉测距精度也会随着距离增大而增加,因此,采用这种方式建立控制网时需要适当地控制观测距离,一般选择激光跟踪仪的最佳距离范围,尽量避免使用其最大距离。

4.2.3 三维边角网

三维边角网是采用角度测量和边长测量建立的三维网。目前工业测量系统中主要采用了工业全站仪或激光跟踪仪完成。

设仪器在空间布设 m 个测站,对 n 个控制点进行了水平角、垂直角和距离观测。这样,m 个测站和 n 个控制点就构成了一个空间三维边角网。

由于平差是在测量坐标系下进行的,而仪器对角度和距离的观测值都是在独立测站坐标系下,因此,需要将每个测站的三个位置参数和三个旋转参数以及控制点的三个位置参数从测站坐标系转化到测量坐标系。

不考虑尺度因子,每个测站的仪器有 6 个未知参数,每个控制点有三个未知参数,总的未知参数个数为 $6m+3n$。每个测站观测每个控制点有两个角度观测值和一条距离观测值,可得到三个误差方程。m 个测站对 n 个控制点进行观测的误差方程总数为 $3mn$。为了能解算未知参数,须满足 $3mn \geqslant 6m+3n$,即 $n \geqslant \dfrac{2m}{m-1}$。因此,测站数不应小于 2,当测站数 $m=2$ 时,最少需要控制点数 $n=4$。当设站次数大于等于 3、控制点数不小于 3 时,都可实现系统的定向。

实际测量中,如果采用了独立坐标系,则整个控制网的未知参数减少 6 个。

4.2.4 联合空间精密测量控制网

随着工业测量技术的发展,测量目标呈现尺寸越来越大、结构越来越复杂、测量精度越来越高的趋势,通常需要多种工业测量仪器联合测量,充分发挥各种测量仪器的优势来完成全部测量任务。在这种背景下发展了联合空间精密测量控制网(Unified Spatial Metrology Network,USMN)。USMN 主要用来解决多种球坐标测量系统(如激光跟踪仪、全站仪、激光雷达等)的空间精密测量控制网平差问题,以实现多种测量仪器的空间定位和定向,为多种测量仪器的空间坐标测量的统一提供位置和方位基准。

目前激光跟踪仪测量系统被广泛应用于大尺寸三维控制网测量中,但该设备有限的测量量程和较低的测角精度,已无法满足百米范围的大型科学工程亚毫米级精度要求。因此,将不同仪器与激光跟踪仪相组合,通过多测量系统的联合弥补激光跟踪仪的测量缺点,通过大量冗余测量信息提高测量精度和可靠性,同时也为大型科学工程多样化、复杂化的测量需求提供了多种可能。

如图 4.2.2 所示,激光跟踪仪、全站仪等均采用自由设站方式。由于三角高程精度低于水准测量精度,通常还引入水准高差作为高差控制条件。为保证坐标转换有足够的公共点和控制网解算有足够的多余观测值,观测值数量需满足各单测量系统的三维网解算要求。为避免不同类型的数据相互干扰,以激光跟踪仪在第一站位时仪器中心为原点构建测量坐标系,通过公共点将各测量系统下的坐标转换到测量坐标系下。

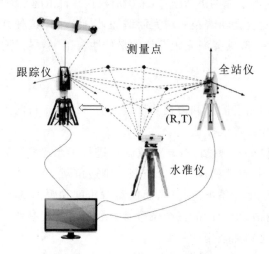

图 4.2.2　联合空间精密测量

在联合空间三维网平差中,虽然同一测量系统的水平角和竖直角标称精度相同,但是在实际测量中发现,此类球坐标系统的垂直角观测精度要稍低于水平角的观测精度,故在进行定权时,不能简单地将观测值分为角度和距离两种,应该将观测值分为斜距、水平角、垂直角三类,并按照赫尔默特方差分量估计定权。

4.2.5　测量工装与标志

工业测量中,当测量范围较大或者采用多系统联合作业时,为了有一个统一的几何基准,同时减少误差传递的积累,通常需要建立一个控制网。由于工业测量中大多只关心被测物体内部各部件的相对关系,不要求与外部基准的坐标和方向相连,因此常采用局部坐标系。当需要与外部基准联系时,或采用一点一方向的挂网形式与外部网相连,或采用公共点的坐标转换。

与外部基准连接可以采用如图 4.2.3 所示的专用测量工装。平面点定位工具底部设计带有尖点,可以用于对准外部基准的平面控制点,水准点测量工具可以通过螺栓将放置在外部水准点上的工具调平。二者配合靶球,完成与外部基准连接的数据采集,从而实现坐标转换。

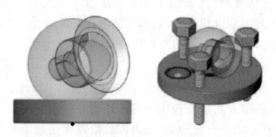

图 4.2.3　专用测量工装

　　工业测量范围一般较小,精度要求非常高,为了避免对中误差对测量结果的严重影响,很多工业测量系统都没有对中功能,甚至也没有整平功能。因此,工业测量控制网点都放置在如图4.2.4所示的各种靶座上。靶座可以预埋在墙上、地上等,成为一个永久点,也可以用热熔胶和磁性固定在墙上、地上或物体上,成为一个临时点。在靶座上放置不同的标志点成为控制点或特征测量点,供不同工业测量系统观测。

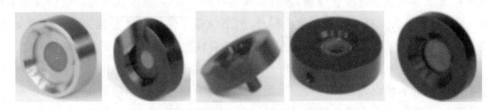

图4.2.4　工业测量控制点靶座

　　人工标志点是提高工业测量精度和效益的重要手段。针对不同的工业测量系统特点,图4.2.5给出了设计的不同人工标志点与工装,这些标志点和工装一般都含有磁性,可以吸附在铁质物体上。测量标志可以稳定放在靶座上,也可以直接放在被测工件特征点/线/面处。测量标志可移动,可以重复使用。

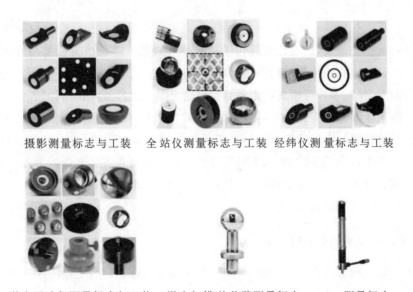

摄影测量标志与工装　　全站仪测量标志与工装　经纬仪测量标志与工装

激光跟踪仪测量标志与工装　　激光扫描/关节臂测量标志　　i-GPS测量标志

图4.2.5　各测量系统的标志与工装

　　通过设计的这些工装和标志,保障了工业产品特征点、特征面和特征线的准确测量。为了实现不同工业测量系统之间的坐标转换,有些标志还设计成相互通用的形式。为了保障高精度测量,对这些标志和工装的加工有非常高的要求。

4.3　三维坐标转换

以工业测量的任务之一——形状测量为例,在对汽车车身形状、飞机外形等进行测量时,一个测站往往不能完成所有测量任务,需要多次换站,换站后需要统一坐标系。有些情况下还要求多测量系统联合作业,各自发挥自身的优势,需要实现各类测量设备的坐标系统一。另外,很多工件都有自身的坐标系,为了保证工件的准确安装和方便数据处理,需要实现工件坐标系与测量坐标系相互转换。所有这些场景都涉及坐标系转换问题。

光学对中误差一般在 $0.5\sim2\mathrm{mm}$。对于小范围的高精度工业测量而言,这种偏心会产生不可容忍的测角误差和测距误差。虽然强制对中能很好地消除对中误差的影响,但在作业场地建造强制对中墩几乎不可能的(极个别特殊情况除外)。因此,高精度工业测量中极少采用对中,同时很多设备都不具备、也不需要具备对中装置,坐标转换几乎采用公共点来实现。

两个平面坐标系转换有 4 个参数:两个平移参数、一个旋转角度参数和一个尺度参数,因此,实现平面坐标系转换需要至少 2 个公共点。两个空间坐标系转换有 7 个参数:三个平移参数、三个旋转角度参数和一个尺度参数,需要至少 3 个公共点。当有多余公共点时,就要进行平差计算。

工业测量坐标转换总体呈现三个特点:一是旋转角度大。换站会导致两个坐标系之间的旋转角度变化很大,这会使得旋转矩阵呈现非线性。二是很少顾及尺度参数。一方面,同一设备的换站,其坐标转换不需要顾及尺度参数;另一方面,对于不同测量设备间的坐标转换而言,尺度参数可以直接由各自测量的公共点坐标反算出的边长后,取比值的均值而得。因工业测量范围比较小,这样计算的尺度可以认为足够精确。三是不需要计算具体的旋转角参数。坐标转换的目的是实现两个坐标系之间的转换。转换过程中只需要知道旋转矩阵中各个元素的值,而不必要知道具体的旋转角度是多少。为此,下面的坐标转换方法都顾及了以上的三个特点。同时,平面坐标系转换是空间坐标系转换的一个特例,在此不涉及平面坐标系转换。

4.3.1　空间直角坐标系转换模型

如图 4.3.1 所示的两个空间坐标系 $O\text{-}XYZ$ 和 $o\text{-}xyz$,其坐标原点不一致,坐标轴相互不平行。同一个点 A 在两个坐标系中的坐标分别为 (X,Y,Z) 和 (x,y,z)。

这两个坐标系通过坐标轴的平移和旋转取得一致,其坐标间的转换关系为:

$$\begin{bmatrix}X\\Y\\Z\end{bmatrix}_i=\begin{bmatrix}X_0\\Y_0\\Z_0\end{bmatrix}+\boldsymbol{R}\begin{bmatrix}x\\y\\z\end{bmatrix}_i=\begin{bmatrix}X_0\\Y_0\\Z_0\end{bmatrix}+\begin{bmatrix}a_1&a_2&a_3\\b_1&b_2&b_3\\c_1&c_2&c_3\end{bmatrix}\begin{bmatrix}x\\y\\z\end{bmatrix}_i \tag{4.3.1}$$

式中,(X_0,Y_0,Z_0) 为平移参数,$\boldsymbol{R}$ 是旋转矩阵。$a_i,b_i,c_i(i=1,2,3)$ 是 $\boldsymbol{R}$ 中的元素,是三个旋转角的函数。坐标转换的关键是旋转矩阵的确定。

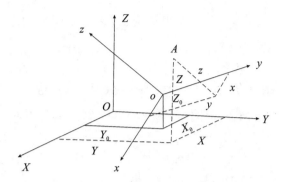

图 4.3.1　直角坐标系变换参数

1. 旋转矩阵构成

1）基于欧拉角的旋转矩阵

将原坐标系 $o\text{-}xyz$ 分别依次沿三个坐标轴逆时针旋转：绕 z 轴旋转 θ 得到旋转矩阵 $\boldsymbol{R}_1$，然后绕 x 轴旋转 φ 得到旋转矩阵 $\boldsymbol{R}_2$，再绕 y 轴旋转 ϕ 得到旋转矩阵 $\boldsymbol{R}_3$，则式（4.3.1）中的旋转矩阵 $\boldsymbol{R}$ 为：

$$\boldsymbol{R} = \boldsymbol{R}_3\boldsymbol{R}_2\boldsymbol{R}_1 = \begin{bmatrix} a_1 & a_2 & a_3 \\ b_1 & b_2 & b_3 \\ c_1 & c_2 & c_3 \end{bmatrix}$$

$$= \begin{bmatrix} \cos\phi\cos\theta - \sin\phi\sin\varphi\sin\theta & -\cos\phi\sin\theta - \sin\phi\sin\varphi\sin\theta & -\sin\phi\cos\varphi \\ \cos\varphi\sin\theta & \cos\varphi\cos\theta & -\sin\varphi \\ \sin\phi\cos\theta + \cos\phi\sin\varphi\sin\theta & -\sin\phi\sin\theta + \cos\phi\sin\varphi\cos\theta & \cos\phi\cos\varphi \end{bmatrix} \quad (4.3.2)$$

式中，$\boldsymbol{R}_1 = \begin{bmatrix} \cos\theta & -\sin\theta & 0 \\ \sin\theta & \cos\theta & 0 \\ 0 & 0 & 1 \end{bmatrix}$，$\boldsymbol{R}_2 = \begin{bmatrix} 1 & 0 & 0 \\ 0 & \cos\varphi & -\sin\varphi \\ 0 & \sin\varphi & \cos\varphi \end{bmatrix}$，$\boldsymbol{R}_3 = \begin{bmatrix} \cos\phi & 0 & -\sin\phi \\ 0 & 1 & 0 \\ \sin\phi & 0 & \cos\phi \end{bmatrix}$

绕坐标轴旋转的次序可以不同，旋转矩阵中旋转角的表现形式也不同。

2）基于方向余弦的旋转矩阵

假定 X 轴在 $o\text{-}xyz$ 中的方向余弦为 (a_1, a_2, a_3)；Y 轴在 $o\text{-}xyz$ 中的方向余弦为 (b_1, b_2, b_3)；Z 轴在 $o\text{-}xyz$ 中的方向余弦为 (c_1, c_2, c_3)。这样，x 轴在 $O\text{-}XYZ$ 中的方向余弦为 (a_1, b_1, c_1)；y 轴在 $O\text{-}XYZ$ 中的方向余弦为 (a_2, b_2, c_2)；z 轴在 $O\text{-}XYZ$ 中的方向余弦为 (a_3, b_3, c_3)。式（4.3.1）中的旋转矩阵 $\boldsymbol{R}$ 为：

$$\boldsymbol{R} = \begin{bmatrix} \cos(X,x) & \cos(X,y) & \cos(X,z) \\ \cos(Y,x) & \cos(Y,y) & \cos(Y,z) \\ \cos(Z,x) & \cos(Z,y) & \cos(Z,z) \end{bmatrix} = \begin{bmatrix} a_1 & a_2 & a_3 \\ b_1 & b_2 & b_3 \\ c_1 & c_2 & c_3 \end{bmatrix} \quad (4.3.3)$$

式中，$a_1 = \cos(X,x)$，$a_2 = \cos(X,y)$，$a_3 = \cos(X,z)$，表示 OX 轴与 ox 轴、oy 轴和 oz 轴之间夹角的余弦，可以通过两个坐标轴向量的点积计算。$\boldsymbol{R}$ 中其他符号含义同 (X,x)。

3）基于罗德里格参数的旋转矩阵

设反对称矩阵 $S = \begin{bmatrix} 0 & -c & -b \\ c & 0 & -a \\ b & a & 0 \end{bmatrix}$，其元素 a, b, c 是独立的，称为罗德里格参数。由 S 构成罗德里格矩阵：

$$R = (I - S)^{-1} \cdot (I + S) = (I + S) \cdot (I - S)^{-1} \tag{4.3.4}$$

式中，I 为三阶单位矩阵。将 S 矩阵代入式 (4.3.4) 得到旋转矩阵 R：

$$R = \frac{1}{1 + a^2 + b^2 + c^2} \begin{bmatrix} 1 + a^2 - b^2 - c^2 & -2c - 2ab & -2b + 2ac \\ 2c - 2ab & 1 - a^2 + b^2 - c^2 & -2a - 2bc \\ 2b + 2ac & 2a - 2bc & 1 - a^2 - b^2 + c^2 \end{bmatrix} \tag{4.3.5}$$

4）基于四元素的旋转矩阵

四元数法是由 1 个实数单位 I 和 3 个虚数单位 i_1, i_2, i_3 组成的包含 4 个实元的超复数，其表达形式多种多样，基本形式是解析式：

$$\Lambda = q_0 I + q_x i_1 + q_y i_2 + q_z i_3$$

这里，I, i_1, i_2, i_3 统称四元数的单位数，其中，I 具有普通标量的性质，可以省去不写；i_1, i_2, i_3 既具有复数的性质（虚单位 $\sqrt{-1}$），又具有矢量的性质（相互垂直的单位向量）。

四元数既代表一个转动，又可作为转换算子，这种特性使它不仅具有其他定位参数的综合优点，比如方程无奇性，线性程度高，计算时间省，计算误差小，乘法可交换等许多优点，而且由于其表达形式的多样性，它还具有其他转换算法的综合功能，比如矢量算法、复数算法、指数算法、矩阵算法、对偶数算法等。因而它在陀螺实用理论、捷联式惯性导航、机器与机构、机器人技术、多体系统力学、人造卫星姿态控制等领域中的应用非常广泛。

在满足 $q_0^2 + q_x^2 + q_y^2 + q_z^2 = 1$ 的条件下，用单位四元数表示的旋转矩阵为：

$$R = \begin{bmatrix} q_0^2 + q_x^2 - q_y^2 - q_z^2 & 2(q_x q_y - q_0 q_z) & 2(q_x q_z + q_0 q_y) \\ 2(q_x q_y + q_0 q_z) & q_0^2 - q_x^2 + q_y^2 - q_z^2 & 2(q_z q_y - q_0 q_x) \\ 2(q_x q_z - q_0 q_y) & 2(q_z q_y + q_0 q_z) & q_0^2 - q_x^2 - q_y^2 + q_z^2 \end{bmatrix} \tag{4.3.6}$$

2. 旋转矩阵的特征

旋转矩阵 R 是一个正交矩阵，它具有以下特征：

（1）R 的行或列的平方和为 1，行列式值为 1。行之间或列之间的互乘之和为 0。

（2）R 的逆阵就是它本身的转置，$R^{-1} = R^{T}$。

（3）由于转换关系是唯一确定的，因此，无论采用哪种模型和怎样的旋转次序，R 中各个元素的最后值都是一样的。

（4）旋转矩阵中的 9 个元素中，只有 3 个是独立参数。

（5）对于式 (4.3.2) 中的旋转次序对应的矩阵，三个旋转角参数的计算公式为：

$$\theta = \arctan\left(\frac{b_1}{b_2}\right), \quad \varphi = \arctan\left(-\frac{a_3}{c_3}\right), \quad \varphi = \arcsin(-b_3) \tag{4.3.7}$$

在任意条件下，3 个角度的取值范围在 $-180° \sim 180°$，其值需结合单个旋转矩阵才能确定。

（6）由空间坐标转换公式可以看出，平移参数是线性的，旋转矩阵 $\boldsymbol{R}$ 是非线性的。当确认了旋转矩阵后，平移参数很容易求得。因此，旋转矩阵的确定是坐标转换参数解算的核心。

4.3.2 基于重心平移的坐标转换

设有 n 个公共点，第 i 个公共点 A_i 在图 4.3.1 中的空间直角坐标系 $O\text{-}XYZ$ 中的坐标为 (X_i,Y_i,Z_i)，在 $o\text{-}xyz$ 中的坐标为 (x_i,y_i,z_i)。

首先，计算这 n 个点在各自的坐标系中的重心坐标：

$$\begin{cases} x_g = \dfrac{1}{n}\sum_{i=1}^{n} x_i, & y_g = \dfrac{1}{n}\sum_{i=1}^{n} y_i, & z_g = \dfrac{1}{n}\sum_{i=1}^{n} z_i \\[2mm] X_g = \dfrac{1}{n}\sum_{i=1}^{n} X_i, & Y_g = \dfrac{1}{n}\sum_{i=1}^{n} Y_i, & Z_g = \dfrac{1}{n}\sum_{i=1}^{n} Z_i \end{cases} \tag{4.3.8}$$

并在各自坐标系下将坐标重心化，得到重心化后坐标 (X_i',Y_i',Z_i') 和 (x_i',y_i',z_i')。

$$x_i' = x_i - x_g, \quad y_i' = y_i - y_g, \quad z_i' = z_i - z_g$$

$$X_i' = X_i - X_g, \quad Y_i' = Y_i - Y_g, \quad Z_i' = Z_i - Z_g$$

将重心化后的坐标代入式（4.3.1）中，顾及两个重心点满足式（4.3.1），即

$$\begin{bmatrix} X_g \\ Y_g \\ Z_g \end{bmatrix} = \begin{bmatrix} X_0 \\ Y_0 \\ Z_0 \end{bmatrix} + \boldsymbol{R} \begin{bmatrix} x_g \\ y_g \\ z_g \end{bmatrix} \tag{4.3.9}$$

由此消除平移参数，得到重心化坐标满足以下关系式：

$$\begin{bmatrix} X' \\ Y' \\ Z' \end{bmatrix} = \boldsymbol{R} \begin{bmatrix} x' \\ y' \\ z' \end{bmatrix} \tag{4.3.10}$$

这里视 $\boldsymbol{R}$ 有 9 个参数，对于 n 个公共点（$n \geqslant 3$），可以写成矩阵形式：

$$\begin{bmatrix} X_1' & X_2' & \cdots & X_n' \\ Y_1' & Y_2' & \cdots & Y_n' \\ Z_1' & Z_2' & \cdots & Z_n' \end{bmatrix} = \boldsymbol{R} \cdot \begin{bmatrix} x_1' & x_2' & \cdots & x_n' \\ y_1' & y_2' & \cdots & y_n' \\ z_1' & z_2' & \cdots & z_n' \end{bmatrix} \tag{4.3.11}$$

用矩阵符号简单表示为：

$$\boldsymbol{A} = \boldsymbol{R} \cdot \boldsymbol{B}$$

在最小二乘准则下，可以得到旋转矩阵 $\boldsymbol{R}$ 的解：

$$\boldsymbol{R} = (\boldsymbol{A}\boldsymbol{B}^{\mathrm{T}}) \cdot (\boldsymbol{B}\boldsymbol{B}^{\mathrm{T}})^{-1}$$

计算出 $\boldsymbol{R}$ 后，将 $\boldsymbol{R}$ 代入式（4.3.9），就可得到三个平移量：

$$\begin{bmatrix} X_0 \\ Y_0 \\ Z_0 \end{bmatrix} = \begin{bmatrix} X_g \\ Y_g \\ Z_g \end{bmatrix} - \boldsymbol{R} \begin{bmatrix} x_g \\ y_g \\ z_g \end{bmatrix} \tag{4.3.12}$$

4.3.3　基于罗德里格矩阵的坐标转换

1. 分步求解法

分步求解法等同于基于重心平移的坐标转换的思路,即先计算旋转矩阵,然后再计算平移矩阵。

先将坐标重心化,则重心化坐标满足式(4.3.10)。引入罗德里格矩阵式(4.3.4),可得:

$$(I-S)\begin{bmatrix}X'\\Y'\\Z'\end{bmatrix}=(I+S)\begin{bmatrix}x'\\y'\\z'\end{bmatrix} \tag{4.3.13}$$

将式(4.3.13)展开整理得:

$$\begin{bmatrix}X'-x'\\Y'-y'\\Z'-z'\end{bmatrix}=\begin{bmatrix}0 & -Z'-z' & -Y'-y'\\-Z'-z' & 0 & X'+x'\\Y'+y' & X'+x' & 0\end{bmatrix}\begin{bmatrix}a\\b\\c\end{bmatrix}$$

对于 n 个公共点,可以根据上式列出误差方程式:

$$\begin{bmatrix}X'-x'\\Y'-y'\\Z'-z'\\\vdots\\X'_n-x'_n\\Y'_n-y'_n\\Z'_n-z'_n\end{bmatrix}=\begin{bmatrix}0 & -Z'_1-z'_1 & -Y'_1-y'_1\\-Z'_1-z'_1 & 0 & X'_1+x'_1\\Y'_1+y'_1 & X'_1+x'_1 & 0\\\vdots & \vdots & \vdots\\0 & -Z'_n-z'_n & -Y'_n-y'_n\\-Z'_n-z'_n & 0 & X'_n+x'_n\\Y'_n+y' & X'_n+x'_n & 0\end{bmatrix}\begin{bmatrix}a\\b\\c\end{bmatrix} \tag{4.3.14}$$

式(4.3.14)写成简单矩阵符号形式为:$\boldsymbol{L}=\boldsymbol{A}\cdot\boldsymbol{X}$。根据最小二乘原理,无需迭代即可直接求得罗德里格参数:$\boldsymbol{X}=[a,b,c]^{\mathrm{T}}=(\boldsymbol{A}^{\mathrm{T}}\boldsymbol{A})^{-1}\cdot(\boldsymbol{A}^{\mathrm{T}}\boldsymbol{L})$,进而构建旋转矩阵。

获取旋转矩阵以后,可以按照式(4.3.9)计算平移参数。

2. 严密解算法

严密解算法就是将非线性坐标转换方程线性化后,通过迭代解算旋转矩阵和平移参数。

将式(4.3.5)代入式(4.3.1)中得到基于罗德里格矩阵的坐标转换式。对其进行线性化:

$$\begin{bmatrix}X\\Y\\Z\end{bmatrix}+\begin{bmatrix}V_X\\V_Y\\V_Z\end{bmatrix}=\begin{bmatrix}X_0\\Y_0\\Z_0\end{bmatrix}+\begin{bmatrix}\delta X_0\\\delta Y_0\\\delta Z_0\end{bmatrix}+\boldsymbol{R}\begin{bmatrix}x\\y\\z\end{bmatrix}+\begin{bmatrix}\boldsymbol{A}\\{\scriptstyle 1\times 3}\\\boldsymbol{B}\\{\scriptstyle 1\times 3}\\\boldsymbol{C}\\{\scriptstyle 1\times 3}\end{bmatrix}\begin{bmatrix}\delta a\\\delta b\\\delta c\end{bmatrix}$$

进一步转换成误差方程:

$$\begin{bmatrix} V_X \\ V_Y \\ V_Z \end{bmatrix} = \begin{bmatrix} 1 & 0 & 0 & \boldsymbol{A} \\ 0 & 1 & 0 & \boldsymbol{B} \\ 0 & 0 & 1 & \boldsymbol{C} \end{bmatrix} \begin{bmatrix} \delta X_0 \\ \delta Y_0 \\ \delta Z_0 \\ \delta a \\ \delta b \\ \delta c \end{bmatrix} + \begin{bmatrix} X_0 \\ Y_0 \\ Z_0 \end{bmatrix} + \boldsymbol{R} \begin{bmatrix} x \\ y \\ z \end{bmatrix} - \begin{bmatrix} X \\ Y \\ Z \end{bmatrix} \tag{4.3.15}$$

令：$\Omega = 1 + a^2 + b^2 + c^2$，$\boldsymbol{W} = \begin{bmatrix} \dfrac{x}{\Omega} & \dfrac{y}{\Omega} & \dfrac{z}{\Omega} \end{bmatrix}$。式中，$\boldsymbol{A}$、$\boldsymbol{B}$、$\boldsymbol{C}$ 可表示为：

$$\boldsymbol{A} = \boldsymbol{W} \cdot \begin{bmatrix} 4a(b^2+c^2) & -4b(1+a^2) & -4c(1+a^2) \\ 4ac+2b(a^2-b^2-c^2-1) & 4bc+2a(b^2-a^2-c^2-1) & 4abc+2(c^2-a^2-b^2-1) \\ 4ab-2c(a^2-b^2-c^2-1) & -4abc+2(b^2-a^2-c^2-1) & 4bc-2a(c^2-a^2-b^2-1) \end{bmatrix}$$

$$\boldsymbol{B} = \boldsymbol{W} \cdot \begin{bmatrix} -4ac+2b(a^2-b^2-c^2-1) & -4bc+2a(b^2-a^2-c^2-1) & 4abc-2(c^2-a^2-b^2-1) \\ -4a(1+b^2) & 4b(a^2+c^2) & -4c(1+b^2) \\ 4ab+2(a^2-b^2-c^2-1) & 4ab+2c(b^2-a^2-c^2-1) & 4ac+2b(c^2-a^2-b^2-1) \end{bmatrix}$$

$$\boldsymbol{C} = \boldsymbol{W} \cdot \begin{bmatrix} -4ac-2c(a^2-b^2-c^2-1) & -4bc+2(b^2-a^2-c^2-1) & -4bc-2a(c^2-a^2-b^2-1) \\ 4abc-2(a^2-b^2-c^2-1) & -4ab+2c(b^2-a^2-c^2-1) & -4ac+2b(c^2-a^2-b^2-1) \\ -4a(c^2+1) & -4b(c^2+1) & 4c(a^2+b^2) \end{bmatrix}$$

在已知了 6 参数的近似值以后，对每一个公共点，都可以计算上面各矩阵的元素，组成三个误差方程式。当有 n 个公共点时，将 $3n$ 个误差方程式按照最小二乘原理组成法方程，解算 6 个参数的改正数，获得新的近似值。通过迭代最终得到 6 个坐标转换参数。

6 个参数的近似值可以利用上述基于罗德里格矩阵坐标转换的分步求解法计算。式 (4.3.14) 中的矩阵计算可以用公共点的重心化坐标之差，也可以直接用两个公共点的坐标之差。

4.3.4 基于四元数的坐标转换

四元数所用参数是 4 个，它们之间只有 1 个约束方程。四元数不论刚体处于何种状态都不会退化，所得到的方程组线性化程度高。

对于给定的 n 个公共点的两套坐标点集 $P = \{x_i\}$ 和 $Q = \{X_i\}$（为简化下面公式的表述，这里用向量 x_i 和 X_i 分别代表第 i 点的三维坐标）。具体算法过程如下：

(1) 分别计算两个点集的重心：$P_g = \dfrac{1}{n}\sum_{i=1}^{n} x_i$，$Q_g = \dfrac{1}{n}\sum_{i=1}^{n} X_i$；

(2) 构造协方差矩阵：$\boldsymbol{R}_C = \dfrac{1}{n}\sum_{i=1}^{n}[(x_i - P_g)\cdot(X_i - Q_g)^{\mathrm{T}}]$；

(3) 构造 4×4 矩阵：$\boldsymbol{R}_q = \begin{bmatrix} \mathrm{tr}(\boldsymbol{R}_C) & \boldsymbol{\Delta}^{\mathrm{T}} \\ \boldsymbol{\Delta} & \boldsymbol{R}_C + \boldsymbol{R}_C^{\mathrm{T}} - \mathrm{tr}(\boldsymbol{R}_C)\cdot\underset{3\times3}{\boldsymbol{I}} \end{bmatrix}$；

其中,$\mathrm{tr}(\boldsymbol{R}_C)$ 为 $\boldsymbol{R}_C$ 的迹,$\boldsymbol{\Delta}=[A_{23},A_{31},A_{12}]$,而 $\boldsymbol{A}_{ij}=(\boldsymbol{R}_C-\boldsymbol{R}_C^{\mathrm{T}})_{ij}$;

(4)计算 $\boldsymbol{R}_q$ 的特征值和特征向量。其中最大特征值对应的特征向量即为四元数 q_0,q_x,q_y,q_z;

(5)将 (q_0,q_x,q_y,q_z) 代入式(4.3.6)计算旋转矩阵;

(6)利用式(4.3.9)计算平移参数。

4.3.5　基于欧拉角的坐标转换

基于欧拉角的坐标转换也叫直接转换法。其主要思想是将式(4.3.1)的旋转矩阵中的 9 个方向余弦作为未知数,另加 3 个平移参数,共有 12 个未知数。

式(4.3.1)的误差方程式为:

$$\begin{bmatrix}V_X\\V_Y\\V_Z\end{bmatrix}=\begin{bmatrix}\delta X_0\\\delta Y_0\\\delta Z_0\end{bmatrix}+\begin{bmatrix}x&y&z&0&0&0&0&0&0\\0&0&0&x&y&z&0&0&0\\0&0&0&0&0&0&x&y&z\end{bmatrix}\begin{bmatrix}\delta a_1\\\delta a_2\\\delta a_3\\\delta b_1\\\delta b_2\\\delta b_3\\\delta c_1\\\delta c_2\\\delta c_3\end{bmatrix}$$

$$+\begin{bmatrix}X_0\\Y_0\\Z_0\end{bmatrix}+\begin{bmatrix}a_1&a_2&a_3\\b_1&b_2&b_3\\c_1&c_2&c_3\end{bmatrix}\begin{bmatrix}x\\y\\z\end{bmatrix}-\begin{bmatrix}X\\Y\\Z\end{bmatrix}\qquad(4.3.16)$$

若有 n 个公共点,则可列出 $3n$ 个误差方程式:

$$\begin{bmatrix}V_{X_1}\\V_{Y_1}\\V_{Z_1}\\\vdots\\V_{X_n}\\V_{Y_n}\\V_{Z_n}\end{bmatrix}=\begin{bmatrix}1&0&0&x_1&y_1&z_1&0&0&0&0&0&0\\0&1&0&0&0&0&x_1&y_1&z_1&0&0&0\\0&0&1&0&0&0&0&0&0&x_1&y_1&z_1\\\vdots&\vdots&\vdots&\vdots&\vdots&\vdots&\vdots&\vdots&\vdots&\vdots&\vdots&\vdots\\1&0&0&x_n&y_n&z_n&0&0&0&0&0&0\\0&1&0&0&0&0&x_n&y_n&z_n&0&0&0\\0&0&1&0&0&0&0&0&0&x_n&y_n&z_n\end{bmatrix}\begin{bmatrix}\delta X_0\\\delta Y_0\\\delta Z_0\\\delta a_1\\\delta a_2\\\delta a_3\\\delta b_1\\\delta b_2\\\delta b_3\\\delta c_1\\\delta c_2\\\delta c_3\end{bmatrix}$$

$$
+ \begin{bmatrix} I \\ {}_{3\times3} \\ I \\ {}_{3\times3} \\ I \\ {}_{3\times3} \\ \vdots \\ I \\ {}_{3\times3} \\ I \\ {}_{3\times3} \\ I \\ {}_{3\times3} \end{bmatrix} \begin{bmatrix} X_0 \\ Y_0 \\ Z_0 \end{bmatrix} + \begin{bmatrix} R & 0 & \cdots & 0 \\ {}_{3\times3} & & & {}_{3\times3} \\ 0 & R & \cdots & 0 \\ {}_{3\times3} & & & {}_{3\times3} \\ \vdots & \vdots & & \vdots \\ 0 & 0 & \cdots & R \\ {}_{3\times3} & {}_{3\times3} & & \end{bmatrix} \begin{bmatrix} x_1 \\ y_1 \\ z_1 \\ x_2 \\ y_2 \\ z_2 \\ \vdots \\ x_n \\ y_n \\ z_n \end{bmatrix} - \begin{bmatrix} X_1 \\ Y_1 \\ Z_1 \\ X_2 \\ Y_2 \\ Z_2 \\ \vdots \\ X_n \\ Y_n \\ Z_n \end{bmatrix} \tag{4.3.17}
$$

由于旋转矩阵中只有 3 个独立参数,根据旋转矩阵的正交特性,可列出 6 个条件式:

$$
a_1^2 + a_2^2 + a_3^2 = 1, \quad a_1 a_2 + b_1 b_2 + c_1 c_2 = 0
$$
$$
b_1^2 + b_2^2 + b_3^2 = 1, \quad a_1 a_3 + b_1 b_3 + c_1 c_3 = 0
$$
$$
c_1^2 + c_2^2 + c_3^2 = 1, \quad a_2 a_3 + b_2 b_3 + c_2 c_3 = 0
$$

线性化后的条件式为:

$$
\begin{bmatrix} 2a_1 & 2a_2 & 2a_3 & 0 & 0 & 0 & 0 & 0 & 0 \\ 0 & 0 & 0 & 2b_1 & 2b_2 & 2b_3 & 0 & 0 & 0 \\ 0 & 0 & 0 & 0 & 0 & 0 & 2c_1 & 2c_2 & 2c_3 \\ a_2 & a_1 & 0 & b_2 & b_1 & 0 & c_2 & c_1 & 0 \\ a_3 & 0 & a_1 & b_3 & 0 & b_1 & c_3 & 0 & c_1 \\ 0 & a_3 & a_2 & 0 & b_3 & b_2 & 0 & c_3 & c_2 \end{bmatrix} \cdot \begin{bmatrix} \delta a_1 \\ \delta a_2 \\ \delta a_3 \\ \delta b_1 \\ \delta b_2 \\ \delta b_3 \\ \delta c_1 \\ \delta c_2 \\ \delta c_3 \end{bmatrix} + \begin{bmatrix} a_1^2 + a_2^2 + a_3^2 - 1 \\ b_1^2 + b_2^2 + b_3^2 - 1 \\ c_1^2 + c_2^2 + c_3^2 - 1 \\ a_1 a_2 + b_1 b_2 + c_1 c_2 \\ a_1 a_3 + b_1 b_3 + c_1 c_3 \\ a_2 a_3 + b_2 b_3 + c_2 c_3 \end{bmatrix} = 0
$$
$$
\tag{4.3.18}
$$

式(4.3.17)与式(4.3.18)一起构成附有条件的间接平差模型。按照最小二乘原理进行迭代,解算出未知数的改正数。近似值可以按照前述的其他方法获取。

4.3.6 基于方向余弦的坐标转换

工业测量有很多平面曲线的参数需要检测,但这些参数往往要通过平面曲线方程的拟合后才能得到,如图 4.3.2 所示,椭圆的中心和长短半轴通常根据一般二次曲面方程的系数计算出来。在测量坐标系下测量了工件的一个椭圆面的边界点。这些边界点都是在测量坐标系下的三维坐标。如果直接用这些三维坐标进行椭圆方程拟合会增加很大的复杂度。为此,先在工件的椭圆面上建立一个基于工件的三维坐标系,使其 z 轴平行于椭圆面法线。然后将这些基于测量坐标系的测点的三维坐标转换到基于工件坐标系的三维坐标,转换后所有测点的 z 坐标基本相等,这样用 x、y 就可拟合平面曲线方程,大大简化了计算工作。

同样,若用测量设备测量了长方体工件上诸多碎部点,也测量了相互垂直的线上特征点,如角点 O,棱上的三个点 A、B、C,用这 4 个特征点定义一个工件坐标系,可将测量坐标系下的测点坐标转换到工件坐标系下处理,增加处理的方便性。这些工作都涉及测量坐标系到工件坐标系的转换。对这类转换,采用方向余弦组成旋转矩阵可以快速、简单地实现转换。

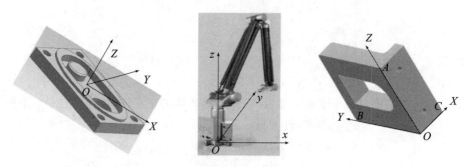

图 4.3.2　工件坐标系与测量坐标系

假设测量设备下的坐标系称之为测量坐标系,用 $o\text{-}xyz$ 表示。工件坐标系用 $O\text{-}XYZ$ 表示。通过测量和数据处理,获得了工件坐标系三个坐标轴在测量坐标系 $o\text{-}xyz$ 中的单位方向向量:$\overrightarrow{OX}=(m_x,n_x,p_x)^{\mathrm{T}}$、$\overrightarrow{OY}=(m_y,n_y,p_y)^{\mathrm{T}}$,$\overrightarrow{OZ}=(m_z,n_z,p_z)^{\mathrm{T}}$。式中,$\sqrt{m_i^2+n_i^2+p_i^2}=1,i=x,y,z$。

工业测量中,三个坐标轴方向向量构成一般采用两种方式:

(1) 在两两相互垂直的三条线上,每条线上测量两个点的空间坐标,构成坐标轴的方向向量。

(2) 先确定两个相互垂直坐标轴方向,通过交叉乘积定义第三个轴。例如,已知:$\overrightarrow{OX}=(m_x,n_x,p_x)^{\mathrm{T}}$,$\overrightarrow{OY}=(m_y,n_y,p_y)^{\mathrm{T}}$。通过右手法则可以确定 $\overrightarrow{OZ}$:

$$\overrightarrow{OZ}=(m_z,n_z,p_z)^{\mathrm{T}}=\begin{vmatrix} m_x & m_y & i \\ n_x & n_y & j \\ p_x & p_y & k \end{vmatrix}=\begin{bmatrix} n_xp_y-p_xn_y \\ p_xm_y-n_xp_y \\ m_xn_y-n_xm_y \end{bmatrix}$$

i、j、k 分别表示三个坐标轴的方向单位。如果 $\overrightarrow{OX}$,$\overrightarrow{OY}$ 为单位向量,则 $\overrightarrow{OZ}$ 也是单位向量。

测量坐标系的三个坐标轴的单位向量为:$\overrightarrow{ox}=(1,0,0)^{\mathrm{T}}$、$\overrightarrow{oy}=(0,1,0)^{\mathrm{T}}$ 和 $\overrightarrow{oz}=(0,0,1)^{\mathrm{T}}$。很容易得到两个坐标轴之间的方向余弦:

$$\cos(x,X)=m_x,\quad \cos(y,X)=m_y,\quad \cos(z,X)=m_z$$
$$\cos(x,Y)=n_x,\quad \cos(y,Y)=n_y,\quad \cos(z,Y)=n_z$$
$$\cos(x,Z)=p_x,\quad \cos(y,Z)=p_y,\quad \cos(z,Z)=p_z$$

代入式(4.3.3)可以构建旋转矩阵为:

$$\boldsymbol{R}=\begin{bmatrix} \cos(X,x) & \cos(X,y) & \cos(X,z) \\ \cos(Y,x) & \cos(Y,y) & \cos(Y,z) \\ \cos(Z,x) & \cos(Z,y) & \cos(Z,z) \end{bmatrix}=\begin{bmatrix} m_x & m_y & m_z \\ n_x & n_y & n_z \\ p_x & p_y & p_z \end{bmatrix}$$

旋转矩阵确定后,就可以方便地求出平移量,代入式(4.3.1)即实现测量坐标系到工件坐标系之间的转换。

实质上,这种转换模型等价于上述的公共点坐标转换。只是这里的公共点是位于坐标轴上的 3 点。如果取单位长,则三个点在两个坐标系的坐标分别为 (m_x,n_x,p_x),(m_y,n_y,p_y),(m_z,n_z,p_z) 和 $(1,0,0)$,$(0,1,0)$,$(0,0,1)$。

这种坐标转换的关键就是获取设备坐标系中的三个坐标轴在测量坐标系中的方向向量。常有以下两种情形:

(1) 基于工件平面的坐标系确定

在测量坐标下测量了工件的一个平面上的若干特征点的三维坐标。首先在测量坐标系下利用这些特征测点拟合一个平面,这些测点的重心也位于该拟合平面上(见 4.4.3 小节)。

为公式表述方便,直接用 x,y 表示重心化后的测量坐标。测点坐标重心化后拟合的平面方程为:$Ax+By+Cz=0$。在该平面上建立一个三维坐标系:坐标系原点 O 为重心坐标 $(X_G,Y_G,C_G)^\mathrm{T}$,重心化后为 $(0,0,0)$。OZ 轴为平面法向量 $\left(\dfrac{A}{\sqrt{A^2+B^2+C^2}},\dfrac{B}{\sqrt{A^2+B^2+C^2}},\dfrac{C}{\sqrt{A^2+B^2+C^2}}\right)^\mathrm{T}$,$OX$ 轴为过 O 点且平行于拟合平面与测量坐标系 Oxy 平面的交线:$Ax+By=0$,与 ox 轴夹角为锐角的方向为正向,其方向向量为 $\left(\dfrac{-B}{\sqrt{A^2+B^2}},\dfrac{A}{\sqrt{A^2+B^2}},0\right)^\mathrm{T}$。$OY$ 轴通过 OX、OZ 根据左手规则确定,其方向向量为:

$$\overrightarrow{OY}=\overrightarrow{OZ}\times\overrightarrow{OX}=\left[\frac{AC}{\sqrt{A^2+B^2+C^2}\sqrt{A^2+B^2}},\frac{BC}{\sqrt{A^2+B^2+C^2}\sqrt{A^2+B^2}},\frac{-\sqrt{A^2+B^2}}{\sqrt{A^2+B^2+C^2}}\right]^\mathrm{T}$$

根据以上过程可以在拟合平面上建立一个工件坐标系,并可将测量坐标系转换到工件坐标系中。转换后的 Z 坐标很小,几乎为 0(其值与坐标测量精度和工件平面的平整度有关),其几何意义是测点到拟合平面的距离。转换后可以忽略 Z 坐标,直接用平面坐标 (X,Y) 进行平面曲线/面拟合,大大减少数据拟合的难度。

(2) 基于工件特征点的坐标系确定

在测量坐标系下测量了如图 4.3.2(c)所示的工件上 4 个特征点 O、A、B 和 C,这 4 个点就构成了工件坐标系:O 为原点,OA 为 X 轴,OB 为 Y 轴,OC 为 Z 轴。由于有了 O、A、B、C 的三维坐标,可以构成三个单位向量:

$$\overrightarrow{OX}=\left(\frac{X_A-X_O}{S_{AO}},\frac{Y_A-Y_O}{S_{AO}},\frac{Z_A-Z_O}{S_{AO}}\right)^\mathrm{T}=(m_x,n_x,p_x)^\mathrm{T};$$

$$\overrightarrow{OY}=\left(\frac{X_B-X_O}{S_{BO}},\frac{Y_B-Y_O}{S_{BO}},\frac{Z_B-Z_O}{S_{BO}}\right)^\mathrm{T}=(m_y,n_y,p_y)^\mathrm{T};$$

$$\overrightarrow{OZ}=\left(\frac{X_C-X_O}{S_{CO}},\frac{Y_C-Y_O}{S_{CO}},\frac{Z_C-Z_O}{S_{CO}}\right)^\mathrm{T}=(m_z,n_z,p_z)^\mathrm{T}.$$

S_{AO}、S_{BO} 和 S_{CO} 分别表述 O 点到 A、B、C 点的空间边长,通过两点坐标反算得到。

4.4　直线与平面拟合

4.4.1　平面直线拟合

平面直线方程为:$y=ax+b$。在直线上测量了若干点 (x_i, y_i),$i=1,2,\cdots,n$。通过这些测点确定直线参数 (a,b)。

1.基于代数距离原则的直线拟合

对于某测点 (x_i, y_i),假定 x_i 无误差,y_i 的误差为 v_i,可以建立误差方程式:

$$v_i = ax_i + b - y_i \tag{4.4.1}$$

式(4.4.1)中 (a,b) 为待定参数。n 个测量点组成 n 个误差方程式,用矩阵表示为:

$$\boldsymbol{V} = \boldsymbol{AX} - \boldsymbol{L} \tag{4.4.2}$$

式中,$\boldsymbol{A} = \begin{bmatrix} 1 & x_1 \\ 1 & x_2 \\ \vdots & \vdots \\ 1 & x_n \end{bmatrix}$,$\boldsymbol{X} = \begin{bmatrix} b \\ a \end{bmatrix}$,$\boldsymbol{L} = \begin{bmatrix} y_1 \\ y_2 \\ \vdots \\ y_n \end{bmatrix}$。在 $\min \sum\limits_{i=1}^{n} v_i^2$ 的约束下,得到未知数的解:

$$\boldsymbol{X} = (\boldsymbol{A}^{\mathrm{T}}\boldsymbol{A})^{-1}(\boldsymbol{A}^{\mathrm{T}}\boldsymbol{L}) \tag{4.4.3}$$

式中,$\boldsymbol{A}^{\mathrm{T}}\boldsymbol{A} = \begin{bmatrix} n & \sum\limits_{i=1}^{n} x_i \\ \sum\limits_{i=1}^{n} x_i & \sum\limits_{i=1}^{n} x_i^2 \end{bmatrix}$,$\boldsymbol{A}^{\mathrm{T}}\boldsymbol{L} = \begin{bmatrix} \sum\limits_{i=1}^{n} y_i \\ \sum\limits_{i=1}^{n} x_i y_i \end{bmatrix}$

上面的拟合是建立在 x_i 无误差的基础上。由于坐标 x_i 和 y_i 是等地位的,都存在测量误差,在进行直线拟合时,如果认为 x 为因变量,y 为自变量,则可得到以下误差方程式:

$$v_i = cy_i + d - x_i \tag{4.4.4}$$

在同样的拟合原则下可以得到 (c,d) 的最小二乘解。但式(4.4.1)中的 (a,b) 和式(4.4.4)中的 (c,d) 并不满足:$c=1/a$,$d=-b/a$。也就是说,交换自变量和因变量,拟合的直线参数是不相同的。因此,基于代表距离原则的拟合结果具有多解性。

2.基于垂直距离原则的直线拟合

x_i 和 y_i 都是含有误差的观测量。假定各自的改正数分别为 v_{x_i} 和 v_{y_i}。垂直距离原则要求:

$$Q = \sum_{i=1}^{n}(v_{x_i}^2 + v_{y_i}^2) = \sum_{i=1}^{n}\left[(\hat{x}_i - x_i)^2 + (a\hat{x}_i + b - y_i)^2\right] = \min \tag{4.4.5}$$

对式(4.4.5)中的参数 $(a,b,\hat{x}_i)$ 求偏导,并令等于零,则得到 $n+2$ 个方程:

$$\begin{bmatrix} n & \sum_{i=1}^{n} \hat{x}_i \\ \sum_{i=1}^{n} \hat{x}_i & \sum_{i=1}^{n} \hat{x}_i^2 \end{bmatrix} \cdot \begin{bmatrix} b \\ a \end{bmatrix} = \begin{bmatrix} \sum_{i=1}^{n} y_i \\ \sum_{i=1}^{n} \hat{x}_i y_i \end{bmatrix} \tag{4.4.6a}$$

$$(1+a^2) \cdot \hat{x}_i = (ay_i + x_i - ab) \quad i=1,2,\cdots,n \tag{4.4.6b}$$

与式(4.4.3)比较可以看出,式(4.4.6a)就是采用基于代数距离原则拟合的法方程。采用基于垂直距离原则拟合的法方程式(4.4.6)是非线性方程,待求参数有两个部分:直线参数(4.4.6a)和测量值估值(4.4.6b)两类。采用如下迭代过程求解:

(1) 解(4.4.6a),得到(a,b);

(2) 将(a,b)代入(4.4.6b)解n个$\hat{x}_i$;

(3) 重复以上两步,直至相邻两次解出的未知数之差小于预设的阈值。

4.4.2　空间直线拟合

空间直线方程的点向式为:

$$\frac{x-x_0}{m} = \frac{y-y_0}{n} = \frac{z-z_0}{p} \tag{4.4.7}$$

式中,$(x_0,y_0,z_0)^{\mathrm{T}}$为直线通过的一点,$(m,n,p)^{\mathrm{T}}$为直线的空间方向分量。

也可以表示为参数式:

$$\begin{cases} x = x_0 + mt \\ y = y_0 + nt \\ z = z_0 + pt \end{cases} \tag{4.4.8}$$

式中,$(x_0,y_0,z_0)^{\mathrm{T}}$为空间上离原点最近的点,$(m,n,p)^{\mathrm{T}}$为空间直线空间方向的单位向量,$t$为任意实数。

以上两种直线方程中的(m,n,p)可以统一。参数表达式中的(x_0,y_0,z_0)条件更苛刻。

在直线上测量了n个点的三维坐标$(x_i,y_i,z_i),i=1,2,\cdots,n$后,通过空间直线拟合获取这6个参数。

1. 基于代数距离原则的空间直线拟合

1) 主成分分析法

将空间中三维分布的点集拟合为一维的直线,其本质就是降维。因此可以按照主成分分析的思想,对三维分布的空间数据进行主成分分析,提取第一主成分向量作为直线的方向向量。在代数距离原则下,空间直线必通过数据重心点。由此,可由点向式确定空间直线方程。此思路的解算过程如下:

(1) 计算n个测量点的重心坐标$(x_g,y_g,z_g)^{\mathrm{T}} = \left(\frac{1}{n}\sum_{i=1}^{n}x_i, \frac{1}{n}\sum_{i=1}^{n}y_i, \frac{1}{n}\sum_{i=1}^{n}z_i\right)^{\mathrm{T}}$,拟合直线必过此点;

221

（2）构造重心化矩阵 $\boldsymbol{Q} = \begin{bmatrix} x_1 - x_g & x_2 - x_g & \cdots & x_n - x_g \\ y_1 - y_g & y_2 - y_g & \cdots & y_n - y_g \\ z_1 - z_g & z_2 - z_g & \cdots & z_n - z_g \end{bmatrix}$

（3）计算协方差矩阵 $\underset{3 \times 3}{\boldsymbol{S}} = \boldsymbol{Q} \cdot \boldsymbol{Q}^{\mathrm{T}}$；计算 $\boldsymbol{S}$ 的特征值和特征向量。其最大特征值对应的特征向量即为直线的方向向量 $(m, n, p)^{\mathrm{T}}$；

（4）根据 (x_g, y_g, z_g) 和 (m, n, p) 按照式 (4.4.7) 建立空间直线方程。

2）将空间直线拟合转化为平面直线拟合

两个空间平面 $A_1 x + B_1 y + C_1 z + D_1 = 0$ 和 $A_2 x + B_2 y + C_2 z + D_2 = 0$ 相交形成一条空间直线，利用平面方程系数计算该直线 6 个参数的公式为：

$$\begin{cases} m = B_1 C_2 - B_2 C_1, n = A_2 C_1 - A_1 C_2, p = A_1 B_2 - A_2 B_1 \\ x_0 = \dfrac{B_1 D_2 - B_2 D_1}{A_1 B_2 - A_2 B_1}, y_0 = \dfrac{A_1 D_2 - A_2 D_1}{A_1 B_2 - A_2 B_1}, z_0 = 0 \end{cases} \tag{4.4.9}$$

一条空间直线在三维坐标系的三个平面 XOY、YOZ、XOZ 中的投影也是直线。该投影直线可以看成是一个经过该直线且与投影面垂直的空间平面。因此，可以将测点先投影到两个坐标平面上，进行直线拟合。因为拟合的这两条直线也是一个空间平面，按照式 (4.4.9) 即可得到空间直线方程。具体方法如下：

（1）基于最小夹角的空间拟合直线：分别利用 (x_i, y_i)、(x_i, z_i)、(y_i, z_i) 拟合出三条直线方程 $L_{XY} : a_1 x + b_1 y + d_1 = 0$，$L_{XZ} : a_2 x + c_2 z + d_2 = 0$ 和 $L_{YZ} : b_3 y + c_3 z + d_3 = 0$。由于测量误差的存在，由这三条平面直线中两两构成的空间直线不具备唯一性。例如，由 L_{XY} 和 L_{XZ} 导出的直线 L'_{YZ} 为：$b_1 y' - \dfrac{a_1 c_2}{a_2} z' + \left(d_1 - \dfrac{a_1 d_2}{a_2} \right) = 0$。$L'_{YZ}$ 与 L_{YZ} 的 y 的系数、z 的系数和常数项之间因测量误差一定不成比例，也就说明 L'_{YZ} 与 L_{YZ} 不重合，之间就存在一个夹角 α：

$$\alpha = \arccos \left(\frac{\left| b_1 b_3 - \dfrac{a_1 c_2 c_3}{a_2} \right|}{\sqrt{b_1^2 + \left(\dfrac{a_1 c_2 c_3}{a_2} \right)^2} \cdot \sqrt{b_3^2 + c_3^2}} \right)$$

同样的过程可以得到 L_{XZ} 和 L'_{XZ} 之间的夹角 β，L_{XY} 和 L'_{XY} 之间的夹角 γ。比较这 α、β、γ 三个夹角值的大小（三个夹角范围为 $0 \sim \pi/2$ 之间）。选取最小夹角所对应两条平面直线按照公式 (4.4.9) 组合成空间拟合直线。

（2）基于距离最小方差空间拟合直线：同上，首先分别利用 (x_i, y_i)、(x_i, z_i)、(y_i, z_i) 拟合出三条直线方程，然后两两组合，按照式 (4.4.9) 可得到三条空间拟合直线参数。d_i^j 表示第 i 个测量点到第 j 条拟合直线的距离：

$$d_i^j = \frac{\sqrt{\begin{vmatrix} y_i - y_0 & z_i - z_0 \\ n & p \end{vmatrix}^2 + \begin{vmatrix} z_i - z_0 & x_i - x_0 \\ p & m \end{vmatrix}^2 + \begin{vmatrix} x_i - x_0 & y_i - y_0 \\ m & n \end{vmatrix}^2}}{\sqrt{m^2 + n^2 + p^2}}$$

式中，i 表示测点序号，$i = 1,2,\cdots,n$，j 表示拟合直线的序号，$j = 1,2,3$。分别统计所有测点到拟合直线的标准差：$m_0^j = \sqrt{\dfrac{1}{n}\sum\limits_{i=1}^{n}(d_i^j)^2}$。$m_0^j(j = 1,2,3)$ 中最小值所对应的直线即为所求的空间拟合直线。

2. 基于垂直距离原则的空间直线拟合

过第 i 个测点 (x_i, y_i, z_i) 且与直线 $(m, n, p)^{\mathrm{T}}$ 垂直的平面为：

$$m(x - x_i) + n(y - y_i) + p(z - z_i) = 0 \tag{4.4.10}$$

将式 (4.4.8) 代入式 (4.4.10)，顾及 (m, n, p) 是单位向量，解得参数 t 后，再代回式 (4.4.8)，得到该直线与平面交点 p 的坐标为：

$$\begin{cases} x_p = x_0 + m^2 x_i + mny_i + mpz_i - m^2 x_0 - mny_0 - mpz_0 \\ y_p = y_0 + mnx_i + n^2 y_i + npz_i - mnx_0 - n^2 y_0 - npz_0 \\ z_p = z_0 + mpx_i + npy_i + p^2 z_i - mpx_0 - npy_0 - p^2 z_0 \end{cases} \tag{4.4.11}$$

这样，测点 i 到直线的距离就是测点 i 与 p 点之间的距离，即

$$v_i = \sqrt{(x_i - x_p)^2 + (y_i - y_p)^2 + (z_i - z_p)^2}$$

对上面式子展开成线性式：

$$v_i = \frac{\partial v_i}{\partial x_0}\delta x_0 + \frac{\partial v_i}{\partial y_0}\delta y_0 + \frac{\partial v_i}{\partial z_0}\delta z_0 + \frac{\partial v_i}{\partial m}\delta m + \frac{\partial v_i}{\partial n}\delta n + \frac{\partial v_i}{\partial p}\delta p + l_i \tag{4.4.12}$$

式中，

$$\frac{\partial v_i}{\partial x_0} = \frac{x_i - x_p}{l_i}\left(-\frac{\partial x_p}{\partial x_0}\right) + \frac{y_i - y_p}{l_i}\left(-\frac{\partial y_p}{\partial x_0}\right) + \frac{z_i - z_p}{l_i}\left(-\frac{\partial z_p}{\partial x_0}\right)$$

$$\frac{\partial v_i}{\partial y_0} = \frac{x_i - x_p}{l_i}\left(-\frac{\partial x_p}{\partial y_0}\right) + \frac{y_i - y_p}{l_i}\left(-\frac{\partial y_p}{\partial y_0}\right) + \frac{z_i - z_p}{l_i}\left(-\frac{\partial z_p}{\partial y_0}\right)$$

$$\frac{\partial v_i}{\partial z_0} = \frac{x_i - x_p}{l_i}\left(-\frac{\partial x_p}{\partial z_0}\right) + \frac{y_i - y_p}{l_i}\left(-\frac{\partial y_p}{\partial z_0}\right) + \frac{z_i - z_p}{l_i}\left(-\frac{\partial z_p}{\partial z_0}\right)$$

$$\frac{\partial v_i}{\partial m} = \frac{x_i - x_p}{l_i}\left(-\frac{\partial x_p}{\partial m}\right) + \frac{y_i - y_p}{l_i}\left(-\frac{\partial y_p}{\partial m}\right) + \frac{z_i - z_p}{l_i}\left(-\frac{\partial z_p}{\partial m}\right)$$

$$\frac{\partial v_i}{\partial n} = \frac{x_i - x_p}{l_i}\left(-\frac{\partial x_p}{\partial n}\right) + \frac{y_i - y_p}{l_i}\left(-\frac{\partial y_p}{\partial n}\right) + \frac{z_i - z_p}{l_i}\left(-\frac{\partial z_p}{\partial n}\right)$$

$$\frac{\partial v_i}{\partial p} = \frac{x_i - x_p}{l_i}\left(-\frac{\partial x_p}{\partial p}\right) + \frac{y_i - y_p}{l_i}\left(-\frac{\partial y_p}{\partial p}\right) + \frac{z_i - z_p}{l_i}\left(-\frac{\partial z_p}{\partial p}\right)$$

$$\frac{\partial x_p}{\partial x_0} = 1 - m^2 \qquad \frac{\partial x_p}{\partial y_0} = -mn \qquad \frac{\partial x_p}{\partial z_0} = -mp$$

$$\frac{\partial x_p}{\partial m} = 2mx_i + ny_i + pz_i - 2mx_0 - ny_0 - pz_0 \qquad \frac{\partial x_p}{\partial n} = my_i - my_0 \qquad \frac{\partial x_p}{\partial p} = mz_i - mz_0$$

$$\frac{\partial y_p}{\partial x_0} = -mn \qquad \frac{\partial y_p}{\partial y_0} = 1 - n^2 \qquad \frac{\partial y_p}{\partial z_0} = -np$$

$$\frac{\partial y_p}{\partial m} = nx_i - nx_0 \qquad \frac{\partial y_p}{\partial n} = mx_i + 2ny_i + pz_i - mx_0 - 2ny_0 - pz_0 \qquad \frac{\partial y_p}{\partial p} = nz_i - nz_0$$

$$\frac{\partial z_p}{\partial x_0} = -mp \qquad \frac{\partial z_p}{\partial y_0} = -np \qquad \frac{\partial z_p}{\partial z_0} = 1 - p^2$$

$$\frac{\partial z_p}{\partial m} = px_i - px_0 \qquad \frac{\partial z_p}{\partial n} = py_i - py_0 \qquad \frac{\partial z_p}{\partial p} = mx_i + ny_i + 2pz_i - mx_0 - ny_0 - 2pz_0$$

$$l_i = \sqrt{(x_i - x_p)^2 + (y_i - y_p)^2 + (z_i - z_p)^2}$$

为了保证直线的唯一性,还需要附带两个条件:$m^2 + n^2 + p^2 = 1$(方向向量为单位向量),$mx_0 + ny_0 + pz_0 = 0$(x_0, y_0, z_0 离原点最近)。线性化的条件式为:

$$\begin{cases} 2m\delta m + 2n\delta n + 2p\delta p = 1 - m^2 - n^2 - p^2 \\ x_0\delta m + y_0\delta n + z_0\delta p + m\delta x_0 + n\delta y_0 + p\delta z_0 + mx_0 + ny_0 + pz_0 = 0 \end{cases} \tag{4.4.13}$$

对于 n 个测点,按照式(4.4.12)可以组成 n 个误差方程式,与式(4.4.13)一起,共同组成附有条件的间接平差,得到 6 个参数的解。

参数 (x_0, y_0, z_0, m, n, p) 最佳估值需要近似值和迭代。近似值可以根据基于代数距离原则的方法获取。迭代更新后,新的近似值 (m, n, p) 必须重新单位化。

4.4.3　空间平面拟合

一个空间平面的一般方程为:

$$ax + by + cz + d = 0 \tag{4.4.14}$$

式中,a, b, c, d 为平面方程参数,其中 $(a, b, c)^T$ 的几何意义是该平面的法向量。参数之间呈现比例关系。因为这 4 个参数是不独立的且不唯一,因此,在进行拟合时,要么,令其中的一个参数为某一确定的数;要么,增加一个条件约束:$a^2 + b^2 + c^2 = 1$。另外,考虑到向量的方向性的唯一性,一般令第一个非零参数为正数。

1. 基于代数距离原则的平面拟合

对于平面上有 n 个测量点 (x_i, y_i, z_i),可以先根据平面的空间形状与测量坐标系的大致相对关系,初步估计平面法向量与测量坐标系 $o\text{-}xyz$ 的三个坐标轴之间的夹角。然后选取与平面法向量夹角最小的坐标轴对应的系数为 1。例如,测量的平面法向量与 oz 轴夹角最小,就选 $c = 1$。这样,平面拟合误差方程式为:

$$v_i = ax_i + by_i + z_i + d \tag{4.4.15}$$

将 n 个测量点代入式(4.4.15)中,组成的误差方程式组:

$$\begin{bmatrix} v_1 \\ v_2 \\ \vdots \\ v_n \end{bmatrix} = \begin{bmatrix} x_1 & y_1 & 1 \\ x_2 & y_2 & 1 \\ \vdots & \vdots & \vdots \\ x_n & y_n & 1 \end{bmatrix} \cdot \begin{pmatrix} a \\ b \\ d \end{pmatrix} + \begin{bmatrix} z_1 \\ z_2 \\ \vdots \\ z_n \end{bmatrix}$$

用矩阵简化表示为:$\boldsymbol{V} = \boldsymbol{AX} + \boldsymbol{L}$,并解得三个参数:

$$\boldsymbol{X} = (a, b, d)^T = -(\boldsymbol{A}^T\boldsymbol{A})^{-1}\boldsymbol{A}^T\boldsymbol{L}$$

与直线拟合一样,这个原则下拟合的平面参数会随自变量选择的不同而变化。

2. 基于垂直距离原则的平面拟合

1）特征向量法

某测量点 (x_i, y_i, z_i) 到平面的距离为：

$$D_i = \frac{|ax_i + by_i + cz_i + d|}{\sqrt{a^2 + b^2 + c^2}} \tag{4.4.16}$$

其平方和为：

$$Q = \sum_{i=1}^{n} D_i^2 = \sum_{i=1}^{n} \frac{(ax_i + by_i + cz_i + d)^2}{a^2 + b^2 + c^2}$$

令 $\dfrac{\partial Q}{\partial d} = 0$，可以得到：

$$2\sum_{i=1}^{n} \frac{(ax_i + by_i + cz_i + d)}{a^2 + b^2 + c^2} = 0$$

展开有

$$\frac{a}{n}\sum_{i=1}^{n} x_i + \frac{b}{n}\sum_{i=1}^{n} y_i + \frac{c}{n}\sum_{i=1}^{n} z_i + d = 0$$

这说明测点重心 $\left(\bar{x} = \dfrac{1}{n}\sum_{i=1}^{n} x_i, \bar{y} = \dfrac{1}{n}\sum_{i=1}^{n} y_i, \bar{z} = \dfrac{1}{n}\sum_{i=1}^{n} z_i \right)$ 经过该拟合平面，即 $a\bar{x} + b\bar{y} + c\bar{z} + d = 0$。

拟合平面的法向量用 s 表示，即 $s = (a, b, c)^{\mathrm{T}}$，且为单位向量，即 $|s| = \sqrt{a^2 + b^2 + c^2} = 1$。某点 (x_i, y_i, z_i) 到平面的距离为 $D_i = |(x_i - \bar{x}, y_i - \bar{y}, z_i - \bar{z}) \cdot s|$。

为了方便误差方程式列立，需要去掉绝对值。去掉绝对值后的 D_i 有正有负。如果规定平面法向量指向平面上（右）方，则正号表示测点在平面的上（右）方，负号表示测点在平面的下（左）方。去掉绝对值符号后，点到平面距离的误差方程式为：

$$D_i = a(x_i - \bar{x}) + b(y_i - \bar{y}) + c(z_i - \bar{z})$$

n 个测点到拟合平面的距离的误差方程式，写成如下矩阵形式：

$$\begin{bmatrix} D_1 \\ D_2 \\ \vdots \\ D_n \end{bmatrix} = \begin{bmatrix} x_1 - \bar{x} & y_1 - \bar{y} & z_1 - \bar{z} \\ x_2 - \bar{x} & y_2 - \bar{y} & z_2 - \bar{z} \\ \vdots & \vdots & \vdots \\ x_n - \bar{x} & y_n - \bar{y} & z_n - \bar{z} \end{bmatrix} \cdot \begin{bmatrix} a \\ b \\ c \end{bmatrix} = \mathbf{A} \cdot \mathbf{s}$$

令 $Q = \sum_{i=1}^{n} D_i^2$，则 $Q = s^{\mathrm{T}} \mathbf{A}^{\mathrm{T}} \mathbf{A} s = s^{\mathrm{T}} \mathbf{\Lambda} s$。其中 $\mathbf{\Lambda} = \mathbf{A}^{\mathrm{T}} \mathbf{A}$。

在条件极值 $s^{\mathrm{T}} \mathbf{\Lambda} s = \min$，$s^{\mathrm{T}} s = \|s\|^2 = 1$ 下可以得到：

$$(\mathbf{\Lambda} - \lambda \mathbf{E}) s = 0$$

上式表明，s 为矩阵 $\mathbf{\Lambda}$ 的一个特征向量。它对应了最小特征值的特征向量。

确定了平面法向量 s 和平面经过的一点 $(\bar{x}, \bar{y}, \bar{z})$，即可确定式（4.4.14）中的平面方程。

2) 附有条件的间接平差法

某测点 (x_i, y_i, z_i) 到平面的距离为式(4.4.16)。去掉绝对值符号,并顾及平面法向量的单位性条件,得到测点到平面距离的误差方程式以及条件方程为:

$$v_i = x_i\delta a + y_i\delta b + z_i\delta c + \delta d - (ax_i + by_i + cz_i + d)$$

$$2a\delta a + 2b\delta b + 2c\delta c = 1 - a^2 - b^2 - c^2 \tag{4.4.17}$$

当给定了 (a,b,c,d) 的近似值 (a^0, b^0, c^0, d^0) 后,n 个测量点就可以列出 n 个误差方程式,加上一个条件组成一个附有条件的间接平差模型。计算 (a,b,c,d) 的改正数 $(\delta a, \delta b, \delta c, \delta d)$ 后,得到新的近似值 $(a^0+\delta a, b^0+\delta b, c^0+\delta c, d^0+\delta d)$。将新的近似值单位化后重复迭代,直至改正数小于预定的阈值后结束解算。

4.5　平面曲线拟合

在工业设计中,圆、椭圆、抛物线、双曲线等都是经常出现的设计图形。在对工业产品进行质量检查时,会在这些曲线上采样,然后根据这些采样点拟合曲线,进而计算产品的几何参数,评定质量。由于工业测量中测量设备和被测工件不可能都水平安置,因此,这些平面曲线上点测量数据是三维坐标。直接用三维坐标进行平面曲线拟合,不仅复杂度高,有些情况甚至不可能实现。对于这种情况,可以先利用 4.3.6 小节中的坐标转换方法,将三维坐标降维到二维坐标,再进行平面曲线拟合。

4.5.1　平面曲线特征

这里的平面曲线主要是指 4 种常见的二次平面曲线:圆、椭圆、双曲线和抛物线。其中,圆是椭圆的特例。平面曲线的一般方程为:

$$ax^2 + 2bxy + cy^2 + 2dx + 2ey + f = 0 \tag{4.5.1}$$

式中,a,b,c 不同时为零。式中共有 6 个参数,其中的 5 个是独立的。

在获取了一般平面方程以后,通过平移和旋转转换,都可以化成如表 4.5.1 中所列出的标准方程。标准方程确定了二次曲线的形状。

表 4.5.1　标准平面二次曲线特征

二次曲线	标准方程	图形	参数特征
椭圆	$\dfrac{x^2}{a^2} + \dfrac{y^2}{b^2} = 1$		F_1、F_2 为焦点,$\|MF_1\| + \|MF_2\| = 2a$ $\|F_1F_2\| = 2c$。$2c$ 为焦距,$c^2 = a^2 - b^2$;

续表

二次曲线	标准方程	图形	参数特征
双曲线	$\dfrac{x^2}{a^2}-\dfrac{y^2}{b^2}=1$		F_1、F_2 为焦点，$|MF_1|-|MF_2|=2a$，$|F_1F_2|=2c$，$2c$ 为焦距，$b^2=c^2-a^2$；
抛物线	$y^2=2px,x\geqslant0$（右开口抛物线）或 $x^2=2py,y\geqslant0$		F 为焦点，p 为焦距 $|OF|=p/2$

对于一个平面二次曲线，在进行平移和旋转转换时，下列三个量的值是不变的，称为二次曲线不变量：

$$I_1=a+c,\quad I_2=\begin{vmatrix}a&b\\b&c\end{vmatrix},\quad I_3=\begin{vmatrix}a&b&d\\b&c&e\\d&e&f\end{vmatrix} \tag{4.5.2}$$

4.5.2 一般平面曲线拟合

如果通过测量和坐标转换，获得了在平面上的 n 个测点坐标 (x_i,y_i)。由于方程 (4.5.1) 中存在二次项，当 x 和 y 的数值差异较大时，其法方程的系数差异就会很大，法方程求逆时，可能会产生大的计算误差。为了避免数值计算问题，先对坐标分量进行如下预处理：

$$x_i'=\frac{x_i-\bar{x}}{\mathrm{d}x},\quad y_i'=\frac{y_i-\bar{y}}{\mathrm{d}y} \tag{4.5.3}$$

式中，$(\bar{x},\bar{y})$ 为测点坐标的平均值，$(\mathrm{d}x,\mathrm{d}y)$ 分别为坐标分量最大值与最小值之差的一半。预处理后坐标轴单位会不一致，可以在参数拟合完成后，再将式 (4.5.3) 回代到拟合方程中。为了后面公式表述方便，不论是否对测量坐标进行预处理，坐标仍用 (x_i,y_i) 表示。

1. 基于代数距离原则

式 (4.5.1) 中只有 5 个未知数是独立的，而且 a,b,c 不能同时为 0。因此，在进行拟合时可以分别令 $a=1,b=1$ 和 $c=1$，拟合三个二次曲面函数，选取拟合方差最小的二次曲线作为最终结果。

以 $a=1$ 为例，将测点坐标值 (x_i,y_i) 代入式 (4.5.1) 中，得到误差方程式：

$$v_i=x_i^2+2bx_iy_i+cy_i^2+2\mathrm{d}x_i+2ey_i+f \tag{4.5.4}$$

n 个测点组成的误差方程式矩阵为：

$$\begin{bmatrix} v_1 \\ v_2 \\ \cdots \\ v_n \end{bmatrix} = \begin{bmatrix} 2x_1y_1 & y_1^2 & 2x_1 & 2y_1 & 1 \\ 2x_2y_2 & y_2^2 & 2x_2 & 2y_2 & 1 \\ \vdots & \vdots & \vdots & \vdots & \vdots \\ 2x_ny_n & y_n^2 & 2x_n & 2y_n & 1 \end{bmatrix} \cdot \begin{bmatrix} b \\ c \\ d \\ e \\ f \end{bmatrix} + \begin{bmatrix} x_1^2 \\ x_2^2 \\ \vdots \\ x_n^2 \end{bmatrix}$$

用矩阵符号表示为：$\boldsymbol{V}=\boldsymbol{AX}+\boldsymbol{L}$，得到 5 个未知参数的解：$\boldsymbol{X}=-(\boldsymbol{A}^{\mathrm{T}}\boldsymbol{A})^{-1}(\boldsymbol{A}^{\mathrm{T}}\boldsymbol{L})$ 以及单位权方差：$\sigma^2=\dfrac{\boldsymbol{V}^{\mathrm{T}}\boldsymbol{V}}{n-5}$。

二次曲线拟合中代数距离的几何意义如图 4.5.1 所示：$P_i(x_i,y_i)$ 为测量点，$O(x_0,y_0)$ 为曲线中心。P' 为 P_i、O 连线与拟合曲线的交点，且 c_i 为 OP' 长，d_i 为 OP_i 长。代数距离 $v_i=\left(\dfrac{d_i^2}{c_i^2}-1\right)$。一般而言，拟合的二次曲线在低曲率处拟合程度较好，在高曲率处拟合程度较差。

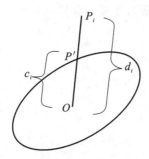

图 4.5.1　二次曲线拟合中代数距离的几何意义

2. 基于垂直距离原则

式(4.5.1)中令 $a=1$，可以得到拟合方程：

$$F = \hat{x}^2 + 2b\hat{x}\hat{y} + c\hat{y}^2 + 2d\hat{x} + 2e\hat{y} + f$$

线性化上式，即

$$F = F_0 + \frac{\partial F}{\partial X}\bigg|_{X=X_0} \cdot \delta X \tag{4.5.5}$$

式(4.5.5)中的偏导函数分别为：

$$\frac{\partial F}{\partial \hat{x}_i}=2x_i+2by_i+2d, \quad \frac{\partial F}{\partial \hat{y}_i}=2bx_i+2cy_i+2e,$$

$$\frac{\partial F}{\partial b}=2x_iy_i, \quad \frac{\partial F}{\partial c}=y_i^2, \quad \frac{\partial F}{\partial d}=2x_i, \quad \frac{\partial F}{\partial e}=2y_i, \quad \frac{\partial F}{\partial f}=1$$

得到误差方程：

$$(2x_i + 2by_i + 2d, \ 2bx_i + 2cy_i + 2e) \cdot \begin{pmatrix} v_{x_i} \\ v_{y_i} \end{pmatrix} + (2x_iy_i, \ y_i^2, \ 2x_i, 2y_i, \ 1) \cdot \begin{pmatrix} \delta b \\ \delta c \\ \delta d \\ \delta e \\ \delta f \end{pmatrix} +$$

$$x_i^2 + 2bx_iy_i + cy_i^2 + 2dx_i + 2ey_i + f = 0$$

$$(4.5.6)$$

将 n 个测点的坐标值代入式(4.5.6)中,得到 n 个附有未知数的条件关系式,用矩阵表达为: $\boldsymbol{AV} + \boldsymbol{B\delta X} + \boldsymbol{W} = 0$。给点各近似值以后,即可进行迭代求解5个未知数。

4.5.3 平面曲线标准化

工业测量中,拟合曲线的最终目的是从拟合的曲线参数中获取其包含的几何量,如曲线的中心位置、偏向角、焦距、长短轴等,用于评定产品的加工质量。因此,需要将一般曲线通过平移、旋转转换成标准方程。

1. 二次曲线的判别

实际测量时,对曲线的类型(椭圆、双曲面、抛物线)一般是预先知道的,这时不需要进行二次曲线的判别。否则需要先进行类型判别,然后根据不同类型选择不同的处理步骤。

椭圆和双曲线为有心曲线(中心型曲线),抛物线为无心曲线(非中心型曲线)。曲线类型的划分通过式(4.5.2)中 I_2 的进行:当 $I_2 > 0$ 时为椭圆型;当 $I_2 < 0$ 时为双曲型;当 $I_2 = 0$ 时为抛物型。对于有心曲线,先平移(消除一次项)后旋转(消除交叉项)。对于无心曲线,则先旋转后平移。

2. 有心曲线的化简

1)平移量

有心曲线的平移量为方程组: $\begin{cases} ax_0 + by_0 + d = 0 \\ bx_0 + cy_0 + e = 0 \end{cases}$ 的解:

$$x_0 = \frac{be - cd}{ac - b^2}, y_0 = \frac{ae - bd}{ac - b^2} \tag{4.5.7}$$

将 $x - x_0$ 和 $y - y_0$ 代入式(4.5.1)后可消除其中的一次项。

2)旋转角

平移后,原二次项系数不变,一次项被消除,常数项也会发生变化。二次曲线的旋转角 θ 采用下式计算:

$$\cot 2\theta = \frac{a - c}{2b} \tag{4.5.8}$$

由于 θ 不唯一,为此规定 $0 \leqslant \theta \leqslant \pi$。用 $(x\cos\theta - y\sin\theta, x\sin\theta + y\cos\theta)$ 分别替代平移后的二次方程中的 (x, y),即可得到标准方程。

3. 无心曲线的化简

1) 旋转角

无心曲线化简时,先采用式(4.5.8)计算旋转角 θ,然后用($x\cos\theta - y\sin\theta, x\sin\theta + y\cos\theta$)分别替代原二次方程中的($x,y$)进行旋转变换,即可消除交叉项和一个二次项。

2) 平移量

对旋转后的方程进行配方,实现平移,最后得到标准方程。

4.5.4　圆拟合

圆的一般方程:

$$(x - x_0)^2 + (y - y_0)^2 = R^2 \tag{4.5.9}$$

基于圆周上的 n 个测量点(x_i, y_i),通过对方程(4.5.9)进行拟合,求出三个参数:圆心位置(x_0, y_0)和圆半径 R。

1. 基于代数距离原则的圆拟合

将式(4.5.9)展开并整理:

$$-2x \cdot x_0 - 2y \cdot y_0 + (x_0^2 + y_0^2 - R^2) + x^2 + y^2 = 0$$

令:$C = x_0^2 + y_0^2 - R^2$。对于第 i 个测量点(x_i, y_i),可按上式列立其误差方程式:

$$v_i = -2x_i \cdot x_0 - 2y_i \cdot y_0 + C + x_i^2 + y_i^2 \tag{4.5.10}$$

n 个测量点的误差方程式矩阵形式为:

$$\begin{bmatrix} v_1 \\ v_2 \\ \vdots \\ v_n \end{bmatrix} = \begin{bmatrix} -2x_1 & -2y_1 & 1 \\ -2x_2 & -2y_2 & 1 \\ \vdots & \vdots & \vdots \\ -2x_n & -2y_n & 1 \end{bmatrix} \cdot \begin{bmatrix} x_0 \\ y_0 \\ C \end{bmatrix} + \begin{bmatrix} x_1^2 + y_1^2 \\ x_2^2 + y_2^2 \\ \vdots \\ x_n^2 + y_n^2 \end{bmatrix}$$

用矩阵符号表示为:$\boldsymbol{V} = \boldsymbol{AX} + \boldsymbol{L}$。参数 $\boldsymbol{X} = (x_0, y_0, C)^{\mathrm{T}}$ 的解为:

$$\boldsymbol{X} = -(\boldsymbol{A}^{\mathrm{T}}\boldsymbol{A})^{-1}\boldsymbol{A}^{\mathrm{T}}\boldsymbol{L}$$

这是一个线性方程,不需要迭代。在解算出 $\boldsymbol{X}$ 后可以计算圆半径 $R = \sqrt{x_0^2 + y_0^2 - C}$。

2. 基于垂直距离原则的圆拟合

1) 基于附有未知数的条件平差法

对于式(4.5.9)的最终拟合方程为 $f = (\hat{x}_i - \hat{x}_0)^2 + (\hat{y}_i - \hat{y}_0)^2 - \hat{R}^2 = 0$,其中的参数有 $2n+3$ 个,对各个参数求偏导:

$$\frac{\partial f}{\partial \hat{x}_i} = 2(x_i - x_0), \quad \frac{\partial f}{\partial \hat{y}_i} = 2(y_i - y_0),$$

$$\frac{\partial f}{\partial \hat{x}_0} = -2(x_i - x_0), \quad \frac{\partial f}{\partial \hat{y}_0} = -2(y_i - y_0), \quad \frac{\partial f}{\partial \hat{R}} = -2R$$

这样得到一个附有未知数的条件式:

$$(x_i - x_0, y_i - y_0) \cdot \begin{bmatrix} v_{x_i} \\ v_{y_i} \end{bmatrix} + (x_0 - x_i, y_0 - y_i, R) \cdot \begin{bmatrix} \delta x_0 \\ \delta y_0 \\ \delta R \end{bmatrix}$$

$$+ \frac{(x_i - x_0)^2}{2} + \frac{(y_i - y_0)^2}{2} - \frac{R^2}{2} = 0 \tag{4.5.11}$$

n 个测点组成的误差方程式为:

$$\begin{bmatrix} x_1 - x_0 & y_1 - y_0 & 0 & 0 & \cdots & 0 & 0 \\ 0 & 0 & x_2 - x_0 & y_2 - y_0 & \cdots & 0 & 0 \\ 0 & 0 & 0 & 0 & \cdots & 0 & 0 \\ 0 & 0 & 0 & 0 & \cdots & x_n - x_0 & y_n - y_0 \end{bmatrix} \cdot \begin{bmatrix} v_{x_1} \\ v_{y_1} \\ v_{x_2} \\ v_{y_2} \\ \vdots \\ v_{x_n} \\ v_{y_n} \end{bmatrix}$$

$$+ \begin{bmatrix} x_0 - x_1 & y_0 - y_1 & R \\ x_0 - x_2 & y_0 - y_2 & R \\ \vdots & \vdots & \vdots \\ x_0 - x_n & y_0 - y_n & R \end{bmatrix} \cdot \begin{bmatrix} \delta x_0 \\ \delta y_0 \\ \delta R \end{bmatrix} + \frac{1}{2} \begin{bmatrix} (x_1 - x_0)^2 + (y_1 - y_0)^2 - R^2 \\ (x_2 - x_0)^2 + (y_2 - y_0)^2 - R^2 \\ \vdots \\ (x_n - x_0)^2 + (y_n - y_0)^2 - R^2 \end{bmatrix} = 0$$

写成简化的矩阵形式就是:$\boldsymbol{AV} + \boldsymbol{BX} + \boldsymbol{W} = 0$,按照附有未知数的条件平差原理通过迭代求出参数 $(\hat{x}_0, \hat{y}_0, \hat{R})$。

2) 基于垂直距离法

测点 (x_i, y_i) 到拟合圆周上的距离为:

$$v_i = \sqrt{(x_i - x_0)^2 + (y_i - y_0)^2} - R$$

线性化:

$$v_i = \frac{x_0 - x_i}{\rho_i} \delta x_0 + \frac{y_0 - y_i}{\rho_i} \delta y_0 - \delta R - l_i \tag{4.5.12}$$

式中,$\rho_i = \sqrt{(x_i - x_0)^2 + (y_i - y_0)^2}$,$l_i = R - \sqrt{(x_i - x_0)^2 + (y_i - y_0)^2}$。

先给定 $(\hat{x}_0, \hat{y}_0, \hat{R})$ 初值,按式 (4.5.12) 列立 n 个观测点的误差方程式:

$$\begin{bmatrix} v_1 \\ v_2 \\ \vdots \\ v_n \end{bmatrix} = \begin{bmatrix} \dfrac{x_0 - x_1}{\rho_1} & \dfrac{y_0 - y_1}{\rho_1} & -1 \\ \dfrac{x_0 - x_2}{\rho_2} & \dfrac{y_0 - y_2}{\rho_2} & -1 \\ \vdots & \vdots & \vdots \\ \dfrac{x_0 - x_n}{\rho_n} & \dfrac{y_0 - y_n}{\rho_n} & -1 \end{bmatrix} \cdot \begin{bmatrix} \delta x_0 \\ \delta y_0 \\ \delta R \end{bmatrix} - \begin{bmatrix} l_1 \\ l_2 \\ \vdots \\ l_n \end{bmatrix}$$

求出未知数的改正数,形成新的近似值进行迭代。当满足迭代要求后即得到未知数的最佳估值。

4.5.5　椭圆参数直接解算法

如图 4.5.2 所示,在测量坐标系 XY 下,对于一个平面椭圆,可以用 5 个参数唯一表示:中心坐标 $C(x_c, y_c)$,半轴长 $a, b(a > b)$ 和长轴旋转方向 α。椭圆参数直接解算法就是在垂直距离原则下解求这 5 个椭圆参数。

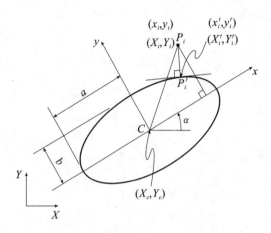

图 4.5.2　椭圆参数的几何意义

在图 4.5.2 中引入一个中心坐标系 $c\text{-}xy$,在该坐标系下的椭圆方程为标准方程:

$$\frac{x^2}{a^2} + \frac{y^2}{b^2} = 1 \tag{4.5.13}$$

在椭圆上采集了 n 个测点。对其中某测点 P_i,在椭圆线的投影点(垂足点)为 P'_i。它们在测量坐标系下的坐标分别为 (X_i, Y_i)、(X'_i, Y'_i);在中心坐标系下的坐标分别为 (x_i, y_i)、(x'_i, y'_i)。

为了以下公式的表示方便,令 P_i 点在中心坐标系中的坐标向量为 $\boldsymbol{u} = (x, y)^{\mathrm{T}}$,在测量坐标系中的坐标向量为 $\boldsymbol{U} = (X, Y)^{\mathrm{T}}$,根据图(4.5.2)它们之间存在如下的相互转换关系:

$$\boldsymbol{u} = \boldsymbol{R} \cdot (\boldsymbol{U} - \boldsymbol{T}) \quad \boldsymbol{U} = \boldsymbol{R}^{-1} \cdot u + \boldsymbol{T} \tag{4.5.14}$$

式中,旋转矩阵 $\boldsymbol{R} = \begin{bmatrix} \cos\alpha & \sin\alpha \\ -\sin\alpha & \cos\alpha \end{bmatrix}$,平移矩阵 $\boldsymbol{T} = \begin{bmatrix} X_C \\ Y_C \end{bmatrix}$。

基于垂直距离准则下椭圆的 5 个参数的算法如下:

1) 计算投影点 P'_i 的坐标 $\boldsymbol{U}'_i = (X'_i, Y'_i)^{\mathrm{T}}$

垂足点 $P'_i(x, y)^{\mathrm{T}}$ 就是 P_i 与 P'_i 的连线垂直于过 P'_i 点的切线在椭圆线上的交点。因为两条直线正交则斜率之积等于 -1,故在中心坐标系中的切点处满足以下方程:

$$\frac{\mathrm{d}y}{\mathrm{d}x} \cdot \frac{y_i - y}{x_i - x} = -1$$

对式(4.5.13)中的 x 求导,代入上式展开为:

$$b^2 x(y_i - y) - a^2 y(x_i - x) = 0$$

上式与式(4.5.13)共同联立方程组(4.1.15),可解出垂足点坐标 P_i' 在中心坐标系下的坐标。

$$\begin{cases} f_1 = (a^2 y^2 + b^2 x^2 - a^2 b^2)/2 = 0 \\ f_2 = b^2 x(y_i - y) - a^2 y(x_i - x) = 0 \end{cases} \tag{4.5.15}$$

式(4.5.15)是一个非线性方程组,线性化后的方程组为:

$$\begin{bmatrix} b^2 x & a^2 y \\ (a^2 - b^2)y + b^2 y_i & (a^2 - b^2)x - a^2 x_i \end{bmatrix} \cdot \begin{bmatrix} \Delta x \\ \Delta y \end{bmatrix} + \begin{bmatrix} (a^2 y^2 + b^2 x^2 - a^2 b^2)/2 \\ b^2 x(y_i - y) - a^2 y(x_i - x) \end{bmatrix} = 0 \tag{4.5.16}$$

迭代求解可得到垂足点坐标 P_i' 在中心坐标系的坐标 $\boldsymbol{u}_i' = (x_i', y_i')^\mathrm{T}$,再通过式(4.5.14)的转换,就得到 P_i' 在测量坐标系中的坐标 $\boldsymbol{U}_i' = (X_i', Y_i')^\mathrm{T}$。

2)建立椭圆上正交点的雅可比矩阵

定义参数向量 $\boldsymbol{\xi} = (X_c, Y_c, a, b, \alpha)^\mathrm{T}$,推导雅可比矩阵 $\boldsymbol{J}$。利用式(4.5.14)在椭圆点上对参数求导:

$$\boldsymbol{J}\Big|_{U_i'} = \frac{\partial \boldsymbol{U}}{\partial \boldsymbol{\xi}}\Big|_{U_i'} = \boldsymbol{R}^{-1}\frac{\partial \boldsymbol{u}}{\partial \boldsymbol{\xi}} + \frac{\partial \boldsymbol{R}^{-1}}{\partial \boldsymbol{\xi}}u + \frac{\partial \boldsymbol{T}}{\partial \boldsymbol{\xi}}\Big|_{u_i'} = \boldsymbol{R}^{-1}\boldsymbol{Q}^{-1}(\boldsymbol{B}_1\ \boldsymbol{B}_2\ \boldsymbol{B}_3\ \boldsymbol{B}_4\ \boldsymbol{B}_5)\Big|_{u_i'} \tag{4.5.17}$$

式(4.5.17)中的偏导函数具体推导过程在此省略,其各矩阵的最终具体表达式为:

$$\boldsymbol{Q} = \begin{bmatrix} b^2 x & a^2 y \\ (a^2 - b^2)y + b^2 y_i & (a^2 - b^2)x - a^2 x_i \end{bmatrix}, \boldsymbol{R} = \begin{bmatrix} \cos\alpha & \sin\alpha \\ -\sin\alpha & \cos\alpha \end{bmatrix},$$

$$\boldsymbol{B}_1 = \begin{bmatrix} b^2 x\cos\alpha - a^2 y\sin\alpha \\ b^2(y_i - y)\cos\alpha + a^2(x_i - x)\sin\alpha \end{bmatrix}, \boldsymbol{B}_2 = \begin{bmatrix} b^2 x\sin\alpha + a^2 y\cos\alpha \\ b^2(y_i - y)\sin\alpha - a^2(x_i - x)\cos\alpha \end{bmatrix}$$

$$\boldsymbol{B}_3 = \begin{bmatrix} a(b^2 - y^2) \\ 2ay(x_i - x) \end{bmatrix}, B_4 = \begin{bmatrix} b(a^2 - x^2) \\ -2bx(y_i - y) \end{bmatrix}, \boldsymbol{B}_5 = \begin{bmatrix} (a^2 - b^2)xy \\ (a^2 - b^2)(x^2 - y^2 - x_i x + y y_i) \end{bmatrix}$$

3)迭代求解参数

每个测量点按式(4.5.17)可以组成一个 2×5 的雅可比矩阵。对于 n 个测量点,在垂直距离平方和 $\sum_{i=1}^{n}[(X_i - X_i')^2 + (Y_i - Y_i')^2] = \min$ 的约束下,共构造 $2n$ 个误差方程式:

$$\underset{2n \times 5}{\boldsymbol{J}} \cdot \underset{5 \times 1}{\Delta \boldsymbol{\xi}} = \underset{2n \times 1}{\boldsymbol{L}} \tag{4.5.18}$$

式中,$\boldsymbol{L} = [X_1 - X_1', Y_1 - Y_1', X_2 - X_2', Y_2 - Y_2', \cdots, X_n - X_n', Y_n - Y_n']^\mathrm{T}$。

按式(4.5.18)列立误差方程式并进行迭代计算,获取最终椭圆参数:

$$\Delta \boldsymbol{\xi}^{(k)} = (\boldsymbol{J}^\mathrm{T} \boldsymbol{J})^{-1} \cdot (\boldsymbol{J}^\mathrm{T} \boldsymbol{L})$$

$$\boldsymbol{\xi}^{(k+1)} = \boldsymbol{\xi}^{(k)} + \Delta \boldsymbol{\xi}^{(k)}, \quad k\ 为迭代次数$$

基于垂直距离原则的椭圆参数解算流程如图 4.5.3 所示。

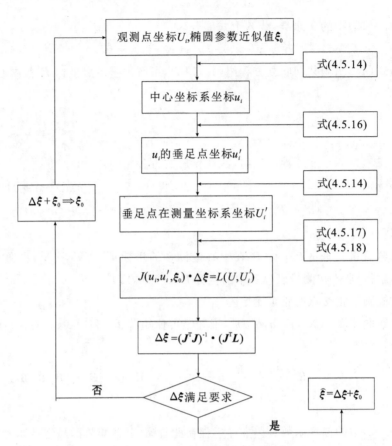

图 4.5.3　椭圆参数的解算过程

4.6　二次曲面拟合

在二次曲面中,有唯一中心的二次曲面叫有心二次曲面,没有中心的二次曲面叫无心二次曲面,有无数中心构成一条直线的二次曲面叫线心二次曲面,有无数中心构成一平面的二次曲面叫面心二次曲面。二次曲面中的无心曲面、线心曲面与面心曲面统称为非中心二次曲面。

椭球面、双曲面、抛物面、柱面和锥面都是特殊的二次曲面,是工业设计中经常采用的曲面。利用三维测量技术对其表面进行测量后,拟合出二次曲面的一般方程。对拟合的二次曲面一般方程进行坐标平移和旋转后,都可以转换成表 4.6.1 中的标准方程,并据此评价曲面的加工质量。

表 4.6.1 中列举了 9 种标准二次曲面的方程式及其图形。

表 4.6.1 标准二次曲面及其方程

曲线类型	标准方程	图形特征
第 I 类曲面 （有心曲面）	椭球面：$\dfrac{x^2}{a^2}+\dfrac{y^2}{b^2}+\dfrac{z^2}{c^2}=1$ 当 $a=b$ 时为旋转椭球面；当 $a=b=c$ 时为球面	
	单叶双曲面：$\dfrac{x^2}{a^2}+\dfrac{y^2}{b^2}-\dfrac{z^2}{c^2}=1$	
	双叶双曲面：$\dfrac{x^2}{a^2}+\dfrac{y^2}{b^2}-\dfrac{z^2}{c^2}=-1$ 当 $a=b$ 时为旋转双曲面	
	椭圆锥面：$\dfrac{x^2}{a^2}+\dfrac{y^2}{b^2}-\dfrac{z^2}{c^2}=0$ 当 $a=b$ 时为圆锥面	
第 II 类曲面 （无心曲面）	椭圆抛物面：$\dfrac{x^2}{2p}+\dfrac{y^2}{2q}=z,p>0,\ q>0$ 当 $p=q$ 时为旋转抛物面	
	双曲抛物面（鞍形曲面）：$-\dfrac{x^2}{2p}+\dfrac{y^2}{2q}=z,p>0,\ q>0$	
	抛物柱面：$y^2=2px,p>0$	
	椭圆柱面：$\dfrac{x^2}{a^2}+\dfrac{y^2}{b^2}=1$ 当 $a=b$ 时为圆柱面	
	双曲柱面：$\dfrac{x^2}{a^2}-\dfrac{y^2}{b^2}=1$	

4.6.1　一般二次曲面方程拟合

空间任意位置的二次曲面的一般方程为:

$$a_{11}x^2 + a_{22}y^2 + a_{33}z^2 + 2a_{12}xy + 2a_{13}xz + 2a_{23}yz + 2a_{14}x + 2a_{24}y + 2a_{34}z + a_{44} = 0$$

$$(4.6.1)$$

在空间曲面上测量了 n 个点 (x_i, y_i, z_i), $i = 1, 2, \cdots, n$。如果三个坐标分量差异比较大,则法方程对角线元素数值相差会很大,不利于法方程式解算,可能会导致法方程求逆错误。为此,可以与平面二次曲线中数据预处理一样,先将三个坐标分量均匀化(中心化),即

$$x' = \frac{x_i - \bar{x}}{\mathrm{d}x}, \quad y' = \frac{y_i - \bar{y}}{\mathrm{d}y}, \quad z' = \frac{z_i - \bar{z}}{\mathrm{d}z} \tag{4.6.2}$$

式中,$(\bar{x}, \bar{y}, \bar{z})$ 为测点坐标的算术平均值(重心坐标),$\mathrm{d}x, \mathrm{d}y, \mathrm{d}z$ 为各自坐标分量的最大值与最小值之差的一半。当完成式(4.6.1)拟合后,将式(4.6.2)回代到拟合方程,然后再计算几何体的特征参数。为了后面公式表述方便,不论是否对测量坐标进行预处理,坐标分量的符号仍然采用 (x_i, y_i, z_i) 表示。

式(4.6.1)中 10 个参数只有 9 个是独立的。但根据空间曲面的实际形状以及和测量坐标系的关系,有些系数可能会很小。因此,为了得到可靠的拟合结果,同时降低拟合过程的复杂性,分别令这 10 个参数中的某一个参数为 1,列立误差方程式实现曲面拟合,计算方差,选取方差最小的那组作为最佳拟合结果。

例如,令:$a_{44}=1$,则可以得到 n 个测点的误差方程式为:

$$
\begin{bmatrix} v_1 \\ v_2 \\ \vdots \\ v_n \end{bmatrix} = \begin{bmatrix} x_1^2 & y_1^2 & z_1^2 & 2x_1y_1 & 2x_1z_1 & 2y_1z_1 & 2x_1 & 2y_1 & 2z_1 \\ x_2^2 & y_2^2 & z_2^2 & 2x_2y_2 & 2x_2z_2 & 2y_2z_2 & 2x_2 & 2y_2 & 2z_2 \\ \vdots & \vdots & \vdots & \vdots & \vdots & \vdots & \vdots & \vdots & \vdots \\ x_n^2 & y_n^2 & z_n^2 & 2x_ny_n & 2x_nz_n & 2y_nz_n & 2x_n & 2y_n & 2z_n \end{bmatrix} \begin{bmatrix} a_{11} \\ a_{22} \\ a_{33} \\ a_{12} \\ a_{13} \\ a_{23} \\ a_{14} \\ a_{24} \\ a_{34} \end{bmatrix} + \begin{bmatrix} 1 \\ 1 \\ \vdots \\ 1 \end{bmatrix}
$$

用矩阵符号表示为:$\boldsymbol{V} = \boldsymbol{AX} + \boldsymbol{L}$,参数解为:

$$\hat{\boldsymbol{X}} = (a_{11}, a_{22}, a_{33}, a_{12}, a_{13}, a_{23}, a_{14}, a_{24}, a_{34})^{\mathrm{T}} = -(\boldsymbol{A}^{\mathrm{T}}\boldsymbol{A})^{-1}\boldsymbol{A}^{\mathrm{T}}\boldsymbol{L}$$

$$a_{44} = 1$$

$$\boldsymbol{V} = \boldsymbol{A}\hat{\boldsymbol{X}} + \boldsymbol{L}$$

$$\sigma^2 = \boldsymbol{V}^{\mathrm{T}}\boldsymbol{V}/(n-9)$$

4.6.2　二次曲面方程标准化

拟合出二次曲面后,还需要从中获取该曲面的特征参数,因此,需要进行化简,得到其标准形状以及标准形状的方向和位置。这里介绍基于不变量的化简方法。

1. 二次曲面的不变量

二次曲面的不变量与二次曲线的不变量完全类似。不变量就是在直角坐标的旋转和平移前后其值保持不变的量。二次曲面有以下 4 个不变量：

$$\begin{cases} I_1 = a_{11} + a_{22} + a_{33} \\[2mm] I_2 = \begin{bmatrix} a_{11} & a_{12} \\ a_{12} & a_{22} \end{bmatrix} + \begin{bmatrix} a_{11} & a_{13} \\ a_{13} & a_{33} \end{bmatrix} + \begin{bmatrix} a_{22} & a_{23} \\ a_{23} & a_{33} \end{bmatrix} \\[4mm] I_3 = \begin{bmatrix} a_{11} & a_{12} & a_{13} \\ a_{12} & a_{22} & a_{23} \\ a_{13} & a_{23} & a_{33} \end{bmatrix} \\[6mm] I_4 = \begin{bmatrix} a_{11} & a_{12} & a_{13} & a_{14} \\ a_{12} & a_{22} & a_{23} & a_{24} \\ a_{13} & a_{23} & a_{33} & a_{34} \\ a_{14} & a_{24} & a_{34} & a_{44} \end{bmatrix} \end{cases} \tag{4.6.3}$$

对于拟合的二次曲面一般方程，通过坐标平移和旋转，都可以转换成其标准方程。

2. 二次曲面类型的判断与化简

二次曲面类型的判断以式(4.6.3)中的不变量计算为依据。

1) 当 $I_3 \neq 0$ 时，二次曲面属于有心曲面，其简化式为：

$$a'_{11}x'^2 + a'_{22}y'^2 + a'_{33}z'^2 + a'_{44} = 0, \quad a'_{11}a'_{22}a'_{33} \neq 0 \tag{4.6.4}$$

式中，$a'_{11}, a'_{22}, a'_{33}$ 为 $-\lambda^3 + I_1\lambda^2 - I_2\lambda + I_3 = 0$ 的特征根，且 $a'_{11} = \lambda_1, a'_{22} = \lambda_2, a'_{33} = \lambda_3$，$a'_{44} = \dfrac{I_4}{I_3}$。

对应三个特征根的特征向量就是相应三个主轴在测量坐标系的方向向量。

2) 当 $I_3 = 0, I_4 \neq 0$ 时，二次曲面属于无心曲面，其简化式为：

$$a'_{11}x'^2 + a'_{22}y'^2 + 2a'_{34}z' = 0, \quad a'_{11}a'_{22}a'_{34} \neq 0 \tag{4.6.5}$$

式中，a'_{11}, a'_{22} 为 $\lambda^2 - I_1\lambda + I_2 = 0$ 的特征根，且 $a'_{11} = \lambda_1, a'_{22} = \lambda_2, a'_{33} = \lambda_3 = 0, a'_{34} = \pm\sqrt{-\dfrac{I_4}{I_2}}$。对应 2 个特征根的特征向量就是相应 2 个主轴在测量坐标系的方向向量。

3) 当 $I_3 = I_4 = 0, I_2 \neq 0$ 时，二次曲面就是椭圆柱面或者双曲柱面，其简化式为：

$$a'_{11}x'^2 + a'_{22}y'^2 + a'_{44} = 0, \quad a'_{11}a'_{22} \neq 0 \tag{4.6.6}$$

式中，a'_{11}, a'_{22} 为 $\lambda^2 - I_1\lambda + I_2 = 0$ 的特征根，且 $a'_{11} = \lambda_1, a'_{22} = \lambda_2, a'_{33} = \lambda_3 = 0, a'_{44} = \dfrac{K_2}{I_2}, K_2 = $

$\begin{bmatrix} a_{11} & a_{12} & a_{14} \\ a_{12} & a_{22} & a_{24} \\ a_{14} & a_{24} & a_{44} \end{bmatrix} + \begin{bmatrix} a_{11} & a_{13} & a_{14} \\ a_{13} & a_{33} & a_{34} \\ a_{14} & a_{34} & a_{44} \end{bmatrix} + \begin{bmatrix} a_{22} & a_{23} & a_{24} \\ a_{23} & a_{33} & a_{34} \\ a_{24} & a_{34} & a_{44} \end{bmatrix}$。对应 2 个特征根的特征向量就是

相应 2 个主轴在测量坐标系的方向向量。

4) 旋转矩阵

在上述化简过程中，特征根也可看成二次项系数矩阵 $\boldsymbol{I}_3$ 的特征根，即 $|\boldsymbol{I}_3 - \lambda E| = 0$。

特征根对应的特征向量构成二次曲面的坐标旋转矩阵。通过旋转距离可以消除二次交叉项。

5）平移量

令：

$$\begin{cases} F_1(x,y,z) = a_{11}x + a_{12}y + a_{13}z + a_{14} = 0 \\ F_2(x,y,z) = a_{12}x + a_{22}y + a_{23}z + a_{24} = 0 \\ F_3(x,y,z) = a_{13}x + a_{23}y + a_{33}z + a_{34} = 0 \end{cases} \tag{4.6.7}$$

式(4.6.7)的解即为平移量(x_0, y_0, z_0)。

4.6.3 球面拟合

球面是最特殊的空间二次曲面。空间球面一般方程为：

$$(x-a)^2 + (y-b)^2 + (z-c)^2 = R^2 \tag{4.6.8}$$

式中，(a,b,c)为球心坐标，R为球半径。

在球面上测量了n个离散点$(x_i, y_i, z_i)(i=1,2,\cdots,n)$，需要求出最佳球心坐标和半径。

1. 基于代数距离原则的球面拟合

将球面方程(4.6.8)展开：

$$x^2 + y^2 + z^2 = 2xa + 2yb + 2zc + R^2 - a^2 - b^2 - c^2 \tag{4.6.9}$$

令：$d = R^2 - a^2 - b^2 - c^2$。将$n$个观测点代入上式，得到$n$个误差方程式，用矩阵表示为：

$$V = AX - L$$

其中，$A = \begin{bmatrix} 2x_1 & 2y_1 & 2z_1 & 1 \\ 2x_2 & 2y_2 & 2z_2 & 1 \\ \vdots & \vdots & \vdots & \vdots \\ 2x_n & 2y_n & 2z_n & 1 \end{bmatrix}, X = \begin{bmatrix} a \\ b \\ c \\ d \end{bmatrix}, L = \begin{bmatrix} x_1^2 + y_1^2 + z_1^2 \\ x_2^2 + y_2^2 + z_2^2 \\ \vdots \\ x_n^2 + y_n^2 + z_n^2 \end{bmatrix}$

在$V^\mathrm{T}V = \min$的约束下，可以解得：$X = (A^\mathrm{T}A)^{-1}A^\mathrm{T}L$，进而有$R = \sqrt{d + a^2 + b^2 + c^2}$。

2. 基于垂直距离原则的球面拟合

1）基于附有未知数的条件平差模型

将三个坐标分量看成是相互独立的含有误差的观测值，即

$$\hat{x}_i = x_i + v_{x_i}, \quad \hat{y}_i = y_i + v_{y_i}, \quad \hat{z}_i = z_i + v_{z_i}$$

$$a = a_0 + \delta a, \quad b = b_0 + \delta b, \quad c = c_0 + \delta c, \quad R = R_0 + \delta R$$

代入式(4.6.8)中，并略去改正数的二次项，整理后有：

$$(x_i - a_0)v_{x_i} + (y_i - b_0)v_{y_i} + (z_i - c_0)v_{z_i} - (x_i - a_0)\delta a - $$
$$(y_i - b_0)\delta b - (z_i - c_0)\delta c - R_0 \delta R + l_i/2 = 0 \tag{4.6.10}$$

式中，$l_i = (x_i - a_0)^2 - (y_i - b_0)^2 + (z_i - c_0)^2 - R_0^2$，$a_0, b_0, c_0, R_0$分别为$a, b, c, R$的近似值。

n个测量点坐标代入式(4.6.10)，形成n个误差方程式：

$$\begin{bmatrix} x_1-a_0 & y_1-b_0 & z_1-c_0 & \cdots & 0 & 0 & 0 \\ \vdots & \vdots & \vdots & & \vdots & \vdots & \vdots \\ 0 & 0 & 0 & \cdots & x_n-a_0 & y_n-b_0 & z_n-c_0 \end{bmatrix} \cdot \begin{bmatrix} v_{x_1} \\ v_{y_1} \\ v_{z_1} \\ \vdots \\ v_{x_n} \\ v_{y_n} \\ v_{z_n} \end{bmatrix} -$$

$$\begin{bmatrix} x_1-a_0 & y_1-b_0 & z_1-c_0 & R_0 \\ \vdots & \vdots & \vdots & \vdots \\ x_n-a_0 & y_n-b_0 & z_n-c_0 & R_0 \end{bmatrix} \cdot \begin{bmatrix} \delta a \\ \delta b \\ \delta c \\ \delta R \end{bmatrix} + \begin{bmatrix} l_1/2 \\ \vdots \\ l_n/2 \end{bmatrix} = 0$$

上式用矩阵表示为:$\boldsymbol{AV}+\boldsymbol{B}\delta\boldsymbol{X}+\boldsymbol{L}=0$。按照附有未知数的条件平差原理求出参数的改正数 $\delta\boldsymbol{X}$。

经过多次迭代即可得到其精确解。参数(a,b,c,R)的近似值可以由代数距离原则的拟合结果获得。

2)基于点到球面的距离

根据球面方程式(4.6.8)可知,测量点(x_i,y_i,z_i)到球面的距离为:

$$v_i = \sqrt{(x_i-a)^2+(y_i-b)^2+(z_i-c)^2} - R$$

将上式线性化,n个测量点组成的误差方程式为:

$$\begin{bmatrix} v_1 \\ v_2 \\ \vdots \\ v_n \end{bmatrix} = \begin{bmatrix} \dfrac{a-x_1}{\rho_1} & \dfrac{b-y_1}{\rho_1} & \dfrac{c-z_1}{\rho_1} & -1 \\ \dfrac{a-x_2}{\rho_2} & \dfrac{b-y_2}{\rho_2} & \dfrac{c-z_2}{\rho_2} & -1 \\ \vdots & \vdots & \vdots & \vdots \\ \dfrac{a-x_n}{\rho_n} & \dfrac{b-y_n}{\rho_n} & \dfrac{c-z_n}{\rho_n} & -1 \end{bmatrix} \cdot \begin{bmatrix} \delta a \\ \delta b \\ \delta c \\ \delta R \end{bmatrix} - \begin{bmatrix} l_1 \\ l_2 \\ \vdots \\ l_n \end{bmatrix} \qquad (4.6.11)$$

式中,$\rho_i = \sqrt{(x_i-a)^2+(y_i-b)^2+(z_i-c)^2}$,$l_i=R-\rho_i$,$i=1,2,\cdots,n$。

球心坐标的初始值可以取测点的重心,球半径的初始值可以取第一点到重心的距离。式(4.6.11)用矩阵表示为:$\boldsymbol{V}=\boldsymbol{AX}-\boldsymbol{L}$,$\boldsymbol{X}=(\boldsymbol{A}^{\mathrm{T}}\boldsymbol{A})^{-1} \cdot (\boldsymbol{A}^{\mathrm{T}}\boldsymbol{L})$。参数的改正数 $\boldsymbol{X}$ 需要通过多次迭代完成。

4.6.4 圆柱面参数直接求解法

由圆柱面的几何特性可知,圆柱面上的点到其轴线的距离恒等于半径 r_0。如图 4.6.1,假定 P 为圆柱面上任意一点,P_0 为圆柱轴线上一点,$(a,b,c)^{\mathrm{T}}$ 为圆柱轴线向量,则圆柱面的方程为:

$$\sqrt{(x-x_0)^2+(y-y_0)^2+(z-z_0)^2-[a(x-x_0)+b(y-y_0)+c(z-z_0)]^2} = r_0$$

$$(4.6.12)$$

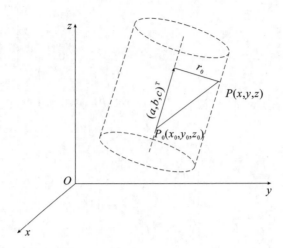

图 4.6.1　圆柱形的几何特性

转换成误差方程式为：

$$v_i = \sqrt{(x-x_0)^2+(y-y_0)^2+(z-z_0)^2-[a(x-x_0)+b(y-y_0)+c(z-z_0)]^2} - r_0$$

线性化结果为：

$$v_i = f_1\delta x_0 + f_2\delta y_0 + f_3\delta z_0 + f_4\delta a + f_5\delta b + f_6\delta c + f_7\delta r_0 - l_i \qquad (4.6.13)$$

式中，

$$f_1 = \frac{a[a(x_i-x_0)+b(y_i-y_0)+c(z_i-z_0)]-(x_i-x_0)}{\sqrt{(x_i-x_0)^2+(y_i-y_0)^2+(z_i-z_0)^2-[a(x_i-x_0)+b(y_i-y_0)+c(z_i-z_0)]^2}}$$

$$f_2 = \frac{b[a(x_i-x_0)+b(y_i-y_0)+c(z_i-z_0)]-(y_i-y_0)}{\sqrt{(x_i-x_0)^2+(y_i-y_0)^2+(z_i-z_0)^2-[a(x_i-x_0)+b(y_i-y_0)+c(z_i-z_0)]^2}}$$

$$f_3 = \frac{c[a(x_i-x_0)+b(y_i-y_0)+c(z_i-z_0)]-(z_i-z_0)}{\sqrt{(x_i-x_0)^2+(y_i-y_0)^2+(z_i-z_0)^2-[a(x_i-x_0)+b(y_i-y_0)+c(z_i-z_0)]^2}}$$

$$f_4 = \frac{-(x_i-x_0)[a(x_i-x_0)+b(y_i-y_0)+c(z_i-z_0)]}{\sqrt{(x_i-x_0)^2+(y_i-y_0)^2+(z_i-z_0)^2-[a(x_i-x_0)+b(y_i-y_0)+c(z_i-z_0)]^2}}$$

$$f_5 = \frac{-(y_i-y_0)[a(x_i-x_0)+b(y_i-y_0)+c(z_i-z_0)]}{\sqrt{(x_i-x_0)^2+(y_i-y_0)^2+(z_i-z_0)^2-[a(x_i-x_0)+b(y_i-y_0)+c(z_i-z_0)]^2}}$$

$$f_6 = \frac{-(z_i-z_0)[a(x_i-x_0)+b(y_i-y_0)+c(z_i-z_0)]}{\sqrt{(x_i-x_0)^2+(y_i-y_0)^2+(z_i-z_0)^2-[a(x_i-x_0)+b(y_i-y_0)+c(z_i-z_0)]^2}}$$

$$f_7 = -1$$

$$l_i = r_0 - \sqrt{(x_i-x_0)^2+(y_i-y_0)^2+(z_i-z_0)^2-[a(x_i-x_0)+b(y_i-y_0)+c(z_i-z_0)]^2}$$

由于点 (x_0,y_0,z_0) 必须位于轴线上，可以固定其中的一个值，且轴线方向必须是单位向量。因此，采用式(4.6.13)解算参数时还必须满足两个条件：

$$a^2 + b^2 + c^2 = 1 \qquad (4.6.14)$$

$$
\begin{cases}
x_0 = \dfrac{1}{n}\sum_{i=1}^{n} x_i, & |a| \geqslant |b| \text{ 且 } |a| \geqslant |c| \\[2mm]
y_0 = \dfrac{1}{n}\sum_{i=1}^{n} y_i, & |b| \geqslant |a| \text{ 且 } |b| \geqslant |c| \\[2mm]
z_0 = \dfrac{1}{n}\sum_{i=1}^{n} z_i, & |c| \geqslant |a| \text{ 且 } |c| \geqslant |b|
\end{cases} \tag{4.6.15}
$$

根据圆柱面上均匀分布的 n 个测点坐标 (x_i, y_i, z_i)，求出圆柱轴线上一点 (x_0, y_0, z_0)、圆柱轴线向量 (a, b, c) 和圆柱底圆半径 r_0 这七个参数，就唯一确定一个圆柱。

1. 圆柱面模型参数初始值确定

式 (4.6.12) 是非线性式，需要较为准确的初始值。为此，可以对式 (4.6.12) 进行适当变换：

$$
F_i = (x-x_0)^2 + (y-y_0)^2 + (z-z_0)^2 - [a(x-x_0) + b(y-y_0) + c(z-z_0)]^2 - r_0^2 \tag{4.6.16}
$$

上式对初始值的准确性的依赖程度较低，可用来计算较为准确的初始值。具体过程如下：

（1）计算测点的重心坐标：$x_0^0 = \dfrac{1}{n}\sum_{i=1}^{n} x_i$，$y_0^0 = \dfrac{1}{n}\sum_{i=1}^{n} y_i$，$z_0^0 = \dfrac{1}{n}\sum_{i=1}^{n} z_i$，得到圆柱轴线上一点的初始值。

（2）将测量点分别投影到测量坐标系的两个合适的平面，比如 xoy 平面和 xoz 平面，分别拟合两条平面直线，然后组成一个空间直线，单位化后得到圆柱轴线向量初始值 (a^0, b^0, c^0)。

（3）根据圆柱轴线向量初始值，对测量坐标进行以下旋转转换，使圆柱轴线与测量 z 坐标平行：

$$
\boldsymbol{R} = \begin{bmatrix}
\dfrac{b^0}{\sqrt{(a^0)^2 + (b^0)^2}} & \dfrac{-a^0}{\sqrt{(a^0)^2 + (b^0)^2}} & 0 \\[3mm]
\dfrac{a^0 c^0}{\sqrt{(a^0)^2 + (b^0)^2}} & \dfrac{b^0 c^0}{\sqrt{(a^0)^2 + (b^0)^2}} & -\sqrt{(a^0)^2 + (b^0)^2} \\[3mm]
a^0 & b^0 & c^0
\end{bmatrix}
$$

对转换后的 x-y 坐标进行平面圆拟合，得到圆柱半径的初始值 r_0^0。

（4）建立误差方程式求解参数值：

对式 (4.6.16) 线性化，得到误差方程式为：

$$
V = \frac{\partial F}{\partial x_0}\delta x_0 + \frac{\partial F}{\partial y_0}\delta y_0 + \frac{\partial F}{\partial z_0}\delta z_0 + \frac{\partial F}{\partial a}\delta a + \frac{\partial F}{\partial b}\delta b + \frac{\partial F}{\partial c}\delta c + \frac{\partial F}{\partial r_0}\delta r_0 - F
$$

式中，

$$
\frac{\partial F}{\partial x_0} = 2a[a(x-x_0) + b(y-y_0) + c(z-z_0)] - 2(x-x_0)
$$

$$
\frac{\partial F}{\partial y_0} = 2b[a(x-x_0) + b(y-y_0) + c(z-z_0)] - 2(y-y_0)
$$

$$
\frac{\partial F}{\partial z_0} = 2c[a(x-x_0) + b(y-y_0) + c(z-z_0)] - 2(z-z_0)
$$

241

$$\frac{\partial F}{\partial a}=-2(x-x_0)\left[a(x-x_0)+b(y-y_0)+c(z-z_0)\right]$$

$$\frac{\partial F}{\partial b}=-2(y-y_0)\left[a(x-x_0)+b(y-y_0)+c(z-z_0)\right]$$

$$\frac{\partial F}{\partial c}=-2(z-z_0)\left[a(x-x_0)+b(y-y_0)+c(z-z_0)\right]$$

$$\frac{\partial F}{\partial r_0}=-2r_0$$

$$F=(x-x_0)^2+(y-y_0)^2+(z-z_0)^2-\left[a(x-x_0)+b(y-y_0)+c(z-z_0)\right]^2-r_0^2$$

根据圆柱轴向量初始值在式(4.6.15)中确定一个已知值,减少一个未知参数(比如确定了 x_0,则 $\partial F/\partial x_0=0$),每次迭代后对轴向量单位化。迭代 2 次即可以得到较为准确的初始值。

如果测量时按照正截面采点,则圆柱面参数的近似值还可以按照下面过程简单求得:选取圆柱面两端截面的测量点,分别拟合 2 个平面圆,得到两个椭圆中心和短半轴。其中一个椭圆中心坐标作为圆柱轴线上一点的初始值。根据两个椭圆中心坐标可以确定圆柱轴线方向向量 (a,b,c) 初始值;任意一个短半轴作为圆柱半径的初始值。

2. 圆柱面参数精确求解

将参数初始值代入式(4.6.13),同时顾及两个条件式(4.6.14)和式(4.6.15),多次迭代后完成对圆柱参数的求解。

4.6.5　旋转抛物面参数直接求解法

如图 4.6.2 所示,在抛物面坐标系下,抛物面上任意一点 P 到抛物面轴线的投影 P' 的距离平方是投影点到抛物面顶点距离的 $2p$ 倍,即

$$2 \cdot p \cdot z = x^2 + y^2 \tag{4.6.17}$$

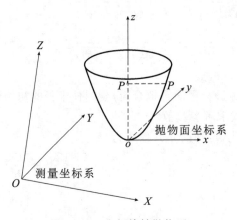

图 4.6.2　空间旋转抛物面

在面状天线安装或检测中,测量系统测量了旋转抛物面上若干离散点的三维坐标。为了确定该抛物面,通常要 7 个参数:抛物面位置参数(顶点 o 的坐标)(X_0,Y_0,Z_0),三个

旋转参数(抛物面姿态)R_x,R_y,R_z 以及焦距 p。对于旋转抛物面而言,其中独立的参数只有 6 个(固定 $R_z=0$),因此确定一个空间旋转抛物面实际需要 6 个参数。

假设点 P 在测量坐标系下的坐标为 (X,Y,Z),在抛物面坐标系下的坐标为 (x,y,z)。设 z 轴与 Z 轴的夹角为 α,z 轴在 XOY 平面投影中与 X 轴的夹角为 β,则 z 轴在测量坐标系下的方向向量可以表示为 $(\sin\alpha\cos\beta,\sin\alpha\sin\beta,\cos\alpha)$,抛物面的顶点为 o。考虑测量误差,测量点不在抛物面上,因此,一个测点的误差方程为:

$$
\begin{aligned}
v_i = & [\sin\alpha\sin\beta(Z_i-Z_0)-\cos\alpha(Y_i-Y_0)]^2 + [\cos\alpha(X_i-X_0)-\sin\alpha\cos\beta(Z_i-Z_0)]^2 \\
& + [\sin\alpha\cos\beta(Y_i-Y_0)-\sin\alpha\sin\beta(X_i-X_0)]^2 - 2p[\sin\alpha\cos\beta(X_i-X_0) \\
& + \sin\alpha\sin\beta(Y_i-Y_0)+\cos\alpha(Z_i-Z_0)]
\end{aligned}
\tag{4.6.18}
$$

以上误差方程式为非线性,解算参数时,需要将其线性化并给出参数的初始值。

给初始值时,可以截取旋转抛物面上相距较远的两个截面圆(一般取旋转抛物面上端和下端,如图 4.6.3 所示)。用两个截面圆上的测点分别拟合出两个平面圆的圆心 (X_a,Y_a,Z_a)、(X_b,Y_b,Z_b) 和半径 R_a、R_b(假设 $R_a < R_b$)。

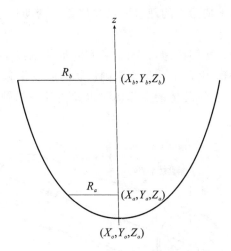

图 4.6.3　初始值获取示意图

由两个平面圆的圆心可以确定 z 轴的方向向量,进而得到旋转角 α、β 的初始值。

$$
\begin{bmatrix} m \\ n \\ l \end{bmatrix} = \begin{bmatrix} \dfrac{X_b-X_a}{\sqrt{(X_b-X_a)^2+(Y_b-Y_a)^2+(Z_b-Z_a)^2}} \\[3mm] \dfrac{Y_b-Y_a}{\sqrt{(X_b-X_a)^2+(Y_b-Y_a)^2+(Z_b-Z_a)^2}} \\[3mm] \dfrac{Z_b-Z_a}{\sqrt{(X_b-X_a)^2+(Y_b-Y_a)^2+(Z_b-Z_a)^2}} \end{bmatrix} \Rightarrow \begin{array}{l} \alpha = \arccos(l), \\[2mm] \beta = \arccos(m/\sin\alpha) \end{array}
$$

在已知轴线方向后,在图 4.6.3 中 z 轴上可以计算顶点 o 的坐标为:

$$
\begin{cases} X_0 = km + X_b \\ Y_0 = kn + Y_b \quad k < 0 \\ Z_0 = kl + Z_b \end{cases}
\tag{4.6.19}
$$

顾及式(4.6.17)有：

$$\begin{cases} R_a^2 = 2p \cdot \sqrt{(X_a - X_0)^2 + (Y_a - Y_0)^2 + (Z_a - Z_0)^2} \\ R_b^2 = 2p \cdot \sqrt{(X_b - X_0)^2 + (Y_b - Y_0)^2 + (Z_b - Z_0)^2} \end{cases} \qquad (4.6.20)$$

联立式(4.6.19)和式(4.6.20)可以解算出 k, X_0, Y_0, Z_0, p，即得 (X_0, Y_0, Z_0, p) 的初始值。

4.7　形位误差测量与评定

4.7.1　形位误差概述

1. 形位误差

按照产品图样加工零件时，因受机床和工夹具的精度、加工工艺、方法以及操作者技术水平等因素的影响，加工出的零件不可能是绝对正确的理想形状和位置。加工零件的实际形状和位置相对图样上所给出的理想形状和位置的变动量，分别称作形状误差和位置误差，总称形位误差。

如图 4.7.1 所示一个理想圆柱体，经加工后实际形状偏离了理想位置，表现在：圆柱体横截面的实际形状不是理想圆，而是呈不规则形状的曲线轮廓，实际形状偏离理想形状的变动量为形状误差。同时，圆柱体的实际轴线也偏离其理想轴线。实际轴线偏离理想轴线的变动量称为位置误差。

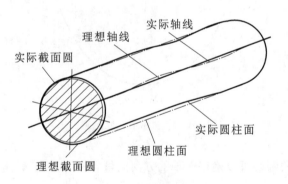

图 4.7.1　形状误差与位置误差

为了保证零件的功能要求，必须控制其形位误差的变动量。为此，在图样上给出了形位公差。形位公差是指图样上所给出的、用以限制零件的实际形状和位置相对于理想形状和位置的变动范围。由此可见，公差与误差是两种不同的概念：公差是图样上给定的、用来限制误差变动范围的技术要求，为一确定值；而误差则是表示加工出的零件实际存在状况，即表示该零件的实际要素相对于理想要素的变动量。零件的加工过程是根据图样上给出的公差要求，采用适当的工艺方法来完成。加工好的零件还必须通过正确的方法进行检测，以判别其误差大小。若误差值小于或等于所给定的公差值，该零件为合格品，否则为不合格品。因此，形位误差检测是机械生产中不可忽视的重要环节。

2. 形位误差分类

形位误差也称为几何误差,其研究的对象都是几何要素,也就是工件上特定部位的点、线、面的尺寸、形状和位置。

几何要素按照结构特征可分为轮廓要素和中心要素。轮廓要素就是表面点、线、面,如圆锥面、圆柱面、球面以及轮廓线等。中心要素就是内部不可见的点和线,如球心、轴线、对称面等,如图 4.7.2 所示。

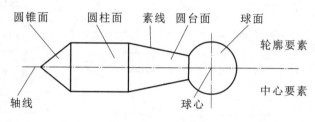

图 4.7.2 几何要素

几何要素按照所处的地位可分为被测要素和基准要素。被测要素就是图样上给出的形位公差的要素,是被检测对象。基准要素则是零件上用于确定被测要素方向或位置的要素。

几何要素按照功能关系可分为单一要素和关联要素。单一要素仅对被测要素本身给出形状公差的要素(如直线度)。关联要素为与零件基准要素有功能要求的要素(如垂直度)。

4.7.2 形位误差与公差带

形状误差是指单一要素的被测实际形状对其理想形状的变动量;位置误差则是指关联要素的被测实际要素对其理想要素的变动量。形状误差和位置误差的表示见表 4.7.1。根据对理想要素的不同要求,位置误差又可具体分为定向误差、定位误差和跳动误差等三类。

表 4.7.1 形位误差的表示方法

误差分类	误差项目	公差符号	误差分类	误差项目	公差符号
形状误差	直线度误差	—	定向误差	平行度误差	//
	平面度误差	▱		垂直度误差	⊥
	圆度误差	○		倾斜度误差	∠
	圆柱度误差	⌀	定位误差	同轴度误差	◎
				对称度误差	=
	线轮廓度误差	⌒		位置度误差	⊕
	面轮廓度误差	⌓	跳动误差	圆跳动	↗
				全跳动	⟋⟋

245

　　限制被测几何要素实际变动量为公差,变动区域为公差带。它表示了几何要素的大小、形状、方向和位置,体现被测要素的设计要求,也是加工和检测的依据。

　　形状公差带包含大小和形状两大因素,其意义见表 4.7.2。

表 4.7.2　形状公差

项目		公差带定义	示例	说明
直线度:限制实际直线对理想直线变动量的一项指标。它是针对直线发生不直而提出的要求。	在给定平面内	公差带是距离为公差值 t 的两平行线之间的区域		圆柱表面上任意一素线必须位于轴向平面内,且距离为 0.02 的两条平行线之间
	在给定方向上	给定一个方向:公差带是距离为公差值 t 的两平行平面之间的区域		棱线必须位于箭头所示方向、距离值 0.02 的两平行平面内
		给定相互垂直的两个方向:公差带是截面 $t_1 \times t_2$ 上的四棱柱内区域		棱线必须位于水平方向距离为公差值 0.02、垂直方向距离为 0.01 的四棱柱内
		任意方向:公差带是直径为公差值 t 的圆柱面的区域		Φd 圆柱体的轴线必须位于直径为公差值 0.02 的圆柱面内
平面度:限制实际平面对理想平面变动量的一项指标。它是针对平面发生不平而提出的要求。		公差带是距离为公差值 t 的两个平行平面之间的区域		上表面必须位于距离为公差值 0.1 的两个平行平面内

项目	公差带定义	示例	说明
圆度:限制实际圆对理想圆变动量的一项指标。它是对具有圆柱面(包括圆锥面、球面)的零件,在一正截面内的圆形轮廓要求。	公差带是同一正截面上半径差为公差值 t 的两个同心圆之间的区域		在垂直于轴线的任意一正截面上,该圆必须位于半径差为公差值 0.02 的两个同心圆之间
圆柱度:限制实际圆柱面对理想圆柱面变动量的一项指标。它控制了圆柱体横截面和轴截面内的各项形状误差,如圆度、素线直线度、轴线直线度等。	公差带是半径差为公差值 t 的两同轴圆柱之间的区域		圆柱面必须位于半径差为公差值 0.01 的两同轴圆柱之间
线轮廓度:限制实际曲线对理想曲线变动量的一项指标。它是对非圆曲线的形状要求。	公差带是包络一系列直径为公差值 t 的圆的两个包络线之间的区域,该圆圆心应位于理想轮廓上		在平行于正投影面的任一截面上,实际轮廓必须位于包络一系列直径为公差值 0.02,且圆心在理想轮廓线上的圆的两包络线之间
面轮廓度:限制实际曲面对理想曲面变动量的一项指标,它是对曲面的形状要求。	公差带是包络一系列直径为公差值 t 的球的两个包络面之间的区域,诸球球心应位于理想轮廓面上		实际轮廓面必须位于包络一系列球的两包络面之间,诸球的直径为公差值 0.02,且球心在理想轮廓面上

定向公差是指关联要素对基准要素在规定方向上允许的变动量,变动区域为公差带。方向公差带相对于基准有确定的方向,公差带的位置是浮动的,分为平行度、垂直度和倾斜度。

定位公差是关联要素对基准在位置上所允许的变动量。变动区域为公差带。位置公差带具有确定的位置,相对于基准的尺寸为理论正确尺寸,分为位置度、同轴度(同心度)和对称度。

跳动公差是关联实际要素绕基准轴线旋转一周或若干次旋转时所允许的最大跳动量,跳动区域为公差带,分为圆跳动公差和全跳动公差。

位置公差的意义见表 4.7.3。

表 4.7.3　位置公差

项目		公差带定义	示例	说明
定向公差	平行度:控制零件上被测要素(平面/直线)相对于基准要素(平面/直线)的方向偏离 0° 的要求。	给定一个方向:公差带距离为公差值 t,且平行于一基准面的两平行平面之间的区域		上表面必须位于距离为公差值 0.02,且平行于基准面 A 的两平行平面之间
		给定相互垂直的两个方向:公差带是正截面尺寸为公差值 $t_1 \times t_2$,且平行于基准轴线的四棱柱内的区域		ϕD 的轴线必须位于正截面公差值 0.01×0.02,且平行于基准轴线 C 的四棱柱内
		任意方向:公差带是直径为公差值 t,且平行于基准轴线的圆柱面内的区域		ϕD 的轴线必须位于公差值为 0.2,且平行于基准轴线 C 的圆柱面内
	垂直度:控制零件上被测要素(平面/直线)相对于基准要素(平面/直线)的方向偏离 90° 的要求。	公差带是距离为公差值 t,且垂直于基准平面(或直线/轴线)的两平行平面(或直线)之间的区域		右侧面必须位于距离为公差值 0.02,且垂直于基准平面 A 的两平行平面之间

项目	公差带定义	示例	说明
定向公差	垂直度:控制零件上被测要素(平面/直线)相对于基准要素(平面/直线)的方向偏离 90° 的要求。	公差带是直径为公差值 t,且垂直于基准平面的圆柱面内的区域	ϕD 的轴线必须位于直径为公差值 0.02,且垂直于基准平面 A 的圆柱面内
	倾斜度:控制零件被测要素(平面/直线)相对于基准要素(平面/直线)的方向偏离某一给定角度($0\sim90°$)的程度	公差带是距离为公差值 t,且与基准轴线成理论正确角度的两平行平面之间的区域	斜面必须位于距离为公差值 0.02,且与基准轴线 A 成 60°的两平行平面之间
定位公差	同轴度:控制理论上应该同轴的被测轴线与基准轴线的不同轴程度。	公差带是直径为公差值 t,且与基准轴线同轴的圆柱面内的区域	ϕD 的轴线必须位于直径为公差值 0.01,且与基准线同轴的一个圆柱面内
	对称度:控制理论上要求共面的被测要素(中心平面/中心线/轴线)与基准要素(中心平面/中心线/轴线)的不重合程度。	公差带是距离为公差值 t,且相对于基准中心平面对称配置的两平行平面直径的区域	槽的中心面必须位于距离为公差值 0.02,且相对基准中心平面 A 对称配置的两平行平面之间
	位置度:控制被测实际要素相对于其理想位置的变动量,其理想位置由基准和理论正确尺寸确定。	线的位置度公差带是直径为公差值 t,且以线的理想位置为轴线的圆柱面内区域	ϕD 的轴线必须位于直径为公差值 0.2,且以相对基准 A、B 所确定的理想位置为轴线的圆柱面内

249

项目		公差带定义	示例	说明
跳动误差	圆跳动:被测实际要素绕基准轴线作无轴向移动。回转一周中,由位置固定的指示器在给定方向上测得的最大与最小读数之差。	径向圆跳动:公差带是在垂直于基准轴线上任一测量平面内半径差为公差值 t,且圆心在基准轴线上的两个同心圆之间的区域		ϕd 被测圆柱面绕基准轴线作无向移动回转,在任一测量平面内的径向跳动量均不得大于 0.02
		端面圆跳动:公差带是在与基准轴线同轴的任一直径位置的测量圆柱面上,沿母线方向宽度为公差值 t 的圆柱面区域。		零件绕基准轴线 A 作无轴向移动回转,在被测端面上任一测量直径处的轴向跳动量均不得大于 0.02
	全跳动:(被测实际要素绕基准轴线作无轴向移动的连续回转,同时,指示器沿理想素线连续移动,由指示器在给定方向上测得的最大与最小读数之差。	径向全跳动:公差带是半径差为公差值 t,且与基准轴线同轴的两圆柱面之间的区域		ϕd 被测表面绕基准轴作无轴向移动地连续回转,同时指示表作平行于基准轴线的直线移动,在 Φd 整个表面上的跳动量不得大于 0.2
		端面全跳动:公差带是距离为公差值 t,且与基准轴线垂直的两平行平面之间的区域		被测端面线 A 作无轴向移动地连续旋转,同时,指示表作垂直于基准轴线 A 的直线移动,整个端面上的跳动量不得大于 0.02

要素的位置公差可以同时控制该要素的位置误差、定向误差和形状误差;要素的定向公差可以同时控制该要素的定向误差和形状误差;要素的形状公差只能控制该要素的形状误差。

4.7.3 形位公差标注

形位公差是评定产品质量的一项重要指标。框格标注法是国际统一表达设计者对被测要素的几何公差要求的标注方法。图 4.7.3 是框格标注法的基本组成要素。

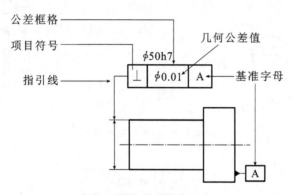

图 4.7.3 形位公差标注要素

形位公差值表示的方法有三种:t 表示公差带的宽度;ϕt 表示公差带为圆柱或者圆形;$S\phi t$ 表示公差带为球形。

如果需要给出被测要求任意一范围的公差值,则用斜线"/"形式标出,例如:

—	0.02/100

:表示任意 100mm 长度内,被测要素的直线度公差为 0.02mm;

▱	0.02/▱200

:表示边长 200mm 的正方形面积内,被测要素的平面度公差为 0.02mm。

被测要素的标注是用带箭头的指引线与其连接,指引线的一侧引自公差框格的任意一侧,指引线的另一侧常见的连接要求为:

(1)当被测要素是轮廓要素时,箭头指向轮廓线或者轮廓线延长线,但要与尺寸线严格分开(图 4.7.4(a))

(2)当被测要素为中心要素时,箭头应对准尺寸线,即与尺寸线重合(图 4.7.4(b))。

(3)受图形限制需表示图中某要素的形位公差时,可以在该要素的投影面上画一小黑点,从小黑点引出参考线(图 4.7.4(c))。

(4)当被测要素是圆锥体的轴线时,指引线应对准圆锥体大端或小端的尺寸线(图 4.7.4(d))。

图 4.7.5 给出了一个零件的公差标注实例,其意义见表 4.7.4。

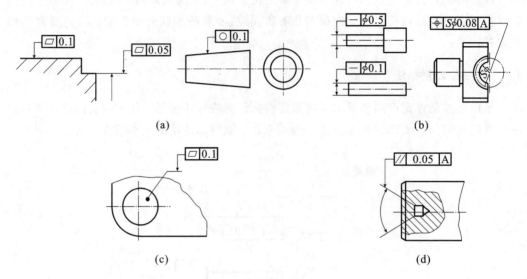

图 4.7.4 指引线引用规则

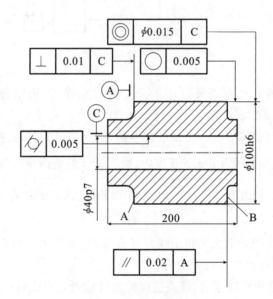

图 4.7.5 公差标注实例

表 4.7.4 公差标注解释

序号	公差标注	标注含义
1	○ 0.005	ϕ100h6 圆柱表面的圆度公差为 0.005mm
2	◎ ϕ0.015 C	ϕ100h6 轴线对 ϕ40P7 孔轴线的同轴度公差为 ϕ0.015mm

续表

序号	公差标注	标注含义
3	⌀ 0.005	φ40P7 孔的圆柱度公差为 0.005mm
4	⊥ 0.01 C	左端的凸台平面 A 面对 φ40P7 孔轴线的垂直度公差为 0.01mm
5	// 0.02 A	右凸面端面 B 面对左凸台端面的平行度公差为 0.02mm

4.7.4　形位误差检测要求和原则

1. 形位误差检测的要求

加工后的零件形位误差是客观存在的,要确切地认识它比较困难。因为构成零件的各个要素,其实际形状和位置的变动量相对零件形体尺寸来讲都是极其微小的。生产中只能采用检测手段去近似地认识。形位误差检测就是利用合适的量具或仪器,测得零件的近似形状和位置,以判别其形位误差值的大小。其目的是判别零件是否符合图样所规定的精度要求,以及根据所测得形位误差变动规律,分析误差产生原因,采取有效措施改进加工工艺,不断提高产品的加工精度。为此,对形位误差检测提出以下要求:

(1) 相对准确性:虽然生产中不可能按照形位误差的定义完全准确地测得误差值,但测量结果应尽可能与零件的实际状况接近。

(2) 经济性:形位误差检测是通过一定的测试手段来完成的,因而要求具备一定的设备条件和技术水平。在保证产品质量的前提下,应选用简易可行的方法。

2. 形位误差检测的原则

为了保证形位误差检测过程在概念上与测量精度一致,并考虑到测量的方便性和经济性,规范标准对形位误差测量过程中需共同遵守的一些基本规则作了规定,作为拟定检测方案和测量的依据。

(1) 评定形位误差时,用通过实际测量所能认识到的要素作为实际要素。

虽然实际要素不能完全正确地认识,但只要达到一定的精确程度,就可以满足零件的精度要求。根据这一规定,形位误差测量可以不对整个要素的所有部位展开,而只要合理地选择测量截面、测点数目及布置方法即可。这些选择应根据被测要素的结构特征、公差大小(即精度高低)、功能要求和加工工艺因素等方面来确定。测点数的多少则应根据被测表面积的大小、加工方法及对测量精度的要求等因素来确定。如经磨削加工或研磨过的表面,一般取较少的测点数即可。

(2) 测量形位误差的标准条件是:标准温度为 20℃,标准测量力为零。

在一般生产条件下,测量精度要求不高时,通常可以不考虑上述影响。如果精度要求较高或环境条件与标准条件差异很大时,应进行测量误差校正。

（3）测量形位误差时，零件的表面粗糙度、擦伤等外观缺陷，应排除在外。

零件的表面粗糙度、擦伤等缺陷不属于形位误差范围，若将其计算在误差中，造成误差值扩大，把一些合格品当成废品，给生产带来不必要的损失。

4.7.5　形位测量基准确定

基准是位置误差检测的基本依据，图样上位置公差要求中给出的基准都是理想要素，而实际加工后零件上的实际基准要素不可避免地存在形状误差，在位置误差检测时，不能直接作为基准使用。因此，要根据实际基准要素建立基准。

1. 基准要素及其分类

零件上用来确定被测要素的方向或位置的要素，称作基准要素，在图样上都用基准符号标注出来。基准要素按几何特征可分为：

（1）点基准：以球心或圆心作为基准。

（2）线基准：以指定的线或轴线、中心线作为基准。

（3）面基准：以指定的表面或中心面作为基准。

按基准要素的构成情况可分为：

（1）单一基准要素：作为一个基准使用的单一要素。如图 4.7.6(a)所示底平面或圆柱面轴线。

（2）组合基准要素：由两个或两个以上的要素构成作为单一基准使用的一组要素，如图 4.7.6(b)所示 A、B 两个圆柱面的轴线所构成的一条公共基准轴线。

（3）基准目标：在零件的基准要素上，指定某些点、线或局部表面，用以构成基准体系的各基准平面。如图 4.7.6(c)所示基准平面是用由 3 个点所确定的平面作为基准平面。

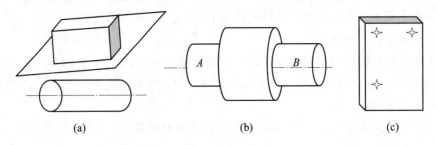

(a)　　　　　　　　　(b)　　　　　　　　　(c)

图 4.7.6　位置基准

2. 基准的建立原则及方法

若直接以实际基准要素来评定被测要素的位置误差，因受自身形状误差的影响，不可能得出统一的误差评定结果。因此，必须根据实际基准要素建立相应的理想要素，作为被测要素定向或定位的基准。

基准的建立原则是：实际基准要素用相应的理想要素取代，且理想要素的位置应符合最小条件。

（1）基准点的建立：点的基准要素通常是指圆心和球心。当以实际圆确定基准点时，按最小条件原则,应以两同心圆包容实际圆,使两圆的半径差为最小,这两同心圆的圆心即为基准点。以实际球面确定基准点时,则应以两同心球包容实际球面,使两球的半径差为最小时,这两同心球的球心即为基准。

(2) 基准直(轴)线的建立:由实标轮廓线建立基准直线时,应将处于实体之外,且符合最小条件的理想直线作为基准直线(图 4.7.7(a))。当以实标轴线建立基准轴线时,应用一圆柱面包容实标轴线,使直径为最小,该理想圆柱面的轴线即为基准轴线(图 4.7.7(b))。

(3) 基准平面的建立:以实际表面确定基准面时,应以一理想平面取代实际表面,该理想平面位于实际表面实体之外,且符合最小条件(图 4.7.7(c))。

(4) 公共基准轴线的建立:由两条或两条以上实际轴线建立公共基准轴线时,应由一条理想轴线来取代,这个理想轴线是包容组合基准的所有实际轴线,且直径为最小的圆柱面的轴线(图 4.7.7(d))。

(5) 公共基准平面的建立:由两个或两个以上实际表面建立公共基准平面时,应由一理想平面来取代。这个理想平面应包容组合基准要素的所有实际表面。距离最小的两平行平面之中,位于零件实体之外的一平面(图 4.7.7(e))。

(6) 公共基准中心面的建立:由两个或两个以上实际中心面建立基准中心面时,应由一理想中心面来取代,即为包容组合基准的所有实际中心面,且距离最小的两平行平面的中心面(图 4.7.7(f))。

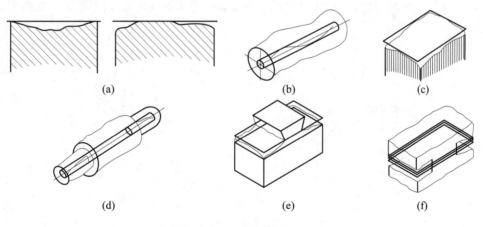

图 4.7.7　基准建立方法

4.7.6　形位误差测量与评定

形位误差测量是评价零件加工质量的重要手段。通过前述的测量技术以及数据处理方法实现对加工零件的几何质量检测,科学合理地评价其质量。表 4.7.1 所列的几何检测内容有很多,这里选择几个比较典型的检测内容进行阐述。

1. 直线度测量与误差评定

直线度测量的对象分为素线和轴线。对于素线,通常采用百分表检测(基于平板作为理想要素,图 4.7.8(a))、水平仪检测(基于水平面作为理想要素,图 4.7.8(b))、准直检测(基于视线或激光束作为理想要素,图 4.7.8(c),图 4.7.8(d))以及三维坐标测量(图 4.7.8(e))。对于轴线一般采用横截面检测法,即按照一定间距测量多个截面,计算截面中心。通过中心连线计算实际轴线的直线度误差,每个横截面法的测量与圆度的测量相同。

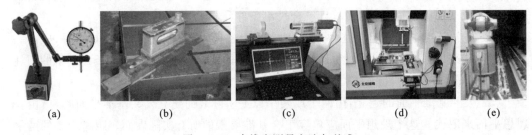

(a)　　　　(b)　　　　(c)　　　　(d)　　　　(e)

图 4.7.8　直线度测量方法与基准

在直线上测量了一系列点后,采用以下准则对直线度误差进行评定。

1) 最小区域法

对给定平面内的直线度误差,用两平行直线包容被测实际线,至少有高低相间的三点接触,即为最小区域,此两平行线间的宽度即为该被测实际线的直线度误差 f,如图 4.7.9 所示。

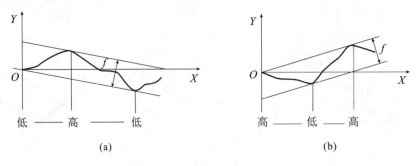

(a)　　　　　　　　　　(b)

图 4.7.9　直线度评定最小区域法

2) 直线拟合法

将平面上的若干测点的二维坐标拟合成一条直线,该直线方向就是基准方向。上下平行移动该直线,使其通过最上面一测点和最下面一测点。上下两条直线间的距离即为该被测实际线的直线度误差 f。

也可以计算所有测点到直线的距离值。距离值为正表示测点在拟合直线之上,距离值为负表示测点在拟合直线之下。最大值和最小值的代数差为该直线的直线度误差 f。

2. 平面度测量与误差评定

在进行平面度测量时,先在被测平面上均匀标记测量点。一般布设成格网,也可以布设成米字线或者环线。平面越大,布点越多,如图 4.7.10(a)所示。

由于任意一平面都可以看成由若干条直线组成,因此,可以用多个截面的直线度误差来综合反映该平面的平面度误差。直线度误差测量所用的方法同样适用于平面度测量(图 4.7.10(b))。

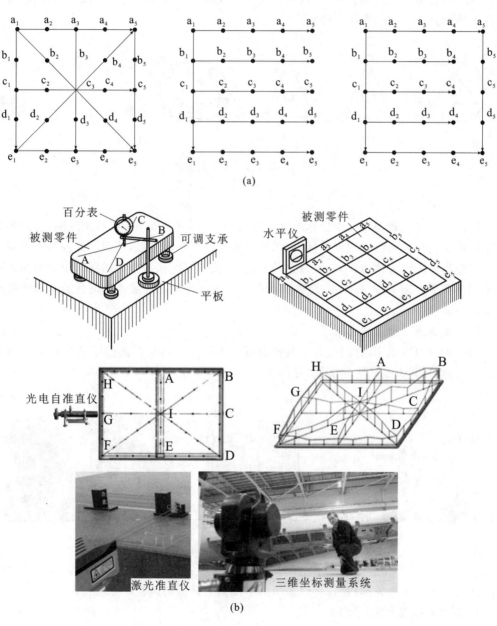

(a)

(b)

图 4.7.10 平面度测点布设与测量

在平面上测量了一系列点后,采用以下准则对平面度误差进行评定。

1)最小包容区域法

(1)三角形准则(图 4.7.11(a)):被测平面上三点与包容平面一接触,还有一点与包容平面二接触,且该点在包容平面一上的投影位于三点内或者三角形的一条边上,两包容平面间距即为被测平面的平面度误差。

(2)交叉准则(图 4.7.11(b)):被测平面上有两个最高点与包容平面一接触,还有两个最低点与包容平面二接触,且两最高点连线与最低点连线在空间呈交叉状态,两包容平面间距即为被测平面的平面度误差。

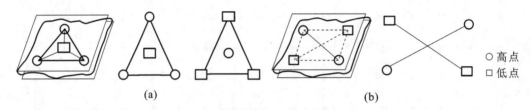

图 4.7.11　平面度评定最小包容区域法

2)拟合平面法

拟合平面法比较适合三维坐标测量系统的测量,测点布设不需要特别规则,只要均匀分布即可。当获取测点的三维坐标以后,可以拟合一个平面方程,然后计算各测点到拟合平面的距离值。距离值为正,表示点在平面之上(或与平面法线方向相同);距离值为负则表示测点在平面之下(或与平面法线方向相反)。最大距离值与最小距离代数差即为被测平面的平面度。

3. 圆度误差测量与评定

圆度测量可以采用圆度仪、分度装置加百分表以及三维坐标测量系统等在工件圆周上均匀采点,获得圆的实际轮廓线(见图 4.7.12)。

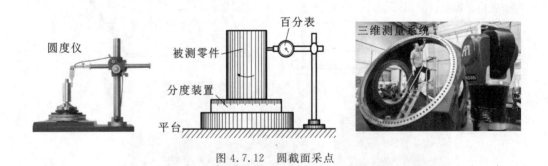

图 4.7.12　圆截面采点

当得到圆的实际轮廓线后,可以采用以下准则对该圆的圆度误差进行评定。

1)最小区域法(图 4.7.13)

用两同心圆去包容被测实际轮廓时,至少应有内外交替四点接触,此时两圆的半径差为最小。该半径差为该实际轮廓的圆度误差。生产中通常采用透明同心圆模板通过试凑的方式包容实际轮廓,直至符合要求为止。

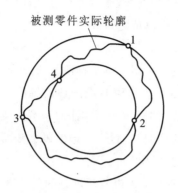

图 4.7.13 圆度评定最小区域法

2) 最小二乘拟合圆法

首先将三维坐标通过坐标转换,得到圆平面的平面坐标;然后利用平面坐标测点拟合圆方程,得到圆心坐标;计算所有测点到圆心的长度;最长长度(外接圆半径)与最短长度(内接圆半径)之差即为圆度误差。

4. 平行度误差测量与评定

平行度误差属于定向误差。定向误差与形状误差的区别在于:定向误差有一个基准,而形状误差的基准是随着测量结果调整的。定向误差测量的技术手段与形状误差测量的技术手段是一样的。定向中的基准可以是已知平台,也可以是通过实际测量获得的基准。

如图 4.7.14(a)采用百分表法测量零件上表面相对于下底面的平行度,以平台表面作模拟基准,使被测零件实际基准表面(下底面)与平板紧密贴合,用百分表测得被测零件上表面的最大与最小读数之差为该零件的平行度误差。

如图 4.7.14(b)采用的水平仪法测量被测零件上台阶面对下台阶面平行度误差。将被测零件放到平台上,通过支承将被测平面与基准平面大致调平。以水平面作为测量基准,用水平仪分别测得被测实际要素和基准要素相对于水平基准的变动量。按照平面度误差计算方法获得基准面,以此基准面计算被测面的平行度误差。

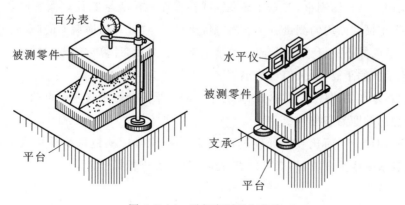

图 4.7.14 平行度测量与基准

259

如果测量了基准平面上和被测平面上的若干均匀分布的三维坐标,首先对基准平面上的测量点进行平面拟合,得到基准面,然后计算被测面的平行度误差:被测平面测点到基准平面的最大距离值与最小距离值之差。

5. 同轴度误差测量与评定

同轴度误差属于位置误差。采用三维坐标测量法或者百分表检测法。

如图 4.7.15(a)所示,用百分表检测右端圆柱面轴线对左端圆柱面轴线间同轴度误差。将被测零件基准圆柱面放在"V"形块上,轴的一端用支承作轴向定位。用百分表测量被测圆柱面上若干个截面的径向跳动量,并记录每个截面上最大与最小读数差,取其中最大的读数差作为该零件的同轴度误差。

如图 4.7.15(b)所示,当零件给出以两端轴颈的公共基准轴线为基准时,若两端基准轴半径尺寸相同,可将其分别放在两个等高的"V"形块上,在被测要素同一横截面位置处上、下各置一个百分表,并分别调零,然后用其沿轴向测量,取百分表在各测量位置对应点读数差值最大值,作为该截面上的同轴度误差。按上述方法测量若干个轴截面,取其中读数差中的最大值作为该零件的同轴度误差。

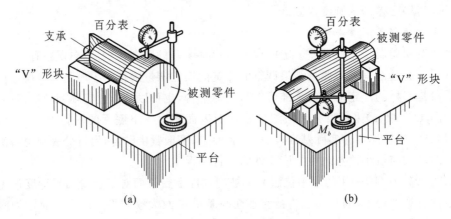

图 4.7.15　同轴度测量与基准

如果采用三维坐标测量,首先在基准轴圆柱表面和被测轴圆柱表面选取若干个正横截面,沿每个正横截面均匀测量若干点的三维坐标,拟合计算出横截面的圆心。然后对基准圆柱的正截面圆心进行直线拟合,获得基准轴线。最后,计算被测轴圆柱各正横截面圆心到此基准轴线的距离,最大值与最小值之差的 2 倍为同轴度误差。

也可以在基准轴圆柱表面均匀测量若干点的三维坐标。用这些测点拟合一个圆柱的方程,圆柱面的轴即为基准轴线。

实际测量时,为了简化数据处理过程,可以将三维坐标测量系统整平或进行数字量平,将被测件水平或垂直放置,就可以直接用二维坐标进行拟合计算。

4.8 工业测量系统软件简介

工业测量软件系统不仅可以控制设备进行数据获取,而且还能对这些获取的数据进行在线或者离线处理,计算相关参数,如精密控制网平差、曲线曲面拟合、模型构建、几何参数计算、产品质量评价以及生成测量报告等。本节介绍几款非常典型的工业测量数据处理系统和软件。

4.8.1 基于角度-距离的工业测量系统软件

1. MetroIn 工业测量系统软件

MetroIn 是由原中国人民解放军信息工程大学研制的,它是由多台高精度电子经纬仪或全站仪构成的混合测量系统。该系统以经纬仪、全站仪等为工具,来获取目标点的空间三维坐标,利用数据库来管理测量数据,并可对测量数据进行初步的几何分析与形状误差的检测。

1) 基本配置

硬件设备为 2 台或多台工业全站仪和工业电子经纬仪、1 台台式计算机或便携式计算机、多路串口转换卡、1 个 T-LINK 8(备选,可接 8 台电子经纬仪)、1 根基准尺、激光目镜及照准标志、与电子经纬仪相配套的高稳定度脚架、联机电缆等。

2) 系统功能

MetroIn 基于 Windows 平台开发。它采用数据库来组织与管理各种测量和非测量数据,直接对数据库操作。

该系统具有多窗口、后台数据采集与测量结果实时显示功能,可设置误差警告提示的颜色,可容纳其他外部数据,可对数据进行点、线、面关系的分析和计算,进行各种规则几何形状的拟合与形状误差的检测,并将数据和结果输出到外部文件。

系统功能主要包括以下几个内容:

(1)设备联机:设备联机包括计算机与经纬仪的连接和经纬仪的初始化。采用键盘模拟技术,由计算机控制经纬仪完成各项初始化参数的设置。

(2)系统定向:完成 2 台或多台角度传感器间的相对定向和绝对定向,通过测站间互瞄,并观测一定数量的物方点或基准尺进行定向解算。在绝对定向时,为消除偶然观测误差的影响,常常会观测多个位置的基准尺。

(3)坐标测量:系统定向完成后,即可进行实时三维坐标测量。根据工件的表面情况,选用专用标志或激光点作为待测点,然后通过逐点观测,确定各点的空间坐标。多台经纬仪的系统在定向完成后可以两台或多台同时开展测量,测量数据显示在屏幕的不同窗口中。全站仪和经纬仪的组合测量系统中,全站仪可单独采集坐标数据,亦可与经纬仪一起采集坐标。对于多台仪器,实际测量时可任选两台或多台组合测量。

(4)数据管理及编辑:内部数据管理器窗口界面的左侧是一树形结构,为数据库的主要列表,如工件、设站、基准尺、反射片和参考库、坐标系等。右侧是左面选中的具体数据库的各个数据库表及其内容显示,如点坐标、观测值等。可编辑各数据记录、添加和删除记录、对记录进行排序。但所有原始观测值只可读,不可更改。

(5) 坐标系的生成与转换:通过平移、旋转、缩放可生成一个新的坐标系。

(6) 测量数据分析与计算:依据坐标测量结果可进行点、线、面的分析和计算。如点、线、面之间的距离;线线、线面之间的角度;点线、点面、线线、线面等之间的平行/垂直/平分关系的分析与计算;利用测量数据拟合生成标准形状;对直线、平面和圆等形状误差进行检测;拟合生成的各种几何形状可以存入数据管理器的形状库中。

(7) 参考数据的放样与测量:将理论的设计数据输入到参考库中,通过测量恢复设计坐标系后,将设计数据转换成相应的角度信息,并在实地指示出来。

(8) 数据的输入、输出:MetroIn 系统不仅使用它本身的数据,也能兼容外部数据。可将外部数据直接输入到某指定工件并转换到特定坐标系中,点坐标及其观测值可以输出到相应格式的文件中,定向的结果可以打印输出。

(9) 三维图形显示:联机或脱机测量数据可以多角度三维可视化显示,其中包括离散点显示、拟合计算的基本几何形状(如直线、平面、圆柱、球等)显示等。

2. STMS 工业测量系统软件

索佳 STMS(Sokkia Total station Industrial Measurement System)是一个以系统软件为核心,集成索佳高精度全站仪及各种附件于一体的工业测量系统。系统以空间前方交会和空间极坐标测量原理为理论基础,通过获取角度或距离信息得到目标点的空间三维坐标,用于大型工业产品、部件以及生产、实验设备的空间大尺寸几何测量或调试安装。STMS 可通过不同软硬件配置形成多台全站仪混合测量系统、单台全站仪极坐标测量系统,灵活解决工程中的具体工作及特殊测量问题。

1) 基本配置

(1) 单台专业型工业测量系统(STMS_S):单台工业全站仪和软件,极坐标法测量空间三维坐标。

(2) 多台专业型工业测量系统(STMS_M):多台型工业测量系统软件可管理多台仪器,支持多台仪器间的互瞄定向,灵活建立空间坐标系等。系统采用了极坐标和前方交会混合式空间三维坐标测量。将 2 台或 2 台以上的工业全站仪组合在一起,既可由其中 1 台全站仪按极坐标原理测量空间点三维坐标,也可由 2 台或 2 台以上全站仪联合,按角度前方交会原理测量空间点三维坐标,即多台全站仪混合测量系统(交会测量在 5m 左右的范围之内点位测量精度可优于±0.1mm,极坐标测量在几十米的范围内测量精度比较均匀且点位精度可优于±0.5mm)。

2) STMS 系统功能

索佳 STMS_S/M 系统软件的主要功能是实现计算机与 1 台或多台全站仪的联机通信,分窗口管理不同仪器组合,具有测量数据、质量实时监控功能等。

(1) 测量坐标系的建立与空间点三维坐标的获取:系统提供多种坐标系的建立功能,并支持多次搬站和坐标系转换,在统一的坐标系中获取空间点三维坐标。

(2) 丰富的几何形状拟合计算功能:包括直线拟合(直线度)、平面拟合(平面度)、圆拟合(圆度)、椭圆拟合、椭球拟合、球拟合(球面度)、圆柱面拟合(圆柱度)、圆锥面拟合、抛物线拟合、抛物面、双曲面拟合。利用这些功能,可以对各种标准工件的形位误差进行检测。

(3)几何形状之间关系计算功能:在几何形状拟合计算的基础上,软件还能提供相交、平行、投影、角度、距离等分析功能,可以测量平行度、垂直度、同轴度、同心度、铅垂度等各种检测量。

(4)CAD模型比较功能:CAD模型比较功能可以将全站仪测量的离散点三维坐标与设计的CAD模型进行比较,准确显示出实际产品与其设计间的误差大小及分布。

3. Leica Axyz 工业测量系统软件

1)基本配置

Leica Axyz 工业测量系统软件包括多台高精度电子经纬仪、工业全站仪、激光跟踪仪等硬件设备和设备控制软件,还包含了台式或便携式电脑、碳纤维尺、高稳定度三脚架、联机电缆、双串口 PC 卡等附件。

2)软件功能

系统软件包括 1 个核心数据管理模块(CDM)和 4 个应用模块,即全站仪测量模块(STM)、多台经纬仪测量模块(MTM)、激光跟踪测量模块(LTM)和其他模块。主要功能如下:

(1)系统参数设置:包括角度单位、长度单位、温度单位、气压单位、坐标系类型、各种限差警告和基准尺参数等的设置。

(2)设备联机:计算机与设备初始化,即检测各通信端口的连接状况和所连仪器的类型,建立系统测量的测站。

(3)系统定向:即完成两台或多台经纬仪间的相对和绝对定向,通过互瞄、观测一定数量的物方点和基准尺自动完成。

(4)坐标测量:系统建立后进行目标点实时三维坐标测量。

(5)数据编辑处理:具有数据管理模块,可以对工件名、测站及坐标系等进行统一管理,可以编辑各数据记录、删除记录和对记录排序等。

(6)数据分析和计算:依据坐标测量结果进行各种点、线、面的分析和计算。

(7)数据的输入、输出与显示:可将外部数据直接输入某指定工件,并能转换到特定坐标系中。各种数据也可以输出到相应类型格式的文件中,能够用三维图形直观地显示三维测量数据和分析数据结果。

4. 辰维科技 SMN 工业测量系统软件

1)基本配置

郑州辰维科技股份有限公司研制的 SMN 由测量传感器(电子经纬仪、全站仪、激光跟踪仪等)、系统软件、测量附件(通信控制器、联机电缆、测量标志、测量工装、支撑脚架、基准尺等)组成。系统可以通过不同的软件、硬件配置,形成不同的单传感器测量系统和多传感器混合测量系统。

2)系统的主要特点

(1)软件支持电子经纬仪、全站仪、跟踪仪、数码像机等多种传感器,可与多台仪器联机实时测量(最多 64 台),适用于大型复杂、多自由度对象的测量。

(2) 软件可以接入实时、非接触、移动式、大尺寸等多种测量系统,既能实现对静态物体的测量,也可实现对运动物体的动态跟踪测量,测量范围覆盖几米、几十米甚至数百米,精度高达 1∶100000。

(3) 坐标系统的建立采用了独创的"基于空间有向线束交会"系统标定方法,适用范围广。

(4) 强大的数据处理与分析功能涵盖了各种几何量的求解与评价,友好的三维可视化界面使各种测量变得非常简便、直观。

(5) 可依据用户需求实现模块定制及测量流程自动化。

4.8.2　工业摄影测量系统软件

1. MPS 系统软件

MPS 系统是郑州辰维科技股份有限公司开发的工业摄影测量系统,分单相机测量系统和多相机实时测量系统,如图 4.8.1 所示。

图 4.8.1　MPS 单相机测量系统和双相机实时测量系统

1) 单相机测量系统(MPS/S)

单相机测量系统(MPS/S)采用高分辨率量测相机,在不同位置、多个方向对静态物体拍摄多幅数字图像,经数据处理后获取点的三维坐标,并依据点的三维坐标对工件进行几何尺寸检测、变形监测和逆向工程分析等。系统具有精度高(最高达 $3\mu m+3ppm$)、非接触、自动化、超便携等特点,主要用于航空、航天、通信、造船、重工业、汽车制造等大型工业产品、生产设备、实验设施等的空间几何尺寸的检测。

2) 多相机测量系统(MPS/M)

多相机测量系统(MPS/M)通过控制器来控制 2 台或者多台高精度实时摄影测量相机实时采集图像,经过前方交会获取特征点的三维坐标,对动态工件的位置、姿态及运动参数进行实时测量。该系统具有精度高(最高精度达 $6\mu m+6ppm$)、测量频率高(最高帧速达 1000fps)、分辨率高(分辨率 29M 像素)、超便携和高稳定性等特点,广泛应用于变形监测、振动监测、自动安装测量与控制等高动态、多目标的实时测量。

2. V-STARS 系统软件

V-STARS(Video-Simultaneous Triangulation and Resection System)系统是美国 GSI 公司研制的工业数字近景摄影三坐标测量机,该系统的组成附件如图 4.8.2 所示。

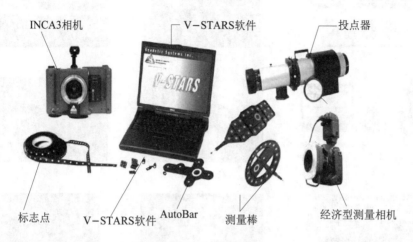

图 4.8.2 V-STARS 系统组件

V-STARS 系统可以采用两种测量方式,单相机系统和双(多)相机系统。而依照不同的相机,又分为智能单相机系统(V-STARS/S)、经济型单相机系统(V-STARS/E)和智能多相机系统(V-STARS/M)。

1)智能单相机系统 V-STARS/S

该系统主要用于对静态物体的高精度三维坐标测量,而且便携。测量时,先在被测物体上贴上回光反射标志,或者是通过投点器投点,或者是探测棒上的点。然后手持 INCA 相机,在不同的位置和方向对同一物体进行多个位置和角度拍摄。V-STARS 软件自动处理读入的照片,自动处理(标志点图像中心自动定位、自动匹配、自动拼接和自动平差计算)得到特征标志点的精确三维坐标。典型测量精度为 $\pm(4\mu m + 4\mu m/m)$。

2)经济型单相机系统 V-STARS/E

经济型单相机系统采用了一般商用相机,测量精度相对较低,主要应用于对静态物体的中等精度测量工作,测量精度为 $\pm(10\mu m + 10\mu m/m)$。

3)智能多相机系统 V-STARS/M

采用 2 台或 2 台以上的 INCA 相机,测量时通过软件控制相机拍摄相片,可以同时测量被测物体上的特征标志点集,适合动态物体的测量,包括变形测量。也可以通过辅助测量棒实现单点测量和隐藏点测量。配合投点器使用的双相机系统,测量精度可达 $\pm(8\mu m + 8\mu m/m)$。

3. 其他系统软件

其他工业摄影测量系统软件,如原解放军信息工程大学的 MetroIn-DPM(图 4.8.3(a))、西安交通大学的 XTDP(图 4.8.3(b))、北京普达迪泰科技有限公司的工业数字摄影测量系统软件 IDPMS(图 4.8.3(c))、德国 AICON 3D 的 DPA-Pro(图 4.8.3(d))系统软件等,

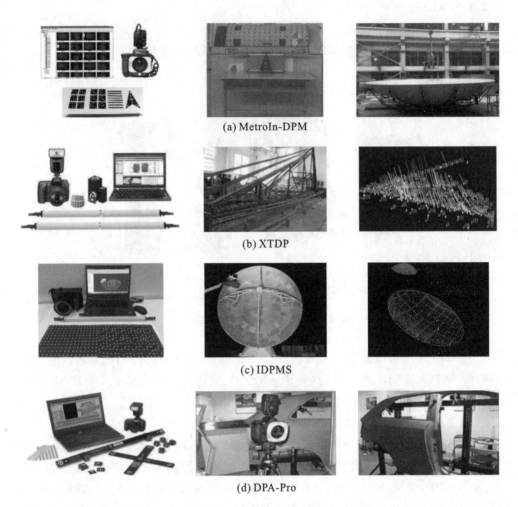

(a) MetroIn-DPM

(b) XTDP

(c) IDPMS

(d) DPA-Pro

图 4.8.3　数字摄影测量系统软件

都在工业测量中发挥着重要作用。

4.8.3　点云处理软件

1. PolyWorks

PolyWorks 是加拿大 InnovMetric 公司的一款工业测量数据处理软件,是一款支持多种不同品牌设备的通用软件平台,可以连接关节臂式坐标测量机、激光跟踪仪、白光扫描仪、激光扫描仪、摄像机、工业 CT 等。图 4.8.4 是其工程管理器的主界面。

PolyWorks 具有强大的点云检测及分析功能,帮助客户更快速地了解零件的尺寸缺陷。调装检测功能具有的实时误差显示、自动视角、高亮当前曲面等工具,使得调装检测更简单。

PolyWorks 也是一款快捷方便的逆向软件。它具有最佳的自适应三角化网格技术、强大的自动补孔、抽取特征线、自动生成 NURBS 曲面、局部逆向重构以及快速草图等

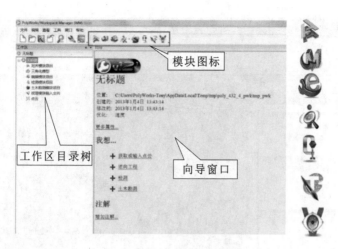

图 4.8.4 PolyWorks 工程管理器主界面

功能。

PolyWorks 数据获取、检测和逆向工程的主要模块有：

（1）配准模块：实现不同坐标系下的点云配准；

（2）合并模块：将点云创建一个高质量的三角化模型；

（3）编辑模块：改进三角化模型，创建 NURBS 曲面；

（4）压缩模块：压缩并简化三角化模型；

（5）检测模块：将点云、扫描或探测数据直接输入检测模块后检测并测量扫描零件；

（6）纹理模块：为压缩或简化的三角化模型重新创建原有模型的纹理；

（7）检视模块：查阅一个检测项目或查看三角化模型；

（8）参数设置模块：用于硬件和软件的相关参数设置。

2. Geomagic Studio

Geomagic Studio 是由美国 Raindrop Geomagic 出品的逆向工程软件。Studio 可方便地从扫描所得的点云数据中创建完美的多边形模型和网格，并可自动转换为 NURBS 曲面。该软件主要包括 Qualify、Shape、Wrap、Decimate、Capture 等五个模块。Geomagic Studio 12 建模界面如图 4.8.5 所示。

主要功能包括：

（1）对点云进行预处理，包括去噪、重采样。

（2）自动将点云数据转换成多边形。

（3）多边形处理，主要有删除丁状物、补洞、边界修补、重叠三角形清理等。

（4）把多边形转换成 NURBS 曲面。

（5）纹理贴图。

（6）输出与 CAD/CAM/CAE 匹配的文件格式（IGES、STL、DXF 等）。

采用 Geomagic Studio 进行数据处理的工作流程如图 4.8.6 所示。

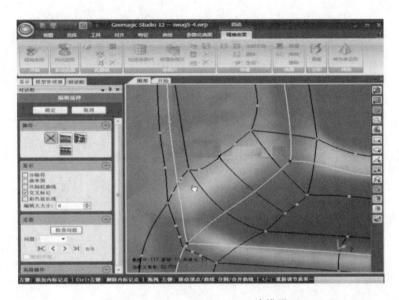

图 4.8.5　Geomagic Studio12 建模界面

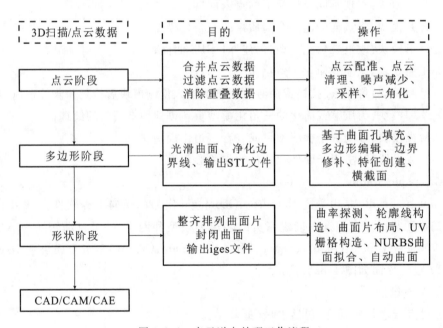

图 4.8.6　点云逆向处理工作流程

Geomagic Qualify 是一款逆向检测分析软件(见图 4.8.7)。使用 Geomagic Qualify 可以迅速检测三维数模与扫描点云之间的差异,Geomagic Qualify 以直观易懂的图形比较结果来显示两者的差异。应用于产品的首件检验、生产线上或是车间内检验、趋势分析、二维和三维几何形状尺寸标注并自动生成格式化的报告。可以在 CAD 模型和实体构造部件之间进行快速明了的图形比较,自动生成报告。

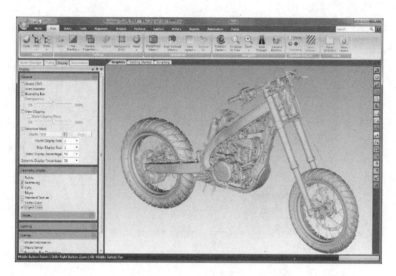

图 4.8.7　Geomagic Qualify 界面

4.8.4　空间测量分析软件 SA

SA(Spatial Analyzer)软件由美国 NRK（New River Kinematics)公司研发,是专为大尺寸三维测量应用分析而配套的测量软件。它是一款独立于测量仪器、可追溯的 3D 图形化软件平台,是一款功能强大、可溯源的多用途测量软件包。其核心是一个功能强大的高级分析引擎,与高效率的数据库和数据存储方法结合在一起,使得 SA 软件可以进行大量数据的分析计算。高级分析功能还包括表面分析、多台激光跟踪仪转站平差、不确定度分析等。

SA 还提供多种数据输出和报表格式。SA 允许用户迅速获取测量数据,检查数据的有效性,并进行复杂分析。SA 可以方便地集成其他设备,例如激光跟踪仪、便携式 CMM、经纬仪、激光扫描仪等,它为每个设备提供简单的通用接口,使得复杂的测试任务可以在一个集成环境下实现。

SA 的图形环境支持加载多种格式的 CAD 模型(包括 IGES、ASCII、VDA、DMIS、Geodetic Services Inc、VSTARS、DXF 文件等),并可以转化为 ISO STEP 标准格式或其他工业标准格式,对 CATIA、UG 和 ProE 等还提供多种选配接口实现数据交换。SA 工作界面如图 4.8.8 所示。

4.8.5　PC-DMIS 计量与检测软件

PC-DMIS 是海克斯康研发的、包含多个不同应用场合的联机工业测量数据处理的软件。PC-DMIS 家族软件具有强大的测量功能、简洁的操作界面、直观的报告输出模式(见图 4.8.9)。

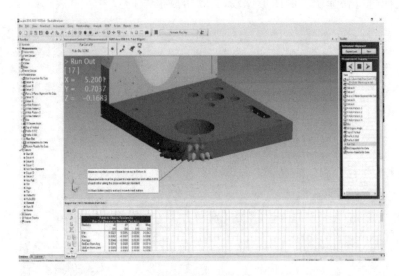

图 4.8.8　SA 工作界面

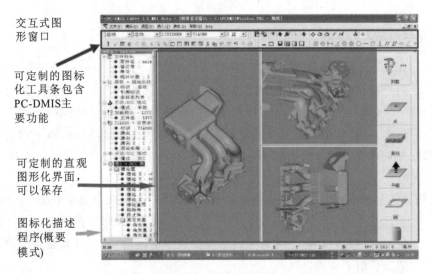

图 4.8.9　PC-DMIS 界面

通用测量软件 PC-DMIS CAD++包含的主要功能：

（1）基础形位（点、线、面、体）及其公差的测量，同时具备下拉菜单及图形界面方便操作；

（2）可直接与 CAD 软件相连接，进行测量比对，实现在线检测；

（3）可利用其内部语言环境，或外部 VB/VC 进行编程，实现自动测量；

（4）检测数据可直接与 Execl 连接，导出后进行脱机分析、编程及逆向工程；

（5）具有一些特殊的测量模块实现特殊测量要求，如薄壁件的测量。

在 PC-DMIS CAD＋＋功能的基础上,根据不同的场景,海克斯康又开发了基于影像测量的 PC-DMIS Vision、基于机床加工在线测量的 PC-DMIS NC 和基于 CAD 和测量设备直接无缝连接的 PC-DMIS INSPECTION PLANNER 等。

4.8.6　Metrolog XG 测量软件

由法国专业测量技术集团公司 Metrologic Group 开发的一款三维测量软件(见图4.8.10)。功能如下:

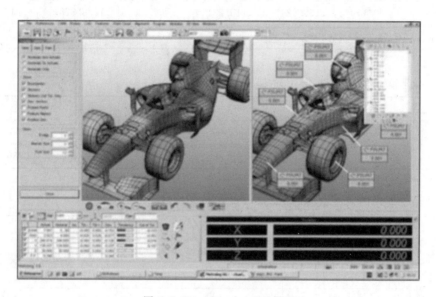

图 4.8.10　Metrolog XG 界面

(1) 完全支持所有通用标准,例如,DMIS 标准和 IGES 标准等。

(2) 实现工件几何特征量的直接测量,并能够完成几何关系的计算、构造和形位公差的评价与分析。

(3) 测量基本元素,包括点、直线、平面、圆柱、圆锥、槽、球、椭圆、圆弧、圆环、截线等。

(4) 实现直线度、平面度、圆度、圆柱度、圆锥度、圆环、球度等以及平行度、垂直度、角度、对称度、位置度、同轴度、同心度、圆跳动和全跳动等的评价。

(5) 曲线、曲面扫描检测功能。

(6) 实现零件坐标系的建立及转换。

(7) 除笛卡儿坐标系外,还同时提供极坐标系、球坐标系和柱坐标系等。

(8) 测头管理系统模块。

(9) 测量路径模拟及防测头碰撞检测功能。

(10) 极其丰富的 CAD 输入输出接口及操作选项(平移、旋转、分层、选取等)。

(11) 极其丰富的数据输出格式和文字/图形检测报告输出模块。

(12) 强大且丰富的专用模块。

思考题

1. 绘图说明基于代数距离原则和基于垂直距离原则的区别。

2. 根据下表中所示测量数据,采用两种准则进行直线拟合,并对拟合参数进行比较分析。

序号	1	2	3	4	5	6
x/mm	1111.005	1125.524	1143.281	1164.39	1188.825	1216.659
y/mm	2998.621	2987.815	2967.582	2937.919	2898.831	2850.314

3. 根据下表中的测量数据,计算圆心坐标和圆半径。

序号	1	2	3	4	5	6
x/mm	2376.61	749.304	568.866	9.664	1707.851	2650.842
y/mm	2493.915	2770.835	2675.805	952.705	68.655	836.365

4. 根据下表中的测量数据,计算球心坐标和球半径。

序号	1	2	3	4	5	6	7	8	9
x/mm	154.673	90.968	181.063	205.836	81.046	90.673	286.444	144.297	159.527
y/mm	213.989	204.733	150.72	252.755	226.983	86.449	220.158	235.543	13.86
z/mm	32.349	69.275	3.031	70.136	154.863	49.644	89.599	233.706	68.074

序号	10	11	12	13	14	15	16	17	18
x/mm	320.817	229.074	86.057	242.789	285.288	194.844	170.352	268.873	263.631
y/mm	186.511	192.597	94.354	0.607	176.866	112.716	10.847	29.24	110.321
z/mm	146.316	268.616	239.538	125.121	240.982	287.368	220.689	205.109	265.866

5. 根据下表中的测量数据,选 4 个点计算坐标转换参数,用一个点进行转换验证。

点号	源坐标系			目标坐标系		
	X/m	Y/m	Z/m	X/m	Y/m	Z/m
A	1.552	2.488	0.268	63.505	70.279	0.457
B	0.212	1.984	0.176	64.227	71.517	0.425
C	1.724	2.96	0.295	63.013	70.186	0.416
D	0.3	2.113	0.126	64.094	71.449	0.357
E	0.762	2.051	0.086	64.085	70.982	0.332

6. 绘图说明什么是零件的形位误差。

7. 为检定一长 1000mm 的矩形一级平尺的直线度,采用分度值为 0.005mm/m 的水平仪,采用节距法测量,跨距为 100mm,测量结果如下表,计算平尺的直线度。

序号	1	2	3	4	5	6	7	8	9	10
测量位置/mm	000—100	100—200	200—300	300—400	400—500	500—600	600—700	700—800	800—900	900—1000
读数(格)	0	+2	−1	−2	−1	+3	+3	−2	+1	−2

8. 在基准平面上,用百分表测量一块 400mm×400mm 平板的平面度误差,测量数据如下图所示,单位为微米。计算该平板的平面度。

0	+50	+10
−30	+80	+5
+10	−40	0

9. 如下图所示,用水平仪分别在基准面和被测表面沿长度方向按照节距法进行测量,跨距为 100mm,共测量 8 段。将每段偏格读数转换成相对高差列于下表。计算实际被测表面的平行度误差。

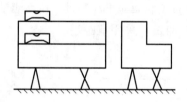

测量序号		0	1	2	3	4	5	6	7	8
基准实际要素	读数/um	0	+5	+10	−5	+5	−5	+10	+5	+5
被测实际要素	读数/um	0	+5	+10	−5	+10	+5	−10	−5	+5

10. 设计一个偏心标志实现全站仪对隐蔽点的测量。

11. 如下图所示尺寸约 1000mm×500mm×200mm 的机器零件,需要测量两个轴孔 A 和 B 间的轴间距,请设计测量方案。

第5章 工业测量技术的实际应用

如前所述,工业测量各种技术有其自身特点和适用空间。因此,根据实际工程的特点,合理选择和组合这些工业测量技术以及相应的数据处理方法,是高效完成工业测量任务的关键所在。本章主要介绍了针对不同工程对象所采用的工业测量技术、方法及数据处理的实例。通过这些实例可进一步理解工业测量的特点和实际作业流程。

5.1 形状误差计算

5.1.1 直线度误差计算

直线度误差是实际直线相对于理想直线的跳动量。直线度误差测量的技术手段有很多,主要分为两种测量技术:①直接测量法:直接测量出直线上一定间隔的点偏离基准线的距离,可采用百分表,三维测量技术以及全站仪(经纬仪)小角度法等测量技术。②间接测量法:测量每一小段直线(节距,一般为 100mm 或 200mm)相对于基准线的夹角,然后换算成距离,再通过累加的方法得到直线上一定间隔的点偏离基准线的距离,这种方法也叫节距法,可采用倾斜仪、自准直仪和激光干涉测量+角度测量组件等测量技术,如图 5.1.1 所示。一般短距离直线度误差测量多采用节距法。

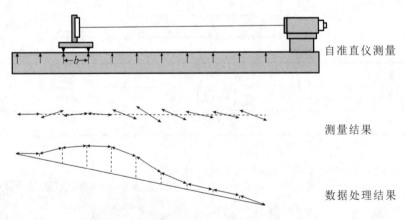

图 5.1.1 自准直仪基于节距法的直线度测量

用分度值为 0.01mm/m 水准管倾斜仪测量一长度为 600mm 的平面导轨的直线度误

差。采用节距100mm,将被测要素分成六段测量,测量的结果如表5.1.1中的第三行。对测量结果进行处理:累加各段的格值和对应的距离列于表5.1.1中第四行和第五行。计算该平面导轨直线度误差。

表 5.1.1　水准管倾斜仪测量结果

节点号	0	1	2	3	4	5	6
至起始点距离/mm	0	100	200	300	400	500	600
测量值/格	0	+9	+18	−9	−3	−9	+12
累计值/格	0	9	27	18	15	6	18
累计值/μm	0	9	27	18	15	6	18

注:倾斜仪的分度值为0.01mm/m,也就是气泡偏离中心点一格,1m长度对应的高差为0.01mm。因此,1格的偏离在100mm的步距上对应的偏差值为:1格×0.01mm/1000mm×100mm=0.001mm,即1μm。

根据表5.1.1中的累计值,绘制实测直线的折线图,如图5.1.2所示。

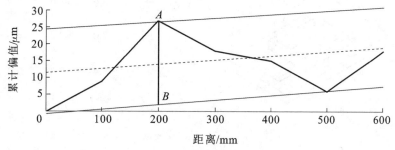

图 5.1.2　直线度测量值

计算直线度误差,首先需要根据实际测量值确定理想直线。这里以两种理想直线确定原则为例进行计算。

1. 最小包容区域法

根据图5.1.2中的两低一高三个点确定包容区域线(图5.1.1中上下两根平行直线)。两包容线之间在纵坐标方向的最大长度为 AB 长,其通过三角形相似比计算而得 $AB = 24.6\mu m$。

2. 直线拟合法

利用表5.1.1中的第二行和第四行的数据拟合直线方程为:$y = 0.0129x + 9.42$(图5.1.2中的虚线),该直线为理想直线。由此计算拟合残差依次为$(9.4, 1.7, -15.0, -4.7, -0.4, 9.9, -0.8)\mu m$。因此,直线度误差就是残差波动最大范围,即$9.9 - (-15.0) = 24.9\mu m$。

将图5.1.2中的纵坐标和横坐标统一成相同的长度单位(μm)后拟合直线:

$y=1.29\times10^{-5}x+9.42$。计算的各点到该拟合直线的距离(去掉点到直线距离公式中的绝对值号)依次为$(-9.4,-1.7,15.0,4.7,0.4,-9.9,0.8)\mu m$。其中,位于直线上方的距离为正值,位于直线下方的距离为负值,最大值正值与最小负值之差 $15-(-9.9)=24.9\mu m$,即为直线度误差。

理想直线确定方式不同,计算的直线度误差是有区别的,一般以最小包容区域为准。当测量点足够多时,采用拟合的方式可以得到很好的结果。

5.1.2　平面度误差计算

平面度误差就是实际平面相对于理想平面的变动量。由于任意一平面都可以看成由若干条直线组成,因此,可以用若干个截面的直线度误差测量来综合反映该平面度误差。不论是直接测量还是间接测量,最终都可以换算成直接测量值。

如图 5.1.3(a)所示采用百分表测量了加工平面上的 9 个点,测量结果如图 5.1.3(b)所示,单位为 μm。

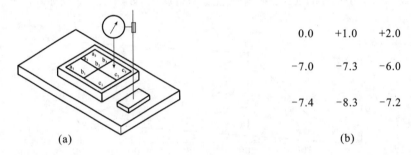

0.0	+1.0	+2.0
-7.0	-7.3	-6.0
-7.4	-8.3	-7.2

(a)　　　　　　　　　　　　　(b)

图 5.1.3　平面度测量

要确定平面度误差,首先必须根据测量结果确定理想平面。这里以三远点法、三角形准则和拟合平面法为例进行说明。

1. 三远点法

三远点法的理想平面是包含实际测量平面上距离较远的三个点所组成的一个平面。一般采用旋转法计算。旋转法处理步骤为:

(1) 选择旋转轴,使各点的数字关系符合判断准则。

(2) 确定旋转量,使旋转后两目标点的数值相等。

(3) 计算转换后的数值,若不符合判断准则,则重复第(1)(2)步。直到符合准则为止。

将 9 个测点的测量值看成一个 3×3 的矩阵 $\boldsymbol{A}$。三远点法就是通过旋转变换使三个相距较远的点的值相等(相当于这三个点在同一个高程面上,此为理想平面,也叫数字置平),如 $A_{11}=A_{13}=A_{32}$。

先以 A_{11}—A_{31} 为旋转轴,旋转量为 x,使 $A_{11}=A_{13}$;然后以 A_{11}—A_{31} 为旋转轴,旋转量

为 y，使 $A_{11}=A_{13}=A_{32}$。两次旋转后，原测量值矩阵变为：

$$\begin{bmatrix} 0+0x+0y & 1+1x+0y & 2.0+2x+0y \\ -7.0+0x+1y & -7.3+1x+1y & -6.0+2x+1y \\ -7.4+0x+2y & -8.3+1x+2y & -7.2+2x+2y \end{bmatrix}$$

两个转动量应满足 $A_{11}=A_{13}=A_{32}$，即 $0=2+2x=-8.3+x+2y$。解这两个线性方程得到：$x=-1$，$y=4.65$。代入以上矩阵为：

$$\begin{bmatrix} 0 & 0 & 0 \\ -2.3 & -3.7 & -3.4 \\ +1.9 & 0 & +0.1 \end{bmatrix}$$

由此可以得到平面度为：$1.9-(-3.7)=5.6\mu m$。

如果选三远点为 A_{12}、A_{31} 和 A_{33}，则通过类似的旋转变化后的结果为：

$$\begin{bmatrix} 0 & +0.9 & +1.8 \\ -2.8 & -3.2 & -2.0 \\ +0.9 & -0.1 & +0.9 \end{bmatrix}$$

由此得到的平面度为：$1.8-(-3.2)=5.0\mu m$。由此可见，选择的三个远点不同，计算的平面度误差是有差别的。

2. 三角形准则（最小区域法）

上述三远点 A_{12}、A_{31} 和 A_{33} 的转换结果不满足三角形准则，需要继续变换。为此，选择最大正值 A_{13}、A_{31}、A_{33} 构成旋转轴，同样的过程得到的结果为：

$$\begin{bmatrix} 0 & 0.9 & 1.8 \\ -2.3 & -2.8 & 1.6 \\ 1.8 & -0.8 & 1.8 \end{bmatrix}$$

由最大值的三个远点 A_{13}、A_{31}、A_{33} 的三角形内包含了其中的最小值 A_{22}。由此得到平面度误差为 $1.8-(-2.8)=4.6\mu m$。

3. 平面拟合法

将图 5.1.3(b) 矩阵测量值转换成三维坐标分别为：$(1,1,0)$，$(1,2,1.0)$，$(1,3,2.0)$，$(2,1,-7.0)$，$(2,2,-7.3)$，$(2,3,-6.0)$，$(3,1,-7.4)$，$(3,2,-8.3)$，$(3,3,-7.2)$。用这 9 个点拟合平面方程为：$z=-4.3167x+0.5333y+3.1000$。各拟合点的残差为：

$$\begin{bmatrix} +0.7 & +1.1 & +1.6 \\ -2.0 & -2.8 & +1.9 \\ +0.5 & +0.5 & +1.1 \end{bmatrix}$$

残差的最大跳动量即平面度误差：$1.9-(2.8)=4.7\mu m$，与三角形准则相当。

在进行平面度误差计算时，如果点数较小且分布规则，宜采用三角形准则，如果点数较多，则宜采用平面拟合法。

5.2　光学准直测量应用

5.2.1　短边方位角传递

很多设在室内的设备需要标定其地理方位角(或者天文方位角),这就要将室外测量的地理方位角传递到室内,通常采用导线的方式逐点传递。这些相邻导线点之间不乏有一些超短边。同样,对一些卫星天线而言,其主轴的方位角的安装是非常重要的参数,但主轴非常短,难以达到安装精度。利用光学准直原理可以很好地解决这类问题。

1.天线坐标系定向

在安装通信卫星地面接收天线反射面时,为了检测安装形状和位置是否符合设计要求,需要将天线坐标系与地面测量坐标系统一。为此,需要精确知道天线坐标系的 Z' 轴在地面测量坐标系的方向角和高度角(精度要求 $10''$)。如图 5.2.1(a)所示,Z' 轴是一个长仅 400mm、横截面直径为 400mm 的空心圆柱形主轴。

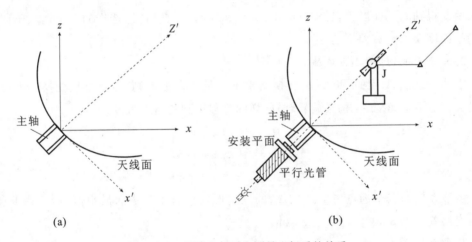

(a) 　　　　　　　　　　　　　　　(b)

图 5.2.1　天线坐标系和测量坐标系的关系

方案 1:标定出圆柱形上下两个端面的中心,测量其大地坐标,再用这两点的坐标推求其方向角和高度角。根据式(2.3.3)可以计算对圆柱两个端面的中心相对标定精度要求为:400mm $\times 10''/206265'' = 0.02$mm。这种精度在安装现场是难以达到的。

方案 2:在主轴底面上安置一个望远镜,如图 5.2.1(b)所示。先将望远镜的视准轴调控到与其安装平面垂直,然后将望远镜套入圆柱形主轴(安装平面与主轴底面连接的对中和密合精度可以由机械加工保证)。这样,基本可以保证望远镜视准轴与主轴 Z' 重合。将望远镜焦距调至无穷远,望远镜就成为一个平行光管。

在对面 J 点架设一台经纬仪,使其横轴中点近似在 Z' 轴上。微调经纬仪的位置,使经纬仪精确瞄准准望远镜的十字丝,此时,经纬仪的视准轴就平行于 Z',读取此时经纬仪的水平方向值和垂直角。再与两个已知点联测,就可以获得 Z' 轴的方向角和高度角。

2. 室内方向角的传递

如图 5.2.2(a)所示,需要将室外 AB 边的方向角经图中路径传递到室内 CD 边。路径经过走廊,有两条小于 2m 的极短边 QR 和 SC。采用导线测量的方式,即使采用三联脚架法,对中误差在 $0.1\text{mm}\sim0.2\text{mm}$,由此引起的方向误差可达 $10''\sim20''$。

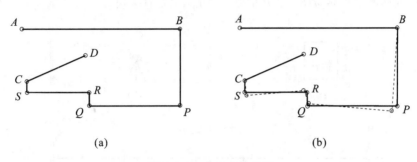

图 5.2.2 方向角的传递

为了避免短边对中误差对方向角传递的影响,采用无觇牌、不对中的"三联脚架法"完成。步骤为:

(1) 在 A 点处安置觇牌,对中整平。在 B 点上架设经纬仪,对中整平;在 P 点上架设经纬仪,整平,将望远镜调焦至无穷远;在 Q 点架设经纬仪,整平,将望远镜调焦至无穷远。

(2) 在 B 点用经纬仪盘左盘右瞄准 A,一测回获取水平方向的读数 α_1。然后,调焦至无穷远对准 P 点,两个经纬仪互相瞄准对方的十字丝(互瞄时,可以在对方目镜后放置照明灯照亮十字丝,便于照准),一测回获取 B 点到 P 点的水平方向 α_2,这样得到转折角 B 的一测回值:$\angle B=\alpha_2-\alpha_1$。

(3) 将 P 点的经纬仪与 B 点的经纬仪和 Q 点的经纬仪分别完成十字丝互瞄准后,得到 P 点到 B 点的水平方向 β_1 和 P 点到 Q 点的水平方向 β_2,计算出 P 点转折角 $\angle P=\beta_2-\beta_1$。

(4) 将 B 点经纬仪搬至 R 点,整平,将望远镜调焦至无穷远。按照步骤(3)测量出转折角 $\angle Q=\gamma_2-\gamma_1$。依此过程得到转折角 $\angle R$ 和 $\angle S$。最后,在 D 处架设觇牌,按照步骤(1)测量出 $\angle C$。这样按照支导线角度测量完成从 AB 到 CD 方位角的精确传递。

为了提高精度和可靠性,可以通过多测回测量转折角,还可以采用重复测量(图 5.2.2(b)中的虚线路线)。

5.2.2 构件安装检测

1. 平行性检测

如图 5.2.3(a)所示,在一个构件上有两个精加工平面 A、B,需要检测两个安装平面是否平行。可采用经纬仪自准直完成。

如图 5.2.3(b)所示,在合适地方安放两块可以调节的平面反射镜 P_1、P_2。整平经纬仪,在经纬仪配合下,按照经纬仪自准直原理调节这两块平面反射镜,使其法线相互平行,且水平。

如图 5.2.3(c) 所示,在构件的 A、B 面上密切安置两块平面反射镜 P_a、P_b,放在上述场景的中间,使其镜面法线尽量水平。将经纬仪放置在 1 处整平后,通过自准直使经纬仪视准轴分别垂直于 P_1 与 P 并测量 P_1 与 P_a 的水平夹角 α_1、垂直夹角 β_1。在位置 2 处放置经纬仪,同样的过程测量 P_2 与 P 的水平夹角 α_2、垂直夹角 β_2。

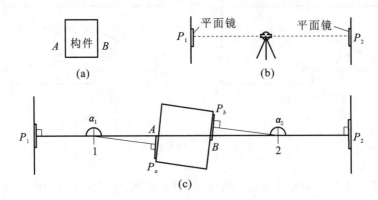

图 5.2.3　构件面平行度检测

如果 $\beta_2+\beta_1=0°$ 且 $\alpha_2+\alpha_1=360°$,则表明 A、B 两面相互平行;否则,可以根据该数据计算哪个方向不平行及其对应的偏差量,按照偏差量再加工构件的两个面。

2. 夹角检测

在某装置上有三个点精加工的圆柱体或者球体,需要获取其中心点 A、B、C 之间的夹角值 $\angle CAB$(图 5.2.4)。当 A、B、C 三点之间的距离较长时,可以通过测量其表面点拟合其中心点坐标,再通过中心点坐标反算出夹角值。但当 A、B、C 之间的距离很近时,上述这种方法得到的结果精度难以保证。为此,在刚度足够的直尺上安装平面反射镜,然后将两根直尺分别紧贴在相应的加工件表面,形成相切。用经纬仪自准直法测量两个反射镜法线的方向值 L_B、L_C,则 $\angle CAB=180-(L_B-L_C)$。

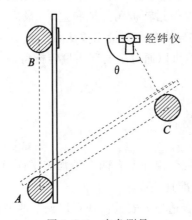

图 5.2.4　夹角测量

5.3 经纬仪测量系统在大型天线精密安装中的应用

1. 测量方案确定

某大型天线面积约 600m²，面板数量 196 块，非圆对称结构，要求单点测量精度在 ±0.3mm 以内。经过分析论证，相比于其他三维工业测量系统，电子经纬仪交会测量系统最合适。综合考虑天线的尺寸、现场布局、测量费用与测量时间等因素，最终选定了三台经纬仪的测量方案。图 5.3.1(a) 为立面图，图 5.3.1(b) 为平面图，图 5.3.1(c) 为一个站的侧面图。

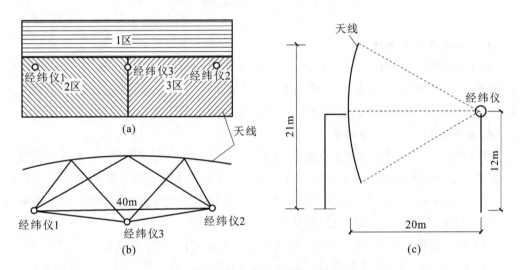

图 5.3.1 观测方案布设图

如图 5.3.1(a) 所示，将天线面板分成面积大致相等的 3 个区。三台电子经纬仪建立系统坐标系后，经纬仪 1 和经纬仪 2 测 1 区，经纬仪 1 和经纬仪 3 测 2 区，经纬仪 2 和经纬仪 3 测 3 区。天线高度约 20m，测站距天线约 20m，如图 5.3.1(c) 所示。

2. 安装控制网的建立

为了天线的水平拼装和工作姿态下的调整，在天线前后共建造了 6 个测量墩。为了确保外界环境对测量墩的影响降至最低，测量墩基础建于基岩上，外衬了防风隔热层。考虑到天线安装时的不同姿态，为尽可能减小垂直角对测量精度的影响，测量墩的高度略有不同：为天线工作姿态下安装的 1 号、2 号和 3 号墩实际高度为 9~16m；为天线水平拼装的 4 号、5 号和 6 号墩高度约 8m。采用电子经纬仪 T3000A 测量了全部方向，采用全站仪 TC2003 和精密棱镜测量了全部边长，建立了一个高精度的全边角控制网（见图 5.3.2），点位精度优于 0.4mm。

高程控制网采用了三角高程。为适应不同的安装任务，1~3 号墩和 4~6 号墩各自组成独立的高程系统。

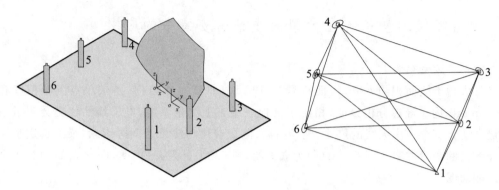

图 5.3.2　测量控制网的建立

3. 天线水平拼装与调整

利用高精度的安装控制网中 4 号～6 号墩,用经纬仪对水平姿态下的天线各部件(背架、面板、背架连接点、座架基础、座架连接点等)的几何关系进行了精确测量和调整。在水平姿态下,天线面板全部装完后只经过调整,使表面精度达到 1mm 左右。

4. 工作姿态下的测量与调整

将天线从水平姿态吊装到垂直姿态(工作状态)后,受自重变形的影响,面板会发生变化,需要重新测量和调整。为了保证三台经纬仪组成的系统有更高的观测精度,采用挂网独立坐标系:以第一台仪器的坐标为起始点,以最长边的方位角为起算方向,独立坐标系可与测量控制网连接。系统建立过程如下:

(1) 相对定向:三台经纬仪采用互瞄内觇标的方法,其定向精度可达 $\pm 1''$ 左右。

(2) 绝对定向:因为测站的基线长度有 40m,最佳的观测条件需要一 20m 的基准尺,且与仪器墩基本同高,现场设置这样的基线尺非常困难。为此,在天线面板上选择两点,建立一根"虚拟基准尺"(见图 5.3.3)。先假定虚拟基准尺的长度,用经纬仪 1 和经纬仪 2 进行前方交会,根据经纬仪 1 和经纬仪 2 的实际长度反算出虚拟基准尺的实际长度。再以该已有实际长度的虚拟基准尺作为基准尺,用于经纬仪 1、经纬仪 3 和经纬仪 2、经纬仪 3 的绝对定向。

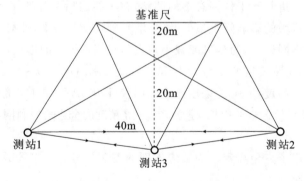

图 5.3.3　经纬仪测量系统建立

系统建立以后,对天线面板进行测量和调整。经过五次的调整后,测点精度为 0.24mm,表面精度为 0.44mm,满足了天线电气测试的要求。

5.4 全站仪测量系统在大型设备形位误差检测中的应用

5.4.1 滚筒位置误差检测

某钢厂的渣处理车间采用滚筒法处理炼钢过程中产生的钢渣:处于液态的钢渣经水冷降温后倒入滚筒中,通过滚筒的旋转和内部的一些工艺处理过程,将钢渣直接处理成最终要求状态,并对可利用部分进行回收。作为设备关键部分的滚筒,在承受高温、高压、大负荷的工况下,要保证运行的稳定性,各部位的形位关系要求非常高。

经长期运行后,2♯滚筒发生故障,一端旋转轴严重磨损,且近轴端法兰面严重变形。为了提高修配速度和精度,需精密检测筒体近轴端与远轴端的平行度与同心度,其位置关系和尺寸如图 5.4.1 所示。根据测量要求和 2♯滚筒结构,为了保证滚筒在检修期间不会发生因自重造成的变形,将一个法兰面平行于地面放置。

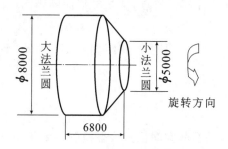

图 5.4.1 滚筒的各部位关系

1. 建立控制网

筒体尺寸较大,一站不能完整测量筒体的特征点。为此,在地面上设立 5 个控制点(见图 5.4.2),用全站仪测量所有点的垂直角、水平角和斜距,建立一个三维控制网,经平差计算,点位精度优于 0.1mm,满足形位误差的测量要求。

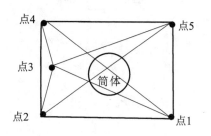
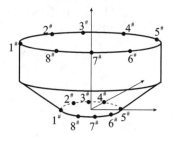

图 5.4.2 测量控制网与测点布设

283

2. 特征点测量

在大、小法兰平面上,沿圆周分别均匀布设了 8 个特征点。采用全站仪自由设站法,在地面对径两侧分别架站,分两次测量小法兰圆周上的 8 个点。在离地面 6m 高度左右的平台上在对径两侧分别架站,分两次测量大法兰圆周上的 8 个点。自由设站时要求至少观测三个控制点。

3. 筒体形位关系的解算与分析

对小圆法兰平面上的 8 个测点进行圆拟合计算,获取基准平面(小法兰圆拟合面)和小法兰圆心。以小法兰圆心为坐标系原点,基准平面为 XOY 平面,圆心与拟合残差绝对值最小的一点的连线为 X 轴方向,基准平面的法线方向为 Z 轴方向,建立基于滚筒的坐标系,并将 16 个测点转换到滚筒的坐标系。这样,大法兰的圆心坐标即为两个平面的同心度偏差,大法兰圆面测点的 Z 坐标则可以直接反映出两个平面(大、小法兰平面)间的平行关系。

对大法兰盘上 8 个点的平面坐标进行圆拟合,其圆心为(1.9,1.0)mm。大、小两个法兰盘圆心平面坐标分别为(1.9,1.0)mm 和(0,0)mm,其同心度较好,不是造成设备故障的原因。

以大法兰面上 2♯点(高程最大值点)到基准平面的距离(高程)为基准,其余 7 个点相对高差分别为(−7.6,−4.7,−9.9,−6.7,−4.0,−9.8,−12.5)mm。由此可以看出,大法兰表面已经严重变形,大、小法兰间距相差 12.5mm,平行关系已大大超出限差要求。

5.4.2 辊轴垂直度检测

大型冶金企业中,对辊轴系的空间位置状态检测主要集中在对轧制设备的辊轴系状态检测。冷轧钢卷厚度均匀性很大程度上取决于设备生产线辊轴的安装精度,其水平度和垂直度一般要求在 0.1mm/m。如图 5.4.3 所示的某钢厂冷轧 1420 酸洗机组的辊轴,需要检测 A、B、C 三个辊轴相对于中心线 R_1—R_2 的垂直度。采用全站仪进行检测的方法如下:

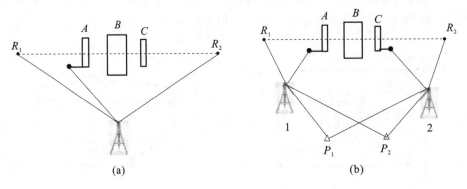

图 5.4.3 辊轴垂直度检测示意图

如图 5.4.3(a)所示,中间架设全站仪能同时通视轴线两端点 R_1 和 R_2;在待检辊轴 A 上固定安装一带棱镜标杆,在中间整平全站仪,先测量 R_1、R_2 点的坐标,然后测量固定杆棱镜的坐标(位置1);转动辊轮一定角度,测量固定杆棱镜的坐标(位置2)……再转动辊轮一定角度,测量固定杆棱镜的坐标(位置 $n,n \geqslant 3$)。所有测点都是基于全站仪的三维坐标。

根据 R_1 和 R_2 的坐标,可以将所有测点的坐标转换到以 R_1 为原点、R_1、R_2 连线的水平方向为 X 轴、铅直方向为 Z 轴的新坐标系中。

在新坐标系下,用 n 个棱镜位置的三维坐标拟合一个空间平面,得到其法向量。该法向量与 R_1、R_2 连线的夹角在水平方向的投影即为辊轴 A 的垂直度误差值。同样的原理计算 B、C 辊轴相对于中心线 R_1—R_2 的垂直度误差。

如果范围较大或者有遮挡,中间设站不能同时看到 R_1 和 R_2 时,可以按照图 5.4.3(b)所示的方式完成测量,图中 P_1、P_2 为两个临时控制点,也是两个仪器站的公共点,用于坐标转换,数据处理过程同单站测量。

5.5　激光扫描测量系统在大型天线面板形变快速检测中的应用

大型天线在建造过程中,需要通过形状检测进行数次调整来达到天线面板结构的设计要求。同时大型天线在使用过程中,由于受到温度、风、冰霜、雨雪等自然因素和自身重力的影响,天线结构随着时间的推移不可避免地会发生变形,严重影响天线的性能。天线面板辐射能量集束程度的相对损失可以用增益损失来计算。当天线面板形变 1mm 时,对 X 频段,增益损失为 0.53dB;对于 Ka 频段,增益损失为 6.86dB,天线性能严重下降。为了满足工程对天线面型快速调整和天线性能分析的任务要求,高效率、高精度地获取天线形变量非常重要。地面三维激光扫描测量有着明显的优势。

我国某 70m 口径的大型天线,由 16 圈共 1328 块高精度的实面板组成,面积3840m² (见图 5.5.1(a))。将法如 S150 三维激光扫描仪放置在一个固定在天线馈源舱旁的支架上,随着天线俯仰一同运动(见图 5.5.1(b))。天线面板馈源仓顶面安装了 14 个立方体基座(见图 5.5.1(c)),方便后续天线面板点云数据的坐标转换。整个工作包含点云数据采集、滤波、配准和形变分析等。

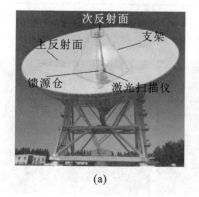
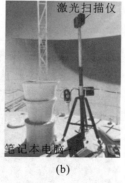
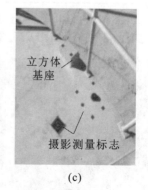

图 5.5.1　天线结构与数据采集

1. 数据采集

由于天线特殊的抛物型结构,一次设站即可扫描完全部主反射面,然后对 14 个立方体基座单独进行扫描。

2. 点云滤波

首先删除杂乱点;然后采用随机采样一致性算法(Random Sample Consensus, RANSAC)删除次反射面、支架点云和馈源仓的点云;最后采用点云拟合主反射面方程,对拟合残差设置阈值进行距离阈值滤波,去除主反射面上的粗差点。

3. 点云配准

交互式提取立方体各外表面点云数据,通过平面拟合与几何计算得到立方体的角点坐标,依此获得立方体基座中心的测量坐标。天线馈源仓顶部平台设计安装的 14 个立方体基座的外表面为精密加工的弧形,严格处于一个规则的圆柱面上,据此确定其在天线理论模型的坐标。由此建立天线面板的测量坐标系与天线设计坐标系之间的转换关系。

4. 变形分析

首先利用滤波后的高质量的天线面板点云数据拟合抛物面,通过坐标系间的转换关系,解出相对于理论模型的旋转和平移参数。将实测天线面板点云数据进行旋转平移,实现实测主面点云数据和理论模型的精配准。利用精配准后的天线面板点云数据,与天线面板的三维理论模型进行比较,计算和统计实测天线数据到理论模型的距离,获取天线面板形变信息。

在 20°、48°、70° 三个天线仰角下对获取的天线面板点云数据进行分析,用全站仪测量结果作为比较标准,验证了扫描测量的形变监测精度能达到毫米级。对三个天线状态的扫描点云进行处理后的测量结果列于表 5.5.1 中。

表 5.5.1　三个天线状态下测量结果

天线状态	标准差/mm	变形极值区间/mm
仰角 20°	1.38	−4.55～+8.14
仰角 48°	1.02	−4.40～+2.33
仰角 70°	1.25	−5.53～+3.46

变形值色谱图如图 5.5.2 所示。

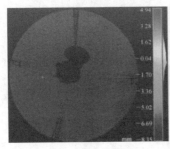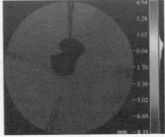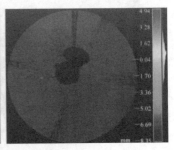

图 5.5.2　色谱图表示的天线面整体变形

5.6 关节臂式坐标测量机在焊接导管检测中的应用

导管是飞机的重要组成部件,负责将气体、油料等输送到飞机各部位。焊接导管是指将管件、附件等零件采用焊接成形方式并辅助以其他方式连接而成的导管总成件。在飞机导管产品中,焊接导管占总数的 25% ～35%。焊接导管是一类结构形式比较特殊的零部件,各组合部件形状规则,尺寸不大,相互遮挡明显。采用激光跟踪仪等测量需要多次搬站和数据拼接。关节臂式坐标测量机有着灵活的测量方式,将激光叉形扫描测头和接触式点式测头组合起来测量,对焊接导管的检测非常有效。

1. 焊接导管结构

焊接导管从几何结构上可分为两部分:管件部分和附件部分。管件包括 1 个主管件和多个支管件。附件一般安装在管件的末端,包括端头、管套、法兰、接管嘴等。图 5.6.1 给出了两款典型的焊接导管结构。

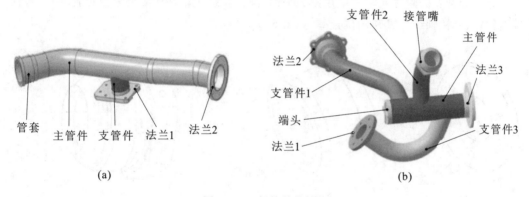

图 5.6.1　焊接导管结构

2. 焊接导管检测要素与评判

1) 管件检测要素

弯管制造过程中控制参数有导管段的长度(straight length)、两直段间的旋转角度(angle rotation)、三直段间的弯曲角度(bend angle),也记作 LRA 参数。图5.6.2 为一弯管件的 LRA 参数:直线段有 3 个参数 L_1、L_2、L_3,旋转角有 2 个参数 R_1、R_2,弯曲角度有一个参数 A_1。

LRA 参数可以通过管件上的一些关键点(IP 点或 TP 点)来控制或者计算。IP 点(intersection points,交点)是端的中心点和各段中心轴线相交的点(图 5.6.2(a)中的圆形点),用来控制管件的形状,共有 4 个。TP 点(tangent points,切点)包括端面的中心点和管的直段与弯段相切的点(图 5.6.2(a)中的方形点),共有 6 个。由于弯曲半径通常是确定的,因此,TP 点和 IP 点,只要获得其中一组的测量值,另一组值就可以推算出来。对于焊接导管,TP 点或者 IP 点作为管件检测要素。

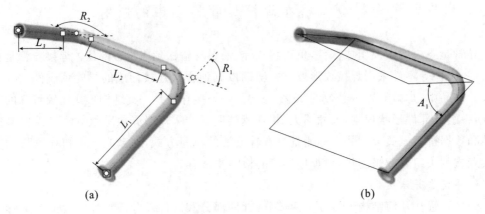

图 5.6.2 管件的 LRA 参数和关键点(检测要素)

2）附件检测要素

焊接导管上的附件通常是由规则的平面、圆柱面组成。其检测要素是位置要素,包括端面位置、圆柱轴线位置和圆位置等,如图 5.6.3 所示。

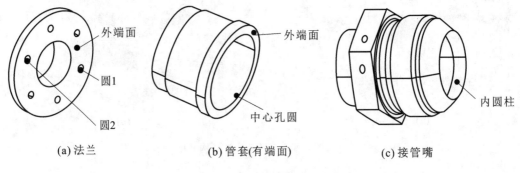

图 5.6.3 典型附件的检测要素

3）误差评判

在获得测量数据后,根据基准要素将测量数据与理论模型进行匹配,将测量数据转换到理论坐标系下并对其进行误差评价。对于焊接导管,可以在附件上选择 3 个基准要素,然后将测量数据与理论模型进行匹配,获得各检测要素的误差情况。

3. 检测实例

对图 5.6.1(a)的焊接导管进行检测要素分析。该管件共有 13 个检测要素:5 个 IP 点、2 个外圆柱、2 个法兰平面和 4 个圆,标注如图 5.6.4 所示。其中以法兰底盘上的三个要素确定管件的基准。要求距离公差范围为±1mm,角度值的公差范围为±2°。

采用关节臂式坐标测量机的激光叉形测头对直管进行多断面扫描测量,拟合出直管的轴线,再通过几何计算就可获得管件轴线的 IP 点。然后,更换成接触式测头,对平面、圆柱、圆等特征点进行检测,共获取如图 5.6.5(a)中的 13 个要素:2 个柱面、2 个平面和 9

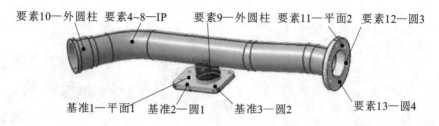

要素10—外圆柱　要素4~8—IP　　要素9—外圆柱　要素11—平面2　要素12—圆3

基准1—平面1　基准2—圆1　　基准3—圆2　　　　要素13—圆4

图 5.6.4　样件的基准与检测要素

个点。利用三个基准要素与理论模型进行配准,结果如图 5.6.5(b)所示。通过量算,IP 点的偏差为 1.0~1.6mm,大于公差;套管圆柱轴线的距离和角度偏差在公差范围内。法兰盘 2 的端面、圆的误差均大于各自的公差,说明该零件不合格。

(a)　　　　　　　　　　　　　　　　　　(b)

图 5.6.5　样件的测量数据与配准结果

5.7　激光跟踪测量系统在粒子加速器安装测量中的应用

在 20 世纪中期,世界发达国家开始粒子加速器工程的建设和研究。到目前为止全世界已有几十个,周长从几十千米到几十米。例如,SLAC(美国斯坦福直线加速器)周长 3.2千米。CERN(欧洲核子研究中心)的 LHC(大型强子对撞机)周长 27 千米,位于地下 50~175 米深的隧道中。KEK(日本高能加速器研究组织)隧道总长 3 千米。国内的大型粒子加速器有北京正负电子对撞机、兰州重离子加速器、合肥同步辐射装置(HLS,简称合肥光源)、上海同步辐射装置(SSRF,简称上海光源)等。粒子加速器的基本组成如图 5.7.1 所示。

大型加速器分为直线加速器和回旋加速器两类。在直线加速器中,粒子束的轨道接近于直线。在回旋加速器中,粒子束的轨道形状有两种,一种是接近于展开的螺旋线,另外一种是接近于闭合圆周曲线。大型加速器是一种含有多种复杂设备和实验仪器的大型工程建筑物。为了使强聚焦粒子加速器在设计条件下工作,必须以 0.03mm~0.30mm 的相对精度来安装,保证相距几十米甚至一百米各磁件和其他物理设备正确的相对位置。

测量工作在大型粒子加速器的主要任务有两个:一是在加速器建造阶段,将复杂的各类物理元件精确定位并安装于理论设计位置,从而保证粒子加速过程中的平滑性;二是在

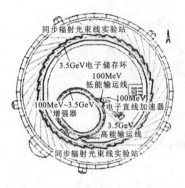

图 5.7.1　同步辐射装置结构

装置运行时,对物理元件进行定期监测,以保证运行的安全性。为此,大型粒子加速器主要的测量工作内容有:

(1) 建立控制网:首级整体控制网和二级设备安装控制网。

(2) 元件(二极磁铁、四极磁铁、六极磁铁等)几何中心标定。

(3) 单元预准直:将标定过的元件按照设计要求安置在一个大支架上,组成一个单元并进行调整。

(4) 设备初安装:在隧道内将预准直单元按照设计次序和要求初步放样其位置。

(5) 全面测量:对初安装得到各单元进行全面精确测量,确定各个单元在横向、纵向和高程方向的调整量。

(6) 变形监测:对设备在运行过程中出现的三维位移进行测量。

其中的绝大部分测量工作都采用激光跟踪仪完成。

1. 首级整体控制网建立

首级整体控制网的作用主要有两个:①建立加速器的总坐标系,完成土建工程的施工放样,如各个功能区的位置与联系,确定加速器的方位;②控制设备安装控制网的位置关系和精度。

首级控制网用以控制直线、增强器、储存环和光线束站四大部分的相互位置。控制点位于隧道地面上,要求点建立在稳定的基岩上,与地基隔开,在隧道的地面上标记。由于地面通视条件好,通常通过高精度投点仪将隧道地面点投射到地面上,在地面上采用GNSS、高精度全站仪等技术建立一个高强度的水平控制网,控制点的精度要求一般优于1mm。图 5.7.2 给出了地面点、隧道点及其联接方式以及一个平面控制网。

地面高程控制网采用一/二等水准测量建立,其目的是:①确立机器所在位置的高度和粒子加速器整体的绝对高程参考点的相对高程关系;②确定机器中各个安装部件的高程和横向相对点位精度;③在后期的数据处理过程中,参与联合平差提高点位精度。

同层面点间的高差测量采用精密水准仪,按照一等水准测量要求进行。地面与隧道面之间的高程联测采用激光跟踪仪。激光跟踪仪传递高程原理如图 5.7.3 所示。

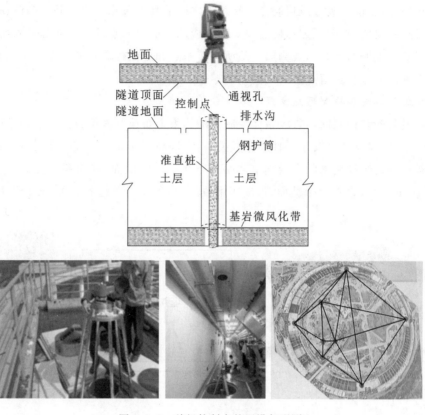

图 5.7.2 首级控制点的埋设与观测

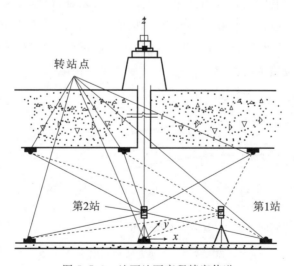

图 5.7.3 地面地下高程精密传递

高程传递分两站进行：第一站：在靠近首级隧道控制点附近安置跟踪仪，测量跟踪仪附近的多个转站点，获得首级隧道控制点与转站点之间的高差关系。第二站：在首级隧道控制点上安置跟踪仪（整平但无需精确对中），在对应的地面控制点的支架底部吸附反射镜（能接收到跟踪仪发射的激光），观测第一站所有转站点和地面控制点的高差。两站测量通过转站点实现地面点与隧道点之间的高差传递。

2. 次级设备安装控制网建立

次级设备安装控制网在首级整体控制网的约束下布设。次级设备安装控制网的作用主要有两个：①建立各个安装部件的位置关系；②提高相邻元器件间的相对点位精度。

次级设备安装控制网的点沿隧道截面分布在隧道的地面、墙面和顶面上。一般沿隧道纵向每 6m～8m 设置一个截面，形成三维控制网，布满整个地下空间（见图 5.7.4）。

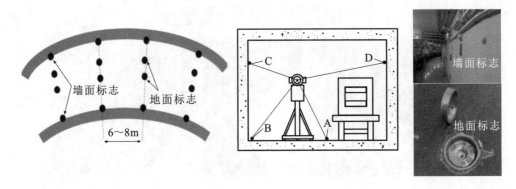

图 5.7.4　次级控制网点

次级设备安装控制网测量采用激光跟踪仪自由设站进行全边角测量。即每次架设好仪器后，往后测 3～4 段、往前测 3～4 段。相邻两站之间有 4～5 个重合截面实现两站间的搭接（见图 5.7.5）。大量的多余观测值提高了控制网整体精度和可靠性，尤其大大提高了控制点相邻点位精度，为后续设备定位安装提供了保障。

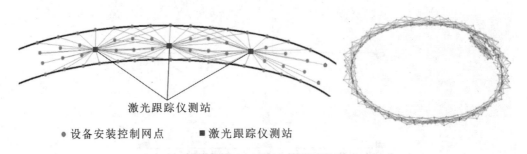

● 设备安装控制网点　　■ 激光跟踪仪测站

图 5.7.5　次级安装控制网测量

观测完毕后采用三维控制网平差。平差时，尽可能纳入控制约束，如首级控制点平面坐标、高程等。如果测量范围大,须考虑大地水准面不平行性改正、水准面弯曲改正、垂线偏差改正。

3. 元件标定

元件就是粒子加速器的基本组成单元,如二极磁铁、四极磁铁、六极磁铁、直线加速管、漂移管、高频腔等。元件自身的坐标系有一个"虚"坐标系,也就是元件上没有实体原点和实体坐标轴。元件标定就是建立元件外部基准点与元件"虚"坐标系的空间位置关系,从而保证能利用外部基准点把元件调整到目标位置。

标定方法:采用激光跟踪仪测量元件的加工基准面,并利用测量的离散点拟合建立特征圆、特征线、特征面,最后采用线面相交等方法建立元件中心及坐标轴向(元件坐标系,见图5.7.6),最后在此坐标系下计算出4个外部基准点的坐标。

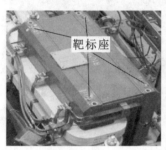

图 5.7.6　元件标定

4. 单元预准直测量

为了提高整个设备在隧道中的安装质量,以及加快安装速度,在特定的实验室,按照设计要求将多个元件组合在一起并固定在一个支架上,形成一个单元体。由一台激光跟踪仪或多台激光跟踪仪(一般为4台)组成一个多边交会网对元件外部基准点进行测量,将该单元中各个元件的几何中心和物理中心调整至设计要求,如图5.7.7所示。

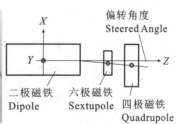

图 5.7.7　单元预准直测量

5. 设备安装放样

设备在隧道内安装的两项工作分别是放样和调整。首先将单元坐标系转换到安装控制网坐标系,得到单元基准点在安装坐标系下的设计值。然后利用跟踪仪自由设站方式,通过测量次级安装控制点,将各个预准直单元按照精度要求放样到指定位置。

放样时,激光跟踪仪在单元附近自由设站,向前/向后各测量 3 段安装控制网点,将激光跟踪仪转到安装坐标系下。激光跟踪仪再测量预准直单元的外部基准点,实时测量并计算设备实际位置与理论位置的偏差,根据偏差值对设备进行调整(见图 5.7.8),直至满足精度要求。

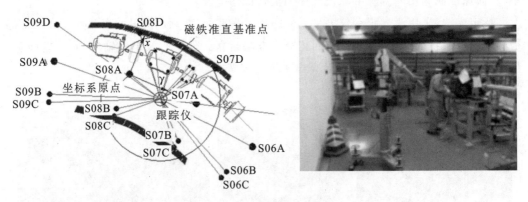

图 5.7.8　粒子加速器单元安装

6. 平滑测量

在装置设备全部安装完毕后,由于各个预准直单元之间是独立放样的,单元之间的相对关系可能需要进行调整。为此,用激光跟踪仪对所有单元位置进行全面测量,对偏差值超限的单元进行调整,实现单元间的平滑,更好地满足加速器运行要求。

同次级设备安装控制网测量方法大致一样,采用激光跟踪仪单站往返测量(见图 5.7.9)。在次级设备安装控制网的每个截面设置仪器站,每站对次级控制网点和单元外部基准点采用大视场、全覆盖、多方位的密集采点的方式进行测量。通过三维平差计算,对超出偏差限差的单元再进行调整。

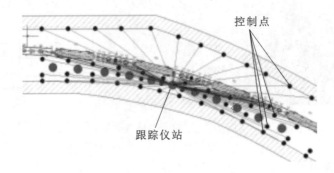

图 5.7.9　粒子加速器的平滑测量

5.8 多系统联合在大型部件形状检测中的应用

5.8.1 飞机形状与安装检测

现代飞机等大型复杂产品制造能力是衡量国家工业基础、科技水平、综合国力以及国防现代化程度的重要标志,能够体现国家综合实力、军事威慑能力和国际影响力。飞机装配作为飞机制造的主要环节,其劳动量占整个飞机制造劳动量的50%以上。飞机装配技术是一项技术难度大、涉及学科领域多的综合性集成技术,整个过程涉及成千上万的零部件、工装、夹具、工具、装配操作等,整体结构复杂、工艺难度大、装配误差控制难度高,是整个飞机制造过程的关键核心技术。通过数字化检测装备与技术,准确检测其各个装配组件外形准确度、空间位姿,快速获得检测结果的分析评估,保证产品装配精准快速,是提高飞机产品装配效率和质量的关键。数字化检测是现代飞机数字化装配的基础工作,是连接飞机设计与制造的桥梁,是保证飞机产品质量的重要技术。

1. 工业摄影测量与激光跟踪仪检测飞机蒙皮表面

测量对象为某机型后机身对接区域,采用激光跟踪仪与工业摄影测量等技术相结合的方法获得在飞机设计坐标系下后机身对接区域蒙皮表面的三维外形点云模型,并基于设计数模进行对比分析,输出产品实测外形偏差数值与详细分布情况,由此分析现有装配工艺流程下飞机产品的装配质量。

从测量现场环境分析,采用单机工业摄影测量系统。针对后机身对接区域的测量,在蒙皮环向端面向内30cm宽度区域内,均匀粘贴3~4圈单条长度为0.5m的反光点条,以反光点的空间坐标反映后机身蒙皮表面的实际轮廓信息。此外,还在测量区域内均匀粘贴一定数量的编码标志点,用于实现不同影像间的拼接和自动解算。

由于摄影测量没有尺度基准,而且摄影测量的坐标系与机身坐标系不一致。为此,采用激光跟踪仪进行补充。在后机身上部保型框表面和下部支撑工装型架上布设4个靶座(图5.8.1中三角形)和9个ERS[①]点(图5.8.1中叉形)。通过激光跟踪仪测量9个ERS点,完成激光跟踪仪在飞机设计坐标系下的建站,随后通过激光跟踪仪测量4个靶标点,完成摄影测量公共点与基准长度的布设与测量工作。

拍摄时,环向围绕飞机后进行机身均匀拍摄测量,然后针对坐标系转换公共点的区域,配合摄影测量专用工装,进行重复拍摄,实现对后机身对接区域的全面摄影。拍摄过程中,①每拍摄完一张影像后,转动摄像机90°再拍摄一次;②对于大尺寸则分块拍摄被测物,每处摄像机拍摄区域至少4~6张像片;③每处摄像机分块区域至少从3个不同方位和角度进行拍摄;④每张像片至少4个编码标志点,且编码标志点不在同一直线上;⑤

---

① ERS:Enhance Reference System,增强坐标系,工装在制造安置的过程中,从已有坐标系转换的或为计算机辅助测量系统专门生产的、为整个工装寿命建立的永久坐标系。

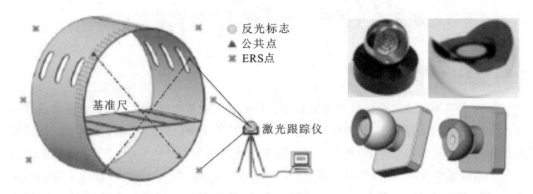

图 5.8.1　测点布设示意图

每张像片至少看到 12 个测量点；⑥相邻分块拍摄部分至少有 3 个公共标志，且公共标志不共线。

完成全部拍摄工作后，将影像数据导入软件，完成后机身对接区域外形反光点的解算、基准长度的赋值、工作坐标系的转换等工作，最终获得飞机部件外形三维点云。将此点云导入点云处理软件，匹配飞机设计数模，比对实测外形数据与理论数模的偏差，获得部件测量关键区域外形偏差分布，实现后机身对接区域外形准确度精准检测、公差控制分析、装配质量评估等目的

2. iGPS 和激光雷达对飞机的调平测量

在飞机的传统测量中，飞机调平仅是以飞机轴系为基准，借助光学仪器和水准测量尺，通过千斤顶，将飞机横向和纵向的调平基准点调至水平状态。飞机数字调平就是基于飞机设计要求的基准点在飞机数字化测量的数据处理过程中建立飞机基准坐标系。

飞机坐标系 $O\text{-}XYZ$ 是飞机设计理论的坐标系，飞机的位置以及姿态均是在设计之初给定的。图 5.8.2 给定一种飞机坐标系定义：坐标原点在机头正前方，机翼方向为 X 轴，机身中轴线为 Y 轴，纵向高度为 Z 轴。飞机坐标轴的确定是通过飞机机身上 6 个水平基准点（俯仰 k_1—k_2、偏航 d_1—d_2、水平 h_1—h_2）来确定。其位置分布如图 5.8.2 所示。

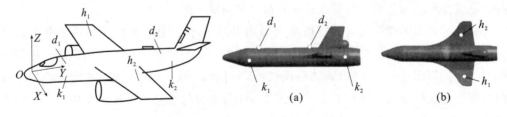

图 5.8.2　飞机坐标系与水平基准点

（1）准备工作：环境温度控制；避免震动；设备检定、预热；测量过程中飞机保持稳定。

（2）飞机水平测量技术要求：飞机水平测量除了需要测量的外挂外，飞机无其他外载

荷;水平测量应在室内环境进行,避免强烈光线照射;水平测量时飞机支撑在托架上,机轮离地;水平测量时尽量将飞机调至水平状态,飞机水平基准线按水平测量点调纵向水平,按机翼水平测量点将飞机左右调平。

（3）工作方案:采用 iGPS 与激光雷达同时测量可有效提高工作效率。如图5.8.3所示,采用 iGPS 测量系统组成控制网,对方便达到的特征点,采用 iGPS 数字探针 iProbe进行测量。对于不可达部位(如机背部及垂尾部)选用激光雷达测量,并通过多次转站和数据配准的方式完成。在测量场内设置多个(3 个以上)基座及工具球,以拟合的球心坐标作为公共点,实现 iGPS 与激光雷达的坐标转换。最后利用 iProbe 测量的飞机水平基准点实现测量坐标系到飞机坐标系的转换,将测量的特征值与飞机的设计值进行对比,完成飞机的对称性、机身弯曲、扭转、机翼安装、内侧升降副翼的安装以及舵面偏转等质量评价。

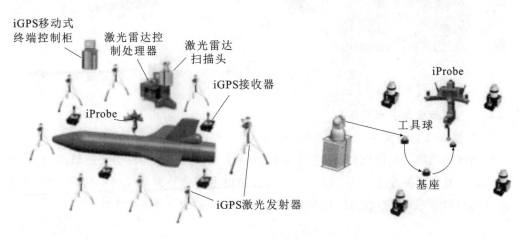

图 5.8.3　飞机水平测量布局

5.8.2　钢轨参数检测

高铁客运追求平稳性和安全性。随着速度的提高,对钢轨的精度和相应的检测手段的要求越来越高。将近景摄影测量技术和手持式三维激光扫描技术用于轨道参数检测,可有效避免单独使用出现的测点密度不够和点云拼接累积误差变大的问题。

钢轨典型的几何特征是狭长条。手持式三维激光扫描检测具有抗干扰能力强、精度高、效率高等特点,可扫描检测复杂三维曲面。但对于长钢轨而言,扫描得到的单片点云的幅面有限,多次扫描并进行点云拼接导致较大的累积误差。摄影测量具有像幅大,通过可多视角拍摄形成高精度相对关系,但其测点密度不足以描述钢轨的几何特征。为此,可先使用近景摄影测量系统获取的标志点三维坐标作为控制点,再将标志点坐标信息导入手持式三维激光扫描系统拼接多片连续的钢轨点云。

1. 数据采集

现场选取一段 1.2m 长的钢轨。进行摄影测量时,在钢轨周围布置适量非编码标志点和编码标志点以及基准尺,从不同方位环绕摄站拍摄具有足够多标志点的像片。将像片导入软件计算所有标志点的三维坐标。

将标志点坐标导入手持式三维激光扫描系统软件中,作为拼接控制点,采用手持式三维激光扫描仪对钢轨进行扫描,得到精确的钢轨表面三维点云(见图 5.8.4)。

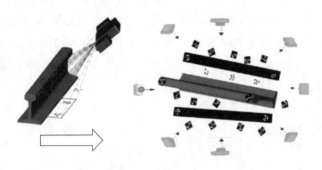

图 5.8.4　钢轨点云数据的联合采集

2. 钢轨表面轮廓参数获取

1)数据去噪与转换

铁路现场扫描得到的钢轨点云掺杂着部分道床、轨枕、连接零件等非钢轨点云(见图 5.8.5(a)),通过相关过滤算法予以剔除。然后使用主成分分析获得钢轨纵轴方向,并由此建立钢轨坐标系 XYZ,将点云数据转换至钢轨坐标系(见图 5.8.5(b))。

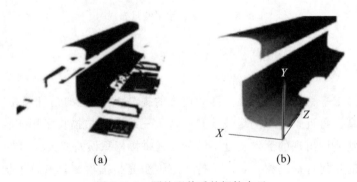

(a)　　　　　　　　　　　　(b)

图 5.8.5　预处理前后的钢轨点云

2)参数提取

图 5.8.6 所示为该类钢轨的横截面图和三维模型图。在给定的坐标系下,其纵断面对称轴为 $x = 75\text{mm}$。轨头踏面以下 14.2mm 处计算轨头宽度。

切取对称轴所在点云数据,z 值最小处的点设为 A,z 值最大处的点设为 B。线段 AB

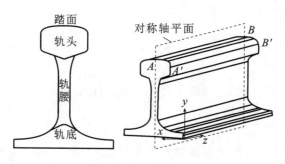

图 5.8.6 钢轨模型

构成垂直平直度测量基线。顶面切线上的点至测量基线的距离为垂直平直度。

切取轨头侧面圆弧以下 5~10mm 处点云数据，z 值最小处的点设为 A'，z 值最大处的点设为 B'。线段 $A'B'$ 作为水平平直度测量基线。截面上其他点至该测量基线的距离为水平平直度。数据处理结果如图 5.8.7 所示。

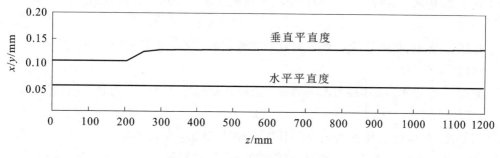

图 5.8.7 钢轨的平直度

基于钢轨点云，每隔 30cm 取 1 个截面部分，获取的钢轨轮廓参数列于表 5.8.1 中。根据相应的规范，钢轨目前的几何形状满足要求。

表 5.8.1 钢轨轮廓参数 (mm)

轮廓参数	截面 1	截面 2	截面 3	截面 4	标准要求
钢轨高度	175.67	175.67	175.65	175.57	176±0.6
轨头宽度	70.56	70.57	70.56	70.56	70.8±0.5
轨底宽度	150.75	150.75	150.75	150.75	150±1.0

参 考 文 献

[1] 昌学年,姚毅,闫玲. 位移传感器的发展及研究. 计量与测试技术[J]. 2009,36(9): 42-44.

[2] 陈登海. 基于室内 GPS 的飞机数字化水平测量技术研究[D]. 南京:南京航空航天大学,2010.

[3] 陈基伟. 工业测量数据拟合研究[D]. 上海:同济大学,2005.

[4] 陈义,沈云中,刘大杰. 适用于大旋转角的三维基准转换的一种简便模型[J]. 武汉大学学报:信息科学版,2004,29(12):1101-1105.

[5] 陈育荣,杨旭东,谢铁邦. 一种高精度非接触式位移传感器及其应用[J]. 计量技术, 2007,(7):7-11.

[6] 崔红霞,孙杰,林宗坚,等. 非量测数码相机的畸变差检测研究[J]. 测绘科学,2005, 30(1):105-107.

[7] 戴贵爽,徐进军. 流体静力水准测量系统精度分析与应用[J]. 地理空间信息,2010, 8(6):142-145.

[8] 戴静兰. 海量点云预处理算法研究[D]. 杭州:浙江大学,2006.

[9] 戴立铭,江撞君. 激光三角测量传感器的精密位移测量[J]. 仪器仪表学报,1994,15 (4):400-404.

[10] 戴仁慈,李生强,胡嘉增,等. 电解液式倾斜传感器及其数据处理系统[J]. 应用科学学报,1989,7(4):341-344.

[11] 丁克良,欧吉坤,赵春梅. 正交最小二乘曲线拟合法[J]. 测绘科学,2007,32(3): 17-19.

[12] 范百兴. 激光跟踪仪高精度坐标测量技术研究与实现[D]. 郑州:解放军信息工程大学,2013.

[13] 范生宏. 工业数字摄影测量中人工标志的研究与应用[D]. 郑州:信息工程大学, 2006.

[14] 冯斌,高芬,李全柱. 一种非接触型位移传感器的研究[J]. 传感器与微系统,2007, 26(8):12-13.

[15] 冯文灏. V-STARS 型工业摄像测量系统介绍[J]. 测绘信息与工程,2000,(4): 42-47.

[16] 冯文灏. 测量方法及其选用的基本原则[J]. 武汉大学学报:信息科学版,2001,26

(4):331-336.

[17] 冯文灏. 工业测量[M]. 武汉:武汉大学出版社,2004.

[18] 冯文灏. 回光反射标志的性能与使用[J]. 测绘通报,1993,(4):12-14.

[19] 冯文灏. 近景摄影测量[M]. 武汉:武汉大学出版社,2002.

[20] 付连波,刘建军,任鑫,等. 大型天线面板形变快速检测方法和精度分析[J]. 光子学报,2022,51(06) 87-98.

[21] 付中正,叶东,张之江,等. 新型关节式三坐标量测机的研究[J]. 工具技术,1997,31(1):38-40.

[22] 傅成昌. 形位公差讲座[J]. 机械工人. 1980,(7):43-51.

[23] 甘霖,李晓星. 激光跟踪仪现场测量精度检查[J]. 北京航空航天大学学报,2009,35(5):612-614.

[24] 高飞. 波带板激光准道的应用及误差分析[J]. 合肥工业大学学报:自然科学版,1989,12(3):68-73.

[25] 高国伟. 倾角传感器[J]. 传感器世界,1995,(8):29-36.

[26] 高宏. 非正交坐标系测量系统原理检定与应用研究[D]. 郑州:信息工程大学,2003.

[27] 龚循强,李通,陈西江. 总体最小二乘法在曲线拟合中的应用[J]. 地矿测绘,2012,28(3):4-6.

[28] 黄桂平. 数字近景工业摄影测量关键技术研究与应用[D]. 天津:天津大学,2005.

[29] 姜一鸣,张晶,赵洪宇,等. 基于关节臂坐标测量机的飞机焊接导管数字化检测方法[J]. 机械设计与制造工程,2020,49(1):71-74.

[30] 康海东,范百兴,李宗春,等. iGPS 测量原理及其精度分析[J]. 测绘通报. 2012,(3):12-15.

[31] Löffler F.,u. a.,Handbuch Ingenieurgeodäsie. Maschinen- und Anlagenbau[M], Verlag Wichmann,2002.

[32] 李广云,范百兴. 精密工程测量技术及其发展[J]. 测绘学报,2017,46(10):1742-1751.

[33] 李广云,李宗春. 工业测量系统原理与应用[M]. 北京:测绘出版社,2011.

[34] 李广云,李宗春. 经纬仪工业测量系统用于大型多波束天线的安装与调整[J]. 测绘通报,2000,(10):41-42＋44.

[35] 李广云. LTD500 激光跟踪测量系统原理及应用[J]. 测绘工程,2001,10(4):3-8.

[36] 李广云. 非正交系坐标测量系统原理及进展[J]. 测绘信息与工程,2003,28(1):4-10.

[37] 李广云. 工业测量系统最新进展及应用[J]. 测绘工程,2001,10(2):36-40.

[38] 栗辉. 基于 iGPS 和激光雷达的飞机水平测量设计与实现[D]. 成都:电子科技大

学,2019.

[39] 梁静,董岚,王铜,等.近景摄影测量技术在粒子加速器准直中的应用[J].强激光与粒子束,2019,31(3):73-77.

[40] 刘克非,张春林,王大勇.光栅位移传感器在凸轮廓线测量中的运用[J].传感器技术,2002,21(1):48-53.

[41] 刘尚国.积木式三维工业测量系统的研究与开发[D].青岛:山东科技大学,2005.

[42] 刘焱,王烨.位移传感器的技术发展现状与发展趋势[J].自动化技术与应用,2013,32(6):76-80.

[43] 刘永辉,魏木生.TLS和LS问题的比较[J].计算数学,2003,25(4):479-492.

[44] 卢成静,黄桂平,李广云.V-STARS工业摄影三坐标测量系统精度测试及应用[J].红外与激光工程,2007,36,增刊:245-249.

[45] 吕林根,许子道.解析几何[M].5版.北京:高等教育出版社;2019.

[46] 吕志清.倾斜传感器及其技术动向[J].压电与声光,1992,14(2):24-28.

[47] 孟晓桥,胡占义.摄像机自标定方法的研究与进展[J].自动化学报,2003,29(1):110-124.

[48] 邱泽阳,宋晓宇,张定华.离散数据中的孔洞修补[J].工程图学学报,2004,(4):85-88.

[49] 屈仁飞,王培俊,刘瑞,等.近景摄影测量技术在钢轨检测中的应用研究[J].机械制造与自动化,2021,50(03):175-178.

[50] Schwarz W.,Vermessungsverfahren im Maschinen- und Anlagenbau[M].Verlag Konrad Wittwer,1995.

[51] 邵健,李德华,胡汉平.一种新的结构光定标方法[J].计算机与数字工程,2002,30(2):22-26.

[52] 数学手册编写组.数学手册[M].北京:高等教育出版社,1979.

[53] 宋超智,陈翰新,温宗勇.大国工程测量技术创新与发展[M].北京:中国建筑工业出版社,2019.

[54] 苏韬,孔祥元.跨进新世纪的特种精密工程测量[J].测绘工程,2000,(01):31-34.

[55] 孙景领,黄腾,邓标.TCA2003全站仪自动识别系统ATR的实测三维精度分析[J].测绘工程,2007,(03):48-51.

[56] 王贵甫.基于激光干涉仪的角度测量技术[J].传感器技术,2001,20(1):37-39.

[57] 王解先,季凯敏.工业测量拟合[M].北京:测绘出版社,2008.

[58] 王磊.平行光管的基本原理及使用方法[J].仪器仪表学报,2006,27(6),增刊:980-982.

[59] 王梅,牛润军.数字化测量技术在飞机外形检测方面的应用研究[J].航空制造技术,2013,(20):109-112.

[60] 王启平. 机械制造工艺学[M]. 哈尔滨:哈尔滨工业大学出版社,1997.

[61] 王伟. 室内 GPS 的原理与应用[J]. 测绘与空间地理信息,2010,33(6):116-119.

[62] 王伟锋,温耐. 空间直线拟合研究[J]. 许昌学院学报,2010,29(5):37-39.

[63] 王晓立. 电容式位移传感器研究[D]. 湘潭:湘潭大学,2010.

[64] 王学影. 关节臂式柔性三坐标测量系统的数学模型及误差分析[J]. 纳米技术与精密工程. 2005,3(4):262-267.

[65] 吴晓峰,张国雄. 室内 GPS 测量系统及其在飞机装配中的应用[C]//中国航空学会2007 年学术年会,2006,42(5):1-5.

[66] 吴翼麟,孔祥元. 特种精密工程测量[M]. 北京:测绘出版社,1993.

[67] 武汉测绘科技大学测量平差教研室. 测量平差基础[M]. 北京:测绘出版社,1996.

[68] 羡一民. 双频激光干涉仪的原理与应用(一)[J]. 工具技术,1996,30(4):44-46.

[69] 羡一民. 双频激光干涉仪的原理与应用(二)[J]. 工具技术,1996,30(5):43-45.

[70] 羡一民. 双频激光干涉仪的原理与应用(三)[J]. 工具技术,1996,30(6):43-45.

[71] 羡一民. 双频激光干涉仪的原理与应用(四)[J]. 工具技术,1996,30(7):41-44.

[72] 徐昌杰,董威,刘缠牢,等. 长度测量中违背阿贝原则产生误差的平行尺补偿[J]. 光学技术,2002,28(1):80-82.

[73] 徐进军,郭文增,孙建华. 工业测量基线确定的形状探讨[J]. 四川测绘,2005,28(1):27-29.

[74] 杨丁亮. 粒子加速器激光跟踪准直测量方法研究[D]. 武汉:武汉大学,2022.

[75] 杨凡,李广云,王力. 三维坐标转换方法研究[J]. 测绘通报,2010,(6):5-7.

[76] 杨国. 全站仪在大型滚筒形位误差检测中的应用[J]. 中国设备工程,2006,(09):45-47.

[77] 杨振. 光学准直测量技术研究与应用[D].郑州:解放军信息工程大学,2009.

[78] 姚秋红. 一维激光三角法位移测量技术研究[D].哈尔滨:哈尔滨工业大学,2015.

[79] 于成浩,柯明,赵振堂. 激光跟踪仪测量精度的评定[J]. 测绘工程,2006,15(6):39-42.

[80] 于成浩,柯明,赵振堂. 提高激光跟踪仪测量精度的措施[J]. 测绘科学,2007,32(2):54-56.

[81] 于来法,段定乾. 实时经纬仪工业测量系统[M]. 北京:测绘出版社,1995.

[82] 曾文宪,陶本藻. 三维坐标转换的非线性模型[J]. 武汉大学学报:信息科学版,2003,28(5):566-568.

[83] 翟新涛. 基于双目线结构光的大型工件测量[D]. 哈尔滨:哈尔滨工程大学,2008.

[84] 詹总谦. 基于纯平液晶显示器的相机标定方法与应用研究[D]. 武汉:武汉大学. 2006.

[85] 张国雄. 三坐标测量机[M]. 天津:天津大学出版社,1999.

［86］张建雄,孙宝元,戴恒震,等. 高线性非接触式电容位移传感器［J］. 仪表技术与传感器. 2006,(1):6-7.

［87］张维胜. 倾角传感器原理和发展［J］. 传感器世界,2002,(8):18-20.

［88］张勇斌,卢荣胜,刘志键,等. 线结构光视觉测量系统的标定方法［J］. 传感器世界,2003,8:10-13.

［89］张正禄. 工程测量学［M］. 武汉:武汉大学出版社,2005.

［90］张祖勋,张剑清. 数字摄影测量［M］. 武汉:武汉大学出版社,1997.

［91］张祖勋,郑顺义,王晓南. 工业摄影测量技术发展与应用［J］. 测绘学报,2022,51(06):843-853.

［92］赵士华. 工业安装与检测技术研究与应用［D］. 南京:河海大学,2006.

［93］郑德华. 三维激光扫描数据处理的理论与方法［D］. 上海:同济大学,2005.

［94］周磊. 椭圆拟合方法及其应用于土星光环边缘［D］. 广州:暨南大学,2006.

［95］周小珊,李岩. 相位激光测距与外差干涉相结合的绝对距离测量研究［J］. 应用光学,2010,31(6):1013-1017.

［96］周秀云. 0.6328He-Ne 激光器小数重合法大尺寸绝对距离测量方法的研究［J］. 中国测试技术,2003,(6):16-17.

［97］邹峥嵘,曾卓乔. 电子经纬仪工业测量系统的光束平差法数据处理［J］. 工程勘察,2000,(2):53-54.